江田島にあった海軍兵学校。海軍士官、将来のエリートを養成した

（上）海軍兵学校におけるカッター訓練
（下）海軍兵学校伝統の棒倒し

NF文庫
ノンフィクション

新装版

帝国海軍士官入門

ネーバル・オフィサー徹底研究

雨倉孝之

潮書房光人新社

帝国海軍士官入門——目次

中尉
特務大尉
指揮権

イラスト／小貫健太郎

帝国海軍士官入門

オフィサーとは

「ネービーはよかった」「戦後、シャバに出てみて、はじめて士官社会の素晴らしかったことが身にしみてわかった」――こんな声がいま平和に暮らす世間のあちこちでよく聞かれる。出どころはもちろん、元ネーバル・オフィサーたちだ。

「そりゃそうだろう。俺たちジョンベラが苦労してかついだ神輿(みこし)の上に、ふんぞり返っていたんだから」

どこからか、そんな皮肉っぽい声も聞こえてきそうだ。が、一応それはそれとしておこう。この〝物語〟は海軍士官社会の長所や美点を明らかにしよう、というのが直接の目的ではないからだ。水兵さんたちの目から見れば谷あいの向こう、遙かに聳える高嶺であったハイ・ソサエティーを、ただヒタスラ前から見、裏から見、そして横から眺め、あるいは縦ヨコ十文字に切り分けて内部を探って見よう、というのがこの本の狙いだ。

何年か前、某放送局の某アナウンサーが司会する人気の日曜テレビ番組で、〝知るは楽しみなり〟とさかんに言っていたが、海軍士官グループの組織や制度も、細かくためつすがめつ覗いてみると、意外と面白いところもある。

そんな、好奇心からの軽い気持で、本書の頁をめくっていただきたいと思う。しかし、だからといって、ズサンないい加減なことは書いていない。十分確かな資料をとっくりと調べ上げ、スキマのないように全編を組み立てたつもりだ。読んでいただければ、案外、海軍のそして士官社会の、どこが良くてどこが悪かったかを、知り得るよすがになるかも知れない。そうなれば著者望外の喜びというものだ。

ところで、「あの人は、もとをただせば陸軍将校だった……」「彼はモト海軍士官だから……」こんな言葉が、戦後そろそろ半世紀がたとうといういまだに、わたしたちの会話に顔を出すことがある。

将校といい、士官といい、ふつう一般のわれわれは、どちらも同じ意味に使い、ふかく詮索もしないで、兵隊の上に立つおエライさんぐらいにしか考えない。なんでもよい、ありきたりの和英辞典を開いて、「士官」の項をみて見よう。まずたいていは、「Officer」と出てくるはずだ。つぎにこんどは「将校」の欄をたぐってみると、これまた「Officer」と訳されている。

逆に英和辞典をひもといて「Officer」の項をひけば、当然ながら「士官。将校」と訳語がならんでいる例が多い。

ならば、士官も将校も同意語なのか？　もしそうだとしたら、なぜ二通りの用語があるのか？

そこで、またまた辞書を持ち出す。「広辞苑」で「士官」の意味を調べてみると、〝兵を指揮する武官。将校および将校相当官の総称〟となっている。

ふむ、しからば「将校」は、とページをくると〝軍隊で少尉以上の武官〟と説明されている。

両方をつき合わせてみると、どこがどう違うのか、同じようでもあり、ないようでもある。はっきりしないことおびただしい。

「そんなこと、今さらどうでもよいではないか」

とおっしゃられるかもしれない。

まことにゴモットモ。だが、そう言ってしまっては、みもフタもなくなり、この〝軍制物語〟は、まことに話が進めにくくなるのだ。

さよう、あの規則ずくめの軍隊のことだから、用語には一つ一つキチッとした定義があった。

日本海軍では、大砲を撃ったり飛行機に乗ったりする兵科をはじめ、軍医サンも、軍艦をつくる造船官も、その他モロモロひっくるめて、各科の「少尉」以上の高等武官を「士官」とよんでいた。

では、さっきから言っている士官と将校とでは、どう違っているのか？　ま、それは、あとでお話することにしよう。

なお、ここでおことわりしておくが、この『帝国海軍士官入門』は、おもに昭和に入ってから二〇年間の海軍士官社会のなりたちから仕組み、姿について書いていくことにする。

スノッティー

アチラ産の海洋小説や海戦物語やらの翻訳ものがもてはやされるようになってから、もうかなりの年月がたつ。ところが、舞台になる海や艦船の専門用語の邦訳に、ときどきヘンだな？と思うような言葉の飛び出すことがある。

だいぶ前のこと、私は観なかったのだが、ある英国の海戦映画に、軍艦の艦橋での操艦場面が出てきたそうだ。そのとき艦長が「Midships!」という号令をかけたのだが、字幕には「候補生！」と書かれていたという。だが、この訳語では聞いた操舵員が立ち往生してしまう。舵のとりようがない。その号令詞は「戻せ！」とか「舵中央！」と訳すのが本当だった。翻訳者は何をカン違いしたのだろうか。おそらく、(少尉候補生)のことを向こうでは、(Midshipman)というので、船乗りでもない脚本の訳者が早トチリし、誤訳してしまったのだろう。

もってまわったが、この「少尉候補生」が本書、ここしばらくのセクションのテーマだ。

むかし、帆船時代の英国艦では、戦闘のさい、少尉候補生を〝ミジップ〟すなわち軍艦の中央部に配置し、艦長の伝令として使ったので、彼を呼ぶのに Midshipman の言葉ができたのだといわれている。

日本海軍の場合、候補生とよばれる身分には、いまでも有名な江田島の海軍兵学校を卒業した「海軍少尉候補生」、舞鶴の機関学校を出た「海軍機関少尉候補生」、東京は隅田川のほとり築地の海軍経理学校をおえた「海軍主計少尉候補生」の三通りがあった。
このほかに技術系武官の卵である「造船少尉候補生」「造機少尉候補生」「造兵少尉候補生」のおかれた時代があり、太平洋戦争末期には、一般の高等学校、専門学校（いずれも旧制）在学生から採用した、予備生徒出身の「少尉候補生」をおいたこともある。だがここでは、本流である海軍兵学校出身のミドシップマンに主役になってもらうことにしよう。なんといっても江田島出身者が人数的にもいちばん多いし、それにいろいろな意味で、兵科は〃海軍の顔〃といってよい代表的な存在だったからだ。

1表　海軍生徒・少尉候補生の期間

兵学校卒業期	生徒期間	候補生期間	少尉任官	
54	3年	1年6月	S.2.10.1	平時
55	3年	1年6月	S.3.10.1	
56	3年	1年8月	S.4.11.30	
57	3年	1年8月	S.5.12.1	
58	3年8月	1年4月	S.7.4.1	
59	3年8月	1年4月	S.8.4.1	
60	3年8月	1年4月	S.9.3.31	
61	3年8月	1年4月	S.10.4.1	
62	3年8月	1年4月	S.11.4.1	
63	4年	1年	S.12.4.1	
64	4年	1年	S.13.3.30	
65	4年	8月	S.13.11.15	日華事変
66	3年6月	8月	S.14.6.1	
67	3年4月	10月	S.15.5.1	
68	3年5月	7月	S.16.4.1	
69	3年	8月	S.16.11.1	
70	3年	6月	S.17.6.1	太平洋戦争
71	3年	6月	S.18.6.1	
72	2年10月	6月	S.19.3.15	
73	2年4月	6月	S.19.9.1	
74	2年4月	4月	S.20.7.15	

さて江田島では、

中学四年をおえたばかりの子供に、いきなり下士官の上、准士官の下という高い身分をあたえていた。

戦前、大尉時代から海軍が消えてしまった戦後まで、津村敏行のペンネームで筆をふるった日比野寛三氏は、著書『我が海の記』のなかにこう記している。

『腰に短剣　錨の徽章
　早く行きたい江田島へ……
クリーム色のシャツを着、軍服のズボンをはき、上衣に腕を通すと何だか生まれ変わったような気がした。
カチャカチャと短剣を取り出した。あ、何とそれは美しき燦然たる金色の剣であることよ！　我が希望、我が憧れ、私はじっと柄をにぎって冷たいその感触を味わった。……短剣を下げて休暇に帰る姿が、目の前にちらついてくる』

憧憬と大望をいだいて入校した選ばれた少年たちは、こういう気味のわるいほどに高い身分と、それにふさわしい瀟洒な短剣姿を通して、自分の未来の夢を奔放に描いたにちがいない。

彼らは、平時では1表に示したように、三年から四年ほど「海軍生徒」として、灼熱した鉄を鍛えるがごとくに鍛えられた。これは、ほかの機関学校や経理学校でも同様だった。

ジョンベラたちがカラスの二等兵から苦労の末、一歩一歩よじのぼり、海軍の味噌汁を一〇年前後味わってきた上等下士官の上に、いきなり中学生を位置づける。この仕組みは彼らに、大いに誇りをもたせたであろうが、まかり間違うと、とんでもない思い上がりを植えつけることにもなりかねなかった。ちなみに、陸軍では予科士官学校から本科へ移る間の隊付勤務で、まず「上等兵」の襟章をつける地位から始めていたようだ。

やがて、螢雪の功なって卒業。そして〝命じられる〟身分が各科の少尉候補生である。奏任官待遇、したがって任用とはいわない。准士官の上、少尉の下、多くの彼らは二十歳(はたち)そこそこなのに、ケッコーな身分ではあった。しかしまだ、やっと卵からひなにかえったばかり、士官の仲間うちでは吹けばとぶようなヒヨッ子にすぎない。だから英国海軍では、少尉候補生のことを、俗に「Snotty(スノッティー)（鼻たれ小僧）」ともよんでいたそうだ。

天測に泣く候補生

こんなヒヨッコ子たちを、一日もはやく若鳥に育てあげようとシゴクのが、練習艦による「実務練習」だった。将来を海上で、あるいは海につながりのある航空、陸上に暮らす海軍士官である以上、何はともあれ、動作や物の見方、考え方がシーマンライクな船乗りとなることが真っ先に要求された。ことに兵科候補生の場合、「勤務、運用術、航海術ニ関スルモノヲ主トシ、海上勤務ノ基礎ヲ確立スルヲ本旨」とする教育が根本になったのはしごく当然のことだった。

海防艦種に入っていた石炭焚きの旧式、元巡洋艦二隻に乗り組むと、さっそく内地航海に出かける。まずは艦になじみ、海に慣れさせるための初歩訓練である。国内だけでなく、朝鮮、満州、中国沿岸にも足を伸ばす近海航海だった。

昭和一五年に、こんな明治時代の古色蒼然たるフネではなく、重油焚きボイラーにタービン、それに併用主機械としてディーゼルを載せた練習巡洋艦が新造された。だが、内外の情勢はさし迫っており、候補生の練習航海にはたった一度しか使われなかった。

近海航海がすむと、若い彼らが待ちに待った遠洋の外国航海である。〇〇ツアー、□□パックで、オジンもヤングも気軽に海外へ出かけられる現在とはちがう。〃遠航に行ける〃──当時、これは海軍士官志望の若者たちの、心のなかの何十パーセントかを占めていたはずだ。年により異なったが、アメリカ方面、ヨーロッパ方面、オーストラリア方面、紅毛碧眼の国のいずれかを行き先としていた。

外国航海に入ると、兵科候補生には、デッキのオフィサーとしての修業に欠くことのできない天測が始まる。太陽や月、星の高度を測って自艦の位置を算出する、候補生泣かせの作業だ。天体と水平線の両方が見えることが観測条件になるこの仕事には、すばやいスマートさが必要となる。朝はまごまごしていれば星が消えてしまうし、夕方にはぐずついていると、水平線が見えなくなってしまう。測角が終われば航海表を使い、時間のかかるシチ面倒くさい計算に四苦八苦して艦位を出すのだ。

あるときの遠航で、あるのんびりした候補生が天測をした。艦は南洋を走っており、少々うねりがあって六分儀（セキスタント）の扱いが困難だった。しかも彼、数学があまり好きではなかった。と

にかく計算を終わって海図に照らしてみると、「本艦艦位、奈良市猿沢の池中央」だったそうだ。

この話を、航海学生を優等で卒業した某海軍中佐にしてみたら、

「そりゃ君、セキスタントの取り扱いの問題じゃなく、とんでもない計算間違いをしているんだよ」

とのことだった。おそらく作り話なのだろうが、それほど天測は厄介なものだった。

兵科候補生は一日交代で、作業部と当直部とに分かれたが、天測はこの作業部にあたった日の仕事だった。まだ空も海も暗い朝まだき、眼も頭もはっきりしないうちに釣床から叩き出される。そして朝・昼・夕と三回のサイト、慣れないうちはほとんど一日、このシンドイ難業に追いまくられた。

だが、それも、アメリカ行きのときなら、

太平洋を渡りきるころにはみなかなり上手になり、指導官から模範として示される艦位を中心に二マイルくらいの圏内におさまってくる。こんな有難くない作業も、艦に乗り組み、一、二年航海士をやると、一天体、八分ていどで計算できるようになるし、とりわけ測量艦にでも乗ると、四分ぐらいで自信ある艦位が出せる腕前になるという。

あの頃は、〝黙ってさわればピタリと船位の出る〟電波航法のロランCとかデッカとか、あるいは人工衛星を使うNNSSやGPS表示装置など、手数のいらない便利な器械はまったくなかったのだ。

下士官　兵　牛馬　候補生

昭和一ケタころの各科少尉候補生の平均年齢は、統計によると二一歳前後だ。いくら食っても食いたりないほどの食欲を示す彼らは、若さと元気に満ち満ちている。そんな青年たちだが、池のような瀬戸内（うち）から玄海灘や太平洋へ乗り出すと、とたんに青菜に塩になる者が多かった。

「船酔いに　はじめて嫌う　飯のあじ」

と駄句った候補生もいる。たぶん、彼の頭が考え出したのではなく、胃の腑が吐き出した苦しく、にがい実感であろう。もっとも、海軍生活三十数年、アドミラルにまで昇進しても、少し波が高くなるとすぐ青くなる人がいたそうだから、あながち新前候補生ばかりを笑うわけにはいかない。

ともあれ、時化はつらい。フネに手荒く酔ったときには、床へ取り落とした鉛筆を拾い上げる気力さえなくなる。そんな自然の試練に堪えながら、実務練習と名のつく鍛練の激務を切りぬけていかなければならないのだ。

「あぁ、なんの因果でこんな海軍を選んでしまったのか」

と今更くやんでも、もう遅い。武官任用令により候補生は「情願ヲ以テ辞スルコトヲ得ズ」であった。

練習艦隊では、兵学校で教わったことを土台にして、実地勉強するのが目的だ。各科兵曹長の上、とカッコよく持ち上げられてはいるものの、その実、視線を逆にすれば士官社会の最末尾に位置するにすぎない。彼らは「下士官　兵　牛馬　候補生」と最下位にランクづけされ、とにかく毎日を走り、動きまわらなければはじまらなかった。

天測に明け暮れた翌日、当直部に入った候補生は、少尉、中尉の初級士官と同じ勤務を実習する。砲術士、水雷士、航海士、通信士などを二週間ぐらいずつ交代で見習うわけだ。それから、ハダシになって甲板をかけまわり、兵員を使って移動物を固縛したり、デッキ洗いの監督をする甲板候補生をやり、また副直将校として当直勤務にもたつ。じつは、海軍艦船が海上を縦横に走り、あるいは安全に碇泊し、そして軍隊として存立していくためには、こういった「勤務」の円滑な遂行が非常に重要だったのだ。その手ほどきを受ける基礎修業であった。

一方、こういう海軍士官としての本筋の修業をめざす教育訓練だけでなく、「内外各地ニ於ケル諸種ノ見学ニヨリ見聞ヲ広メシムル」ことも、実務練習での副次的な目的にあげられていた。おそらく、こっちの方が、当時のミドシップマンにとって、最大の願望であったかもしれない。

数ヵ月の航海のうち、たとえば昭和六年のヨーロッパ行きでは、五ヵ月半の遠航期間中、じっさいに外国の港に入っていたのはおよそ六〇日強だった。短い日数ではあったが、日本とは文明にも文化にも大きな差異のある欧米の社会を、若い新鮮な目で見つめる。それは、深奥まで洞察することは所詮無理としても、国際的な視野、感覚を多少なりと拡げ、高めることはできたであろう。

そんなことへの一助にもと、ある年の練習艦隊司令官T中将は、

「候補生は内地へ帰るまでに、一回は一流のホテルか有名レストランで一〇円ていどの食事を奮発し、エチケットを修練せよ」

と曰もうた。その頃の候補生の月給は五五円である。

一大出費だったが、数名の候補生はブエノスアイレスのパレス・ホテルにおもむき、シャチホコばってテーブルについた。そして頬の落ちるような、ものすごくおいしいビーフ・ステーキを食べた。かたわらに給仕が来たり何やら言う。(美味なりや?)と聞いているのだろうと解し、(然り)の意を表した。ところがなんと、またまた続いて大きなステーキを捧げ持ってきた。さすが大食漢の彼らも、ほかのご馳走は食べられなくなり、それだけでサジ

を投げ出したという。エチケットの修練どころではなかった。

この練習艦による近海航海、遠洋航海を通じての教育を「第一期実務練習」と称していた。勉強の内容はほぼ初級士官と同じことの実習だったが、失敗があっても責任を問われることはあまりない。スノッティーだからである。それかあらぬか、ひと皮むいてうち側をのぞいてみると、彼らの艦内での生活は兵員のそれに近かった。鍛えて、錬るのだ。

寝るときはハンモックだ。候補生室の狭いところへ、揺れるとぶつかるぐらいビッシリ並べて吊る。舷窓はいくつもないし、天窓(てんまど)は一コ、空気も濁りがちだ。そして食事は兵食で、兵学校のときより数等落ちる。奏任官待遇だが、洗濯もヘヤの掃除も自分たちでやった。

兵員と同じ時間に後甲板で洗濯するのだが、

馬鹿らしいと思うのか、なかにはサボる奴もいる。ぶらぶらしているところを指導官付に見つかり、吊るし上げをくう。

「なぜ洗濯をせんか」

「別に洗う物がありません」

「長い航海中、洗濯物が一つもないはずはない。なにか探し出して洗濯をする」

ヒヨッ子とはいえ、もう海軍へ入って四年目か五年目、けっこう口答えも反抗もした。が、ともかく、いうなればこの期間の彼らは士官社会での〝新三等兵(シンサン)〟であった。だからこそ、そんな候補生を行く末、佐官、将官として大成させるため、准士官の上という高い地位をあたえておきながら、牛馬以下とため息をつかせるほどに、シゴいて育てたわけだろう。

〝半玉(ハーフ)〟

だが、遠航から帰ってきても、それで彼らの候補生教育は終わりではなかった。つづいて「第二期実務練習」と名づける修練が待っていた。海軍は、海軍の中軸となる士官を育成するため、何段構えものカリキュラムを準備していたのだ。

すでに、一応〝船乗り〟としての基礎はできている。こんどはオンボロ練習艦ではない。実際の役務についている「軍艦」で、海軍の本命である「艦隊勤務」の概念を会得させようという教育だった。その艦に乗り組んでいる砲術士とか航海士などと組んで、ダブル配置で見習いをするわけだ。いわば、やっとここで半人前の士官になったといえた。

第一期時代より一歩前進、もう練習艦隊のときのように十把一からげではない。食事もガンルームで先輩の初級士官と一緒にとる。昼食はナイフ、フォークを使って従兵の給仕によるフル・コース。掃除も兵員がやってくれたし、釣床も彼らが吊ってくれた。

上陸も一日おきに許されるが、まだ陸(おか)で泊まってくることは許可されなかった。士官連中は〝平服(プレーン)〟と称する背広で上陸(あが)ることができたが、候補生は軍服着用に限られたし、女の侍(はべ)る宴席もたてまえとしては禁じられていた。このへんが、候補生たちが一人前扱いされていない表われであろう。だから、彼らの身分を示す冬軍服の蛇の目の袖章は、少尉のそれの半分の太さだった。人よんで〝半玉(ハーフ)〟である。

2表　昭和期の練習艦隊

年度	艦名	所管鎮守府	行先
昭和2	磐手・浅間	佐・呉	米国
3	八雲・出雲	横・佐	豪州
4	磐手・浅間	佐・呉	米国
5	八雲・出雲	横・佐	欧州
7	磐手・浅間	佐・呉	豪州
8	磐手・八雲	佐・横	米国
9	磐手・浅間	佐・呉	欧州
10	浅間・八雲	呉・横	豪州
11	八雲・磐手	横・佐	米国
12	八雲・磐手	横・佐	欧州
13	八雲・磐手	横・佐	南洋
13・14	八雲・磐手	横・佐	南洋
14	八雲・磐手	横・佐	ハワイ南洋
15	香取・鹿島	横・呉	近海

そうした間にも、副長や指導官に叱られながら、いろいろな勤務に真正面から取り組んで、彼らは次第に育っていく。副直将校の立直が終わると、艇指揮(チャージ)で機動艇に乗って潮をかぶりながら出かける。将来、艦長になるためには良い基礎修練だ。甲板士官の勤務では兵員指揮のコツを学んでいった。

昭和のはじめ、戦艦「比叡」に乗ったD少尉候補生は甲板士官の役についたそうだ。ある夜、艦内を見回っているらしいさんざめきがカスカに聞こえてきた。が、どうもその場所がよくわからない。ふと思いつき、通風筒をたどって降りていくと、艦の下の方、それもあにはからんや主砲発令所へたどりついたではないか。防水蓋をあけて中に入ってみると、なんと先任衛兵伍長をはじめ各分隊の先任下士官たちが車座になって騒いでいる。D候補生も驚いたが、不意をつかれた連中もビックリした。一瞬シーンとなった。

ところもあろうに、決してあってはならない発令所での酒盛り。それはとんでもない軍紀違反だ。しかも下士官の最古参クラスが犯しているのだから、事は尋常ではない。経験の浅い二十歳を出たばかりのD候補生は思わずたちすくんでしまったという。

数瞬間があったが、彼はなかば反射的にいちばん古い下士官の前にあぐらをかくと、黙って湯呑みをつき出した。水を打ったようにシーンとしていた。先任伍長が一升ビンからそれに無言で酒をついだ。D候補生は無言でそれを飲みほし、無言でへやを出た。そしてこのことを上司にも報告しなかったし、誰にもしゃべらなかった。

ところがその後、下士官たちの彼に対する態度がまったく変わり、じつによく言うことをきいてくれるようになったそうである。転瞬のできごと、計算でやれるわざではない。D候補生のすぐれた人柄から自然に発した、見事な統率の妙ではあるまいか。

ところで、この第二期実務練習では、砲術学校や水雷学校で「術科講習」とよぶ陸上での勉強をした時代もあったが、この講習についてはあとでのべることにしよう。

さて、こうした入念な候補生教育の核心になる華やかな遠洋航海も、ヨーロッパへ行った昭和一二年で事実上おわりだった。日華事変が始まってからは、時局から外国航海の内容が急速にプアーになり、一四年のホノルル行きが最後の遠航となった。昭和に入ってからの練習艦隊は、2表に掲げたような編制で世界各地をへめぐったのだが、一五年の新造練習巡洋艦による練習航海は、中国や小笠原へ行っただけの近海航海で打ちきられてしまった。

候補生の修業をおえると、いよいよ待望の少尉任官。平時では、さきほどの1表に見られるように、生徒時代を合わせると四年六ヵ月から五年におよぶ、じつに長い時間をかけて若鳥に仕上げていたのだ。しかし、これで海軍士官の教育が終わったわけではなく、まだそれは、ホンの入門コースの段階であった。

一次室と二次室と

むかし、軍艦に行くと、「第一士官次室」という部屋があった。略して「一次室」またの名を「ガンルーム」ともいう。

ずっと時代をさかのぼって、帆前船の華やかだったころ、英国軍艦では下甲板の後端に、ベテラン掌砲長や砲手たちの入る居室があった。そこは、小銃とか拳銃、短剣などを格納する銃器庫も兼ねていたので（Gun Room）と名づけられていた。そして艦によっては、掌砲長たちが若い新前少尉候補生をあれこれと面倒をみる慣習があり、そのため候補生たちも、この室にハンモックを吊って暮らしたものらしい。

こんなことから、のちに英海軍ではガンルームが初級士官の居室の名称となり、弟子の日本海軍にも伝わったのだといわれている。だが、昔は知らないが今の米国海軍では、この用語は使われていないようだ。

各科の中尉、少尉と練習艦隊をすませてきた第二期実務練習中の各科少尉候補生が住人で、彼らはふつう〝次室士官〟とか〝ガンルーム士官〟とよばれていた。こんな英語まじりの言葉が、太平洋戦争中、外来語排斥の激しかったシャバを横目に、米英軍を相手に必死に戦う海軍で、日常平気で使われていたのも面白い。

大正時代のわが海軍では、下士官からのぼった特務中尉・少尉のオジサンも、一緒に「士官次室」で生活したこともあった。しかし、この人たちは年齢も三十代後半から四十代、仕事の面では砲術や機関、看護など各術科のオーソリティーで、海軍のことは表も裏もすべて知りつくした古ダヌキである。分別もあり、家庭面では育ち盛りの子弟をかかえ、金のかかる中年世代でもあった。

一方、青年士官のほうは、まだ海軍歴も浅く威勢のよいのだけが取柄で、しかも大多数が独身貴族。懐ぐあいなどおかまいなく、パーッと飲食や遊びに使いたい年代だった。

そんなことから、どうも狭いへやでの一緒の暮らしは、何かと具合が悪かったらしい。昭和二年に特務士官の中・少尉は、別に「第二士官次室」を設けてそこに移ることになった。略称「二次室」、したがってこちらはガンルームとはいわない。

いうなれば、第一士官次室とは血気さかんな若いオフィサーたちが食い、飲み、そして談論風発、ときには喧嘩もする食堂兼娯楽室兼休憩室である。軽巡などでは七人くらいの小人数だが、艦隊に入っている戦艦などではぐんと増え、昭和一四年度の「長門」では四五人もの青年士官がたむろしていた。そこには青春の肉体と魂がかもし出す、剛健かつザックバランな明るい雰囲気がたちこめていた。

寝室は別にあったが、潜水母艦とか航空母艦のように内部に余裕のある艦は別として、ふつうはベッドでなく、ハンモックで肩を寄せ合う宙吊り寝床だった。寝室といっても、ときには廊下のこともあり、艦によっては暑い缶室通路に汗をかきかき寝た人もいる。ここにも、海軍の若い初級士官には困苦をあたえて鍛えようという思想が見えるようだ。

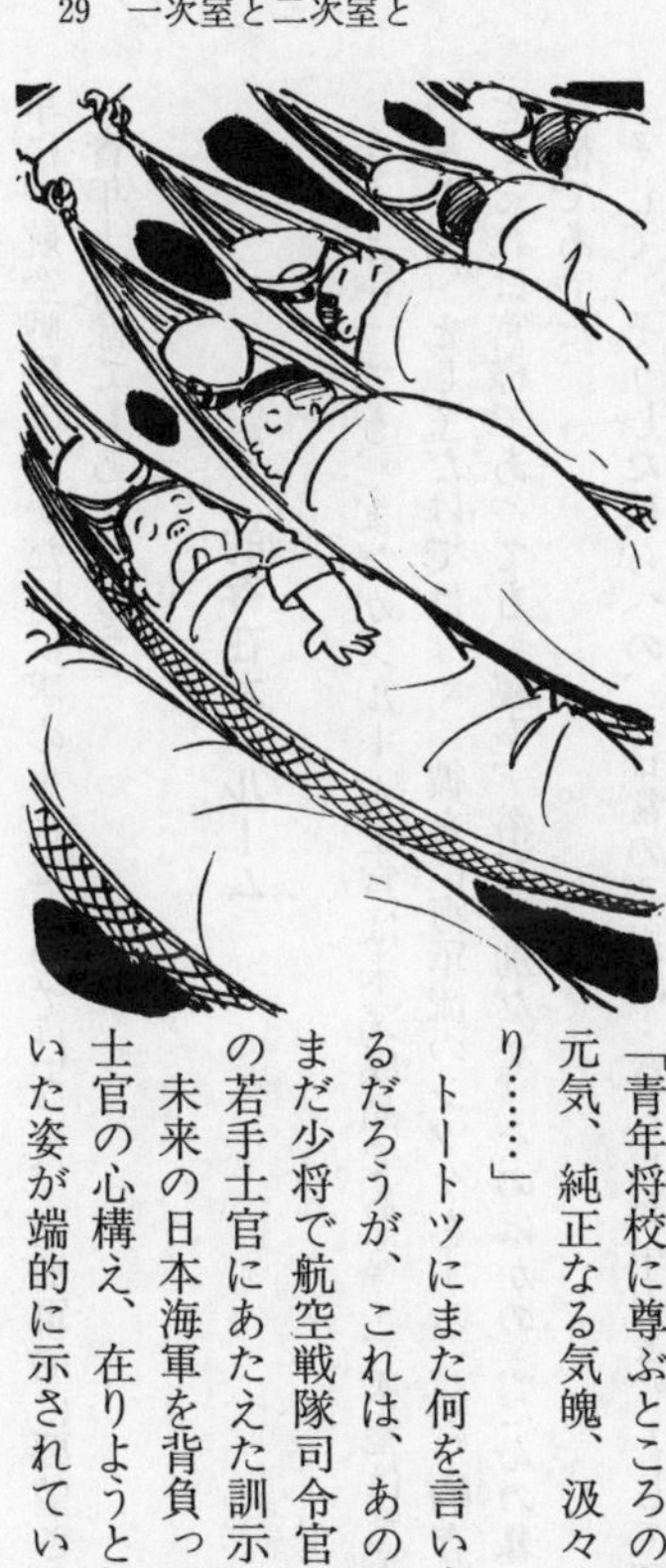

「青年将校に尊ぶところのものは、旺盛なる元気、純正なる気魄、汲々たる研究向上心なり……」

トートツにまた何を言い出すのかと思われるだろうが、これは、あの山本五十六元帥がまだ少将で航空戦隊司令官だったころ、麾下の若手士官にあたえた訓示の一節だ。

未来の日本海軍を背負って立つガンルーム士官の心構え、在りようとして元帥が望んでいた姿が端的に示されている。だがそれは、単に一航空戦隊のなかだけに求められたものではなく、全海軍的に要望された、あらまほしい青年士官像でもあったろう。

〝塾〟的存在ガンルーム

なんといっても、まだガンルーム士官は未完成品である。一次室はたんなる若年士官の〝溜り場〟としてだけではなく、彼らに海軍流のシツケをする〝塾〟的存在でもあった。たとえそれは宮様であっても、寝室、浴室は別だが、そのほかのふだんの暮らしは一般士官と同様であった。

そして、そうした彼らへの、〝日常の心掛け・暮らしの手引き〟として配布されていたのが『次室士官心得』だった。訓示などの付録も含め、三〇頁に満たない小冊子である。

「次室士官ハ一艦軍紀風紀ノ根元、元気、士気ノ源泉タルコトヲ自覚シ、青年ノ特徴、元気ト熱、純心サヲ忘ルベカラズ……」

こんな言葉が、その第一章(艦内生活一般ノ心得)の冒頭にあった。これはさきほどの山本元帥の訓示が求めていたものと、まさに合致する内容であろう。

戦前、第一艦隊の艨艟(もうどう)が訓練の途中、舳をそろえて某湾に入った。そのときのある日、各艦からの艦載水雷艇が油のような海面を滑るように陸の桟橋へ向かった。それぞれ主計兵や公用使を乗せている。某戦艦のA中尉が艇指揮(チャージ)として指揮する艇もその一隻だった。やがて数時間、買い出してきた牛肉、野菜などで、引っ張ってきた伝馬（てんま）は一杯になった。水雷艇のほうも満杯である。

しかし、その時、海面の形勢は一変していた。うねってくる波が石垣にぶつかり、沖の水平線はギザギザになっている。だが、A中尉は思い切ってもやいをはなした。

満載の水雷艇には、そのうえ二〇人ほどの人員も乗せている。途中、小さな汽船に行きあった。船長であろう、「沖はヒドク時化（しけ）ているから引き返しなさい」と怒鳴ってくれた。

A中尉は一瞬まよった。が、もどって陸に泊まったりすれば、ガンルームのみなに意気地なしと笑われる。彼はしゃにむに進んだ。ついに二つ、三つと続いて襲ってきた大波に、伝馬がひっくり返されてしまった。そして曳索がちぎれた。

しかし、もう後へは引けない。下士官兵がジーッと彼の顔を見つめる。野菜もパンもみんな捨てた。すでに夜八時を過ぎている。それからなお十分。やっと行く手に艦隊の灯火が見えてきた。命からがらの帰投だった。伝馬亡失、糧食投棄。あのとき引き返せばよかったと悔やんだがもうおそい。翌日、A中尉は査問会議に付された。どうなることかと心

配しているど、こんな噂が伝わってきた。

「猪突、冒険。その可否は人によって意見がちがう。だが、若い者はそれをやるのも一つの経験。彼をしてそうさせるように指導しているのは、この俺だ」

艦長はこういって、カラカラと笑ったという。彼の〝旺盛なる元気、純正なる気魄〟をめでて、この過失は不問に付されたそうである。

軍艦の精気、生気を凝集し、精神的戦闘力の起爆剤となるのがガンルームだった。だから、どの軍艦でも、たいていこの室には当たるべからざる勢いが満ち満ちている。下士官兵の側からすれば、そこはいささか敬遠すべき、鬼門的存在でもあったのだ。

術科講習

昭和の一ケタ、兵学校のクラスでいうと六二期までは、1表に記したように三年あるいは三年八ヵ月の教育で卒業し、それから練習艦隊で実務練習を行なった。五八期生から三年八ヵ月教程になったのだが、これには、心理とか論理、哲学概説、法制、経済、衛生やら国漢、地歴といった普通学のカリキュラムが大幅に盛りこまれたのが大きな原因になっているようだ。

ともあれ、ここまでの段階で、初級士官としての基礎は大かたできたように見える。が、じつは〝船乗り〟としての航海術や運用術の基本修得が終わったに過ぎなかった。これだけの修業では、まだ大砲や魚雷を射って戦場でかけひきする〝軍艦乗り〟としての基礎実務を覚えたとはいえない。なにしろ、練習艦隊は時代遅れのオンボロ艦だったのだから。

そこで、砲術学校や水雷学校、霞ヶ浦航空隊へ連れて行き、多少潮気のついてきた彼らに戦闘技術の勉強をさせる機会が「術科講習」だった。

砲術にしろ水雷にしろ、一通りの概要はもう兵学校でならっている。こんどは、艦隊で実地にそれを生かし、勤務できる素地を養うのが目的だ。砲術学校では公算学を使った射撃理論をおそわったり、兵員に艦砲操法を教える実習をする。陸戦では中隊長の指揮がとれる程度のことを習い、辻堂演習地へ行って砲術練習生として在校している兵員で編成した部隊を実際に指揮してみた。
敵艦のドテッ腹に穴をあけるあの魚雷には、主な部品だけでも三〇〇以上はあった。水雷学校の講習では、世にもまれなるこの複雑な構造をした魚雷の分解、組立、調整の勉強をした。そして高速で走り回る敵艦に、こちら

も高速で走りながらいかにして魚雷を命中させるか、サイン、コサインを振りまわした射法（発射法とはちがう）の説明講義をうけた。と、すぐ課題すなわち宿題が出されて、夜、学生舎に帰ってからも、真っ赤な顔をした軍機図書の射表と首っぴきで、いろいろな状況、態勢での射法計画をたてる。

頭の痛くなるような毎日だった。だが、もう彼らは兵学校時代の青道心ではない。太平洋、インド洋、大西洋とあちこちの海原をかけめぐってきたいっぱしのマドロスたちだ。「術科講習なんぞ、兵学校や練習艦隊で勉強したことに、多少毛の生えたていどだよ」とタカをくくり、暮夜ひそかに学校を抜け出して、アルコールやスリーラインの音楽入り〝別科講習〟に励んだ学生も、なかにはいたらしい。

砲校や水校での講習は、制度ができはじめのころは各三ヵ月だったが、のちには通信学校も加えられ、それぞれ一ヵ月から一ヵ月半でかけ回り、勉強していった。霞空でも講習があり、一ヵ月間アブロの初歩練習機で飛びまわった。教官との同乗による操縦練習が主だったが、それはたんなる体験飛行ではなかった。将来、飛行学生を選出するための、〝空中面接試験〟というのが、海軍の本音だったようである。

こうした術科講習は、兵学校五四期までのクラスは少尉任官後に行なわれたが、五五期からは第二期候補生の時代に実施されていた。しかし、六三期以後になると兵学校在学期間を四年に延長したので、第六二期生を最後に、「海軍少尉候補生術科講習」制度は終わりを告げ、体験飛行と飛行機乗り選びの「航空術講習」だけが残されることになった。

ケプガン

思えば長い長い教育の道のりではあった。海軍に入っていらい、兵学校、練習艦隊、艦隊実務練習、そして術科講習。約五年前後である。しかもなお、これで勉強はおしまいではなかった。

教育の大好きな海軍は、これからもまだまだ士官の頭脳を休みなく刺激していく。だが、もう若年とはいえ、下士官兵を指導する統率者の立場である。受身の被注入教育だけでなく、自啓自発をもとめられた。そこで、さきほどのガンルーム士官心得はいわく、

「次室士官時代ハ是カラガ本当ノ勉強時代、一人前トナリ吾事ナレリト思フハ大ノ間違イナリ。……常ニ研究問題ヲ持テ」と。

さて、海軍少尉あるいは機関少尉、主計少尉に任官すると、軍服の裾も長くなり、形だけは天晴れ一人前の士官サンになる。というのは、昭和九年から、海軍生徒と候補生の軍服は、腰のところで切れた冬はフック掛け、夏は七ツボタンの短ジャケットに改正されたからだ。いや、もともとはこういうキャデット気分のあふれた上衣だったのを、大正九年、経費節約をねらった当局が、若い彼らに士官と同じ長い裾の上着を着せていた。それを昔の流儀にもどしたのであった。

話がそれてしまったが、ガンルーム士官心得はさらにこうも示す。

「次室士官ハ『自分ハ海軍ノ最下位デ何モ知ラヌノデアル』ト心得、譲ル心掛ケガ大切ダ。……良カレ悪シカレ兎ニ角『ケプガン』ヲ立テヨ」

では「ケプガン」とはなにか？ (Captain of Gun Room) と書いて、それを略した言葉だが、どうもこれは和製英語であるらしい。一次室の代表取締役といったところだ。ふつう、ガンルーム士官のなかの、最先任の兵科士官があたることになっていた。そして次席が「サブガン」。この人が、ケプガンのもり立て役の先達にたつ。

ということで、ケプガンは一艦の元締め、士気の源泉になるガンルームを取りしきり、そして仲間にハッパをかけるのだから、どの艦でもそれにふさわしい青年士官があたった。昭和初期に例をとると、七年度の戦艦「金剛」のケプガンは五四期の中尉だったし、八年度の巡洋艦「青葉」では五六期の中尉ドノ。いずれも海兵を卒業後、六年、五年を経過し、海軍のこともかなり分かってきた、リーダーとして後進をしつけるのに、ピッタリのヤング・オフィサーだった。

したがって、候補生や新前少尉とはかなりの年代のひらきがある。しかし、平素の次室生活では、きわめて和気アイアイの雰囲気で、兵学校のときのような、〝俺、貴様〟のゴツイ方式ではなかった。とはいえ、親しいなかにも、上下の節度はきちんと保たれていた。

こうした初級士官で過ごす期間は、まだ平和だった昭和一ケタ時代までは、3表に示したように少尉二年、中尉三年におよぶのがあたり前だった。考えてみると、かなり長い部屋住みの暮らしである。まあ、それだけ、若い彼らに士官としての普遍的な教育、躾(しつけ)教育がなされたともいえた。じっくりと時間をかけた教育は、成果の質に短期養成とはちがった輝きが出るのだ。
だが、やがて日華事変が始まり、太平洋の雲行きが怪しくなってくると、〝進級ユックリズム〟を守ってきたさしもの海軍も、今までの方針をかえざるを得なくなった。少数精鋭では間に合わず、昇進をはやめ全体の膨張、肥大化に対処しなければならなくなったのだ。そんな影響がガンルームにも押し寄せてきた。

3表　少尉，中尉の期間

兵学校卒業期	少尉任官	少尉の期間	中尉の期間
54	S.2.10.1	2年2月	3年
55	S.3.10.1	2年2月	3年
56	S.4.11.30	2年	3年
57	S.5.12.1	2年	3年
58	S.7.4.1	1年8月	3年
59	S.8.4.1	1年8月	3年
60	S.9.3.31	1年8月	2年6月
61	S.10.4.1	1年8月	2年
62	S.11.4.1	1年8月	2年
63	S.12.4.1	1年8月	2年
64	S.13.3.30	1年3月	2年
65	S.13.11.15	1年	1年11月
66	S.14.6.1	1年6月	1年6月
67	S.15.5.1	1年5月	1年8月
68	S.16.4.1	11月	1年8月
69	S.16.11.1	1年	1年5月
70	S.17.6.1	1年	11月
71	S.18.6.1	10月	8月
72	S.19.3.15	6月	9月
73	S.19.9.1	6月	——
74	S.20.7.15	——	

昭和一五年、空母「赤城」のケプガンは六二期出身者だったが、とつぜん六四期より上の中尉は士官室へ移るようにといわれた。よその艦では、すでに同クラスの者が分隊長になって次室生活の足を洗ったので、それにならうのだという。

日華事変勃発の翌昭和一三年、「各科中少尉ニシテ上級配置ニアルタメ、士官室ヲ使用スル者アル場合ニハ、同人ヨリ先任ナル中少尉ニ対シテハ艦船長ニ於テ必要ト認ムルトキ、士官室ヲ使用セシムルコトヲ得」と、おフレが回されたからであった。

〝新前少尉〟はつらい

「……私が青年士官室に行ってみて、そこの書棚を見たとき、およそ学問的書物のないのに驚いた。吉川英治の『宮本武蔵』をのぞけば、講談クラブのような雑誌ばかりが乱雑に並んでいるだけ。こんなことでいいのか、と私は思った……」

これは、つい数年前まで首相としてトキメイていた、あの中曽根康弘・元海軍主計少佐の手記の一節だ。ところは重巡「青葉」のガンルーム、ときは昭和一六年、太平洋戦争の始まる数カ月前。当時、氏はその年の三月に東京帝大の学生服を脱ぎ、軍服を着たばかりの主計中尉だった。経理学校補修学生の短期教育をうけ、はじめて馬鹿いそがしい艦隊に乗り組んだのだが、一次室に入ってみて想像とは異なるたたずまいに、いささか驚きと反発を感じたものらしい。全国中学生のなかからえりすぐった俊秀青年士官の集う室、未来の海軍大臣、海軍大将の卵たちの部屋にしては、あまりにも知的雰囲気に乏しいと見たのであろう。

だが、海軍へ入って間もない中曽根サン、まだ艦隊の実相をご存知なかったようだ。

由来、海軍では「尉官は勤惰、佐官は判断、将官は人格」といわれていた。そしてとくに

少尉、中尉時代は、体をマメに動かして働くことを強く要求された。たとえば甲板士官。〝ニワトリ〟と通称されたように、作業服を着、はだしでズボンを膝までまくり上げ、甲板棒を片手に、朝から夜おそくまで一日中、兵員のネジを巻いて飛び回る。またそんな彼だけではなく、ほかの若手士官にも、作業服姿になって下士官兵の先頭に立ち、艦内整備作業や諸作業に従事するようシツケる所轄も多かったのだ。

艦船部隊、ことに〝艦隊〟は上下をあげて実務に精励するところ、口先でなく実行が尊ばれるところだった。だから、若いガンルーム士官は、たわしでコスルがごとくに鍛えられる。なかでも、なりたての新前少尉は先輩たちの仕事も奪うようにして働いた。どこか、ジョンベラ社会の〝新三(しんさん)〟に通ずるところがないでもない。

碇泊中、副直将校の勤務が終わると、やれやれとみなほっとする。しかしそんなときでも、次に立った副直将校がおりてくるまでは、機動艇の艇指揮として出かけられるように、待機しているのがガンルーム士官のたてまえだった。しかし、たてまえはそうであっても、「チャージ一名、お願いいたします」と、使いの水兵がくれば、どんなに疲れていても、新少尉は自発的に順番にあたった先輩にかわって飛び出していくように心掛ける。それが若いうちの修業であり、エチケットでもあった。シンマイはいつの世でもつらいのだ。

だが、こんなこともあったそうである。九州の作業地志布志湾に入った軍艦「山城」でのこと。その夜は風が強く、粉雪が舞っていた。なのに、おそくなって艦載水雷艇を出す用事ができた。艇指揮の番にあたっていた士官が、あいにく風邪気味で病室へ診察を受けに行き、次室にいなかった。こんなときは、例によって末輩士官が名乗りを上げて出て行くのだが、まだ未熟な彼らには、途中、難所のある未知の海面を、しかも荒天の暗夜に指揮していく自信がなかった。ふだんは威勢のよい彼らも、互いに顔を見合わせ尻ごみしていた。

このとき、「俺が行こう」と立った人があった。いつもガンルームの奥の方に蟠踞（ばんきょ）し、新少尉連中ににらみをきかせ、チャージなどにはついぞ出たがらない四年先輩のN中尉だった。その晩みたいな、危険で難しい艇指揮は古参の彼でも大儀だったにちがいない。

しかし、こんな悪条件のそろった難事こそ、経験豊かな者があたらなければ、と率先買って出たのであろう。この行為は、新参少尉たちに忘れ得ぬ強烈な教訓をあたえたという（『五五期回想録』）。これが海軍だった。

さてまた、チャージで出かける段になると、「機動艇用意」のラッパが鳴り、使用する水雷艇やランチが係船桁から舷梯へ回されてくる。そのとき、艇指揮はすでに舷門に出て待っているようでないと、ガンルーム士官の恥とされていた。

またまた『次室士官心得』は示す。

「〝シーマンライク〟ノ修養ヲ必要トスル動作ハ〝スマート〟ナレ。一分一秒ノ差ガ結果ニ大影響ヲ与フルコト多シ」

〝スマートで目先がきいて几帳面　負けじ魂これぞ船乗り〟の標語と通じるところがあった。

初級士官ただいま猛勉中

ともあれ、初級士官は当直に、下士官兵の身上・人事などの面倒をみる分隊事務に、担当の整備作業の監督に、そして訓練にと、その毎日はきわめて多忙だった。しぜん、くつろぎの場、ガンルームでは、肩のこらない娯楽雑誌に手がのびることにもなる。といって、こんなものばかりを読んでいたわけでは決してない。

与えられた職務を完全に遂行していくためには、専門術科やもろもろの実務に関する知識の吸収、これがぜったいに必要だった。

これはまだ、戦前の猛訓練が盛んだったころのはなし。昭和一ケタ時代までは一年目少尉を駆逐艦に配乗することはしなかったが、二年目で艦隊駆逐艦の通信士（兼航海士）になると、艦長サンによっては、そんなカケ出しの彼に、航海中、一本立ちの当直将校をやらせる人がいた。問題は操艦である。

「内火艇のチャージのつもりでやってみろ」

そうは言われても、そうはいかない。商船とちがい、艦隊駆逐艦では編隊で走らなければならないのだ。ぶっつけ本番、艦橋で操縦をやり、叱られ怒鳴られながら体得していくしかなかった。

が、その前に彼は、操艦教範、操舵操式、機械の発停標準、増減速標準などと真剣にとり組んで勉強する。目に見えない糸で結んだようにきれいな編隊を組んで航海し、陣形運動をする、そんな勉強のベースになるのが艦隊運動程式やら艦隊運動教範、隊の運動内規などであった。

さらに、司令長官や司令官が実施しようとする戦法や部隊の隊形、使用速力などを定めた艦隊戦策や水雷戦隊戦策にも目を通しておく。これは、それでなくとも忙しい若年士官にとっては、かなりハードな勉強だったはずである。

こうして全艦隊の若い士官たちは、実務に関する勉強をよくやったし、またやるように仕向けられていた。そして、そのように彼らをリードしていく道標が『初級士官教育実施規程』だった。その冒頭に目的がかかげられていた。

「実務ヲ体得シ、以テ初級士官ノ職責ヲ完全ニ遂行セシムルヲ本旨トシ、兼ネテ将来大成ノ素地ヲ形成セシムルニアリ」

すでに少尉、機関少尉、あるいは主計少尉に任官し、艦船部隊で下士官兵に号令をかける立場にある彼らが、同時にまだ被教育者の立場におかれていたのだ。このようにして士官社会の土台がためをはかった日本海軍の重さ、深さが感じられよう。

そのことのために、軍艦の艦長や航空隊、駆逐隊、潜水隊などの司令は、毎年度はじめに彼らに対する教育計画をたて、日常の勤務や作業、そのほかあらゆる機会を利用して若手士官の教育を実施していった。新しい兵器や機関ができたり、操式や教範の改正や新制定があると、その都度、彼らに説明や講演が行なわれる。また艦隊司令部主催の研究会などには、積極的に参加するようすすめられていた。

つねづねも、艦内の主だった士官が主任指導官になって若手を引っ張っていく。例をあげると、昭和五年度、戦艦「陸奥」では、兵科の指導官には副砲長、機関科では機械分隊長、軍医科は軍医長、主計科は主計長がその任務にあたっていた。それぞれ各科ごとに定められた教育項目は非常に多く、とてもここには書いていられない。そして、母港にいるとき、作業地に入ったとき、巡航中、演習中と、艦の行動に応じてキメ細く実施されていった。

それはまた、自分の職務に直接関係することだけではなく、関連する他の分野の勉強にもおよんだ。たとえば兵科士官でも、ときには機械室や缶室にもぐって実物を前にしてレクチュアが行なわれた。速力をかえるため主機械(もときかい)の回転数を増減するとき、蒸気注入速度の時間的規準を示す増減速計と、じっさいの操縦弁の動かし方との相互関係について勉強したりする。こうした、機関の実地への理解は、艦橋で操艦する兵科士官にとってたいへん重要なことだった。

そのほか語学の勉強をかねて『ネーバル・インスティテュート・プロシーディングス』など外国の海軍雑誌を読むことも行なわれたし、月はじめには自分の気のついたこと、研究をした事項、見聞した重要な事項などを記入した『勤務録』という自己啓発録を、義務として上司に提出させ、チェックしていた。これは明治のむかし、『将校勤務録』として、兵科士官にだけ記注をもとめられたが、やがて機関科士官にも『機関将校勤務録』がつくられた。そして、昭和六年に『勤務録』と名前が変わり、全科の士官、特務士官、少尉候補生、准士官が書かされるようになった。

さて、中曽根サンもその後数ヵ月の艦隊勤務で、ガンルームの雰囲気がよく分かったであろうし、認識も改めたであろう。

実情はかくのごとく、あの艦内の悪い居住環境と戦いながら、若い彼らは、〝海軍学〟の勉強、研究にフンレイ努力していたのである。

しかし、艦によっては、艦尾推進器の真上にガンルームがあった。うるさいしガタガタ振動は出るし、暑い。哲学だとか論理だとか、そんなおカタい本を開く気にならなかったのも無理はなかった。だが、そういう状況をふみこえてなお、将来の海軍を背負う青年士官たちは、いわゆる学問的教養を身につけなければいけなかった、と中曽根サンはオッシャルのかもしれないが。

ガンルーム、うすッペラとなる

こんなわけで、少尉、中尉は修業時代。兵科は兵科系統のことを、機関科は機関系統のことをなんでもやり、なんでもやらされた。陸軍では士官学校のうちから歩兵、騎兵、砲兵などと各兵種に分けていたが、海軍では専門をもつのはもっと先のこと、一般には大尉になってからだった。

歩兵連隊、工兵連隊、電信連隊……とそれぞれ兵種ごとに部隊が分かれていた陸軍とちがい、軍艦には大砲も水雷も飛行機ものせている。縁の下の力持ちになる機関科にも、缶、機械、電機、補機の分科があった。

そんな総合システムのなかで、士官たるもの、「俺は大砲は撃てるが、航海はわからん」「ボイラーは知っているが、ディーゼルは全然ダメ」では物の用にたたないのだ。こんなところに、現代海軍の兵科将校には、艦船と飛行機を統轄指揮する能力が要求される。それに、若い青年士官時代に広く万般のことを勉強させる理由があった。

兵科では、甲板士官、砲術士、水雷士、航海士、通信士……一通り各配置をグルッと回って鍛えられ、覚えていく。機関科でもボイラーをやりエンジン分隊に属し、工業分隊にも回った。ただ、機関科には兵科のように、〝士〟のつく〝機関士〟という職名はなかった。それに似た職務につく彼を〝機関長付〟とよんでいたが、これは明治時代、機関大尉や機関少尉のことを大機関士、少機関士といっていたので、官名と職名の混同を避けるため、そうなったのであろう。

だから、艦もいろいろな艦種のものに乗せられた。長くても一艦に一年、ときには数ヵ月でポンポンと転勤して修業の旅をする。そして、戦前ではひどく体をこわしたりしない限り、初級士官時代は必ず艦船か航空隊、せいぜい陸上部隊勤務では上海の海軍特別陸戦隊に限られていた。

ただし、飛行科に進もうとする場合、まだ平和だったころは、中尉になったときか少尉の二年目に飛行学生となり、他の一般コースから分かれるのがふつうだった。もちろん、それまではフネに揺られて海上の修業をする。

日華事変当時、南郷茂章大尉という、日本のリヒトホーフェンとうたわれた名飛行将校がいた。優れた人柄と卓越した実力とで、上下多くの人から敬愛された士官だった。この彼の、兵学校卒業後の足どりを見てみよう。「浅間」で練習艦隊、ついで戦艦「長門」、術科講習員、そして重巡の「加古」へ。つぎにこんどは少尉候補生の指導官付として練習艦隊の「出雲」、それから「伊号一潜」へと、四年八ヵ月もの長い船乗り修業をし、はじめて飛行学生に採用されている。

海上を飛びまわり、艦艇と共同して戦闘するのを原則とする海軍航空では、空母や水上艦搭載機の飛行機乗りはいわずもがな、陸上機航空隊の飛行士官でも、艦(ふね)のことをよく知っておく必要がある、と当時の海軍は考えていたからだった。だから、こうした若いうちの修業

時代があったればこそ、海軍の飛行機乗りが船乗りとしても通用し、海軍大佐に進級したとき、デカイ航空母艦の艦長として艦を操縦することができたのだといえよう。

さて、各科とも少尉候補生から少尉、中尉とあがり、大尉に進むまではみな一緒に進級した。ただし病気などで、長い間休んだりすればこれは話が別で、仲間が中尉になったのにまだ候補生、なんていう極端な例もあった。少尉二年、中尉三年、平和だったころはミッチリ鍛えられて、やがて一人前の大尉になる。だがここで、もう一度、前に掲げた2表、3表を見ていただきたい。

昭和一二年七月、日華事変がおきると、そのころから生徒教育も候補生教育も、そして初級士官時代もだんだん年限が短縮され出した。

さらに太平洋戦争が始まりその後半に入る

と、もう目のまわるような速さになっている。戦前、昇進の遅いのは司法省と海軍、といわれたのはウソのようなハヤさだ。

昭和二年春に江田島兵学校に入校した第五八期生が、大尉になったのは〝九年八ヵ月〟後、もっともノーマルなテンポだった。それが、一五年一二月入校の七二期生になると、その半分以下、わずか〝四年六ヵ月〟後の昭和二〇年六月に大尉になってしまった。平時ならば、まだ少尉候補生のヒヨッ子時代である。

昭和一九年、二〇年。戦争の前途はすっかり暗くなり、物的戦力の低落は大きかった。人的戦力のほうの事情もまったく同じだった。その補充と拡大のため、応急的な大量増員と、このような異常ともいえる進級スピードで対処せざるを得なかったのだ。

日華事変が始まったころには、次室の古い中尉を士官室へ追い上げていたのに、こんどは、「一次室士官ヲ直接指導ニ任ズベキ士官ガ著シク若年化セルタメ、艦船長ハ士官室ヲ使用スベキ大尉モシクハ中尉ノウチ一部ヲシテ、一次室ヲ使用セシムルコトヲ得」と、流れを逆転セザルヲ得なくなった。この通達が出されたのは、太平洋戦争開戦前の一六年四月だった。

ガンルーム士官は、いかに若くてピチピチしているのがよいといっても、それには程度があった。あまり若い連中ばかりになると、初級士官として肝心なシツケも教育も十分に出来なくなってしまう。

こんな若返り過ぎたガンルームの有様が、吉田満の『戦艦大和の最期』のなかに描かれている。昭和二〇年四月、沖縄突入作戦時の同艦のケプガンは臼淵磐という、海兵七一期の大尉だったそうだ。本来なら士官室に住むはずの彼にしても、二年半前に兵学校を卒業したばかりの若年士官だった。

そして、より深まる戦局の悪化は、兵学校、機関学校、経理学校生徒出身の士官は、「必ず一度は軍艦のガンルーム生活を経験させる」という伝統を崩壊させていった。昭和一八年九月卒業の海兵七二期生のうち、五割強にあたる三二五名は、航空戦力急速増強の名のもとに、一度も艦船勤務をすることなく、直接、霞ヶ浦航空隊へ飛行学生として入隊していったのである。

こうして、大戦末期には、大事なガンルーム生活が極端にしぼんでしまい、若すぎるというか幼くなってしまった。少尉半年、中尉半年、あわせてたった一年になった初級士官時代が、彼ら自身の将来ばかりでなく、日本海軍の未来にどんな影響を及ぼす因子となったか。それは、それから間もなく海軍自体が消滅してしまったので、ただ推測してみるしかない。

スマートな士官とは

太平洋戦争のさなか、昭和一九年の夏ちかい五月であったか、いち日、東京の明治神宮外苑競技場で〝空の若人〟による体操大会が開かれた。集う（つど）は陸軍の少年飛行兵、海軍の飛行予科練習生、それから予備空軍ともいえる逓信省の地方航空機乗員養成所の生徒たち、徒手体操、マット体操、フープの操転など、はなやかな演技がつぎつぎと、グラウンドいっぱいに見事にくりひろげられていった。

やがて、あふれんばかりの観衆をうならせた熱演もおわり、そして閉会式も無事にすんだ。

出場者の少年たちは、各グループごとに軍楽隊の奏するマーチにのって、整斉と駆け足で退場していった。と、このとき異変が起こった。七ツボタンの紺の制服に、白の脚絆で足もとをきりりとしめた予科練の足音が出口へ近づいたときだった。

興奮した女学生の一群が場内に飛び出し、黄色い声をあげて、彼らを目がけて突進して行ったのである。まわりにいた男子中学生はタダタダあっけにとられるばかりだった。そして、誰も寄りつくもののいないカーキ色の演技者たちに、「奴らも、さぞ面白くねぇだろうなぁ」とひたすら同情を寄せるのみであった。

この光景、まことに軽薄といえば軽薄だが、なにも女ドモだけではなく、イガグリ中学生のなかにも、「陸軍ヤメタッ！　海軍へ行こうっ、予科練へ入ろーっ！」と叫んだ奴もいたのだから、男子も似たようなものだった。

ことほど左様に、そのころ、海軍はモテた。それが、体にピッタリ合った紺や白の軍服を身にまとい、金色の短剣を吊った青年士官ともなれば、なお一層のことだった……ようである。

だが、ほんとうのスマートな海軍士官とは、たんにそんな、そとみだけが端麗な士官をいうのではなかった。

昭和二〇年、厚木基地には第三〇二航空隊が駐留して、帝都の防空戦に奮闘していた。兵学校七二期出身のF中尉も、そこの飛行士官の一人だった。傍若無人にやってくる敵機の邀撃(ようげき)に寧日(ねいじつ)ないある夕刻、いとこのW氏が彼のところへ面会に来た。戦いを忘れ、平和なころの楽しかった思い出に二人は時を忘れた。歓談数刻、話はつきなかったが、W氏はいとまをのべた。

では隊門まで、と一緒に立ったF中尉は正規の道路ではなく、飛行場をつっきり近道をとっていった。外は真っ暗だった。とつぜん、「誰か！」と番兵から鋭く声をかけられた。「士官」、F中尉の応答が低く、しかし強く闇のなかに流れた。それは、うちに〝凛乎〟とした響きを秘め、長身の彼の気品ある態度と重なって、W氏の感動をさそう声音だったという。

そのころ、彼は体調十分とはいえなかった。二月ほど前の空戦で負傷し、退院してまだ間がなく、戦闘には無理な体だった。なのに、周囲が止めるのもきかず、気力でムチ打つように戦いを続けていた。

そしてその数日後、八機のP-51の急襲を受けるや、敢然と不利な態勢から飛び上がった。たったの二機。彼は火だるまになって墜ちた。その死は級(クラス)の友を、部下を泣かせた。こんな、F中尉のような士官をこそ、真にスマートな海軍士官というのではあるまいか。ノーブレス・オブリージ、責任を重んじ、品位のある、凛然とした若き武士、それが憧れるにたる〝青年士官〟像だったはずである。さきの大戦では、そんな若竹のようなオフィサーが大勢死んだ。

「士官」だが「将校」にあらず

ガンルーム生活も何年かがたつと、やがて大尉ドノになるのも間近い。初級士官とか若年士官とよばれるのも、そろそろおサラバだ。となると、前に、先送りするといって残しておいた士官と将校のちがいについて、このあたりで書いておいたほうがよかろう。

その前に、海軍士官の階級のこと、これは読者諸賢、せんこくご承知と思われるが、太平洋戦争中、大改正があったので、一応、ふれておきたい。

昭和一七年一一月、下士官兵も含め海軍軍人の階級呼称や服装が変わったのだが、それまでの久しい間、海軍士官の科別やランクは4表のようになっていた。

それぞれの科の仕事について、ことに兵科や機関科についての説明は、ここでは必要なかろうが、ただいくつか変わった科もあった。

艦隊には平時でも、数万の将兵が乗り組み、カン詰になって訓練している。とすれば、歯医者さんも必要であり、そのため、まえまえから民間人を奏任官待遇の嘱託医にし、司令部付として医療に従事させていた。たんに、虫歯の治療だけならそれでもすんだのだが、日華事変が起こり、戦闘が激化していくと、口腔外科が重要な任務になってきた。そんなことから歯科医師の軍人化が要望され、誕生したのが歯科医科士官である。昭和一六年六月の発足

4表　海軍士官の階級（S.17.10.31以前）

		将校		将校相当官								
		兵科	機関科	軍医科	薬剤科	主計科	造船科	造機科	造兵科	水路科	歯科医科	法務科
士官	将官	海軍大将										
		海軍中将		海軍軍医中将		海軍主計中将	海軍造船中将	海軍造機中将	海軍造兵中将			海軍法務中将
		海軍少将		海軍軍医少将	海軍薬剤少将	海軍主計少将	海軍造船少将	海軍造機少将	海軍造兵少将		海軍歯科医少将	海軍法務少将
	佐官	海軍大佐	海軍機関大佐	海軍軍医大佐	海軍薬剤大佐	海軍主計大佐	海軍造船大佐	海軍造機大佐	海軍造兵大佐	海軍水路大佐	海軍歯科医大佐	海軍法務大佐
		海軍中佐	海軍機関中佐	海軍軍医中佐	海軍薬剤中佐	海軍主計中佐	海軍造船中佐	海軍造機中佐	海軍造兵中佐	海軍水路中佐	海軍歯科医中佐	海軍法務中佐
		海軍少佐	海軍機関少佐	海軍軍医少佐	海軍薬剤少佐	海軍主計少佐	海軍造船少佐	海軍造機少佐	海軍造兵少佐	海軍水路少佐	海軍歯科医少佐	海軍法務少佐
	尉官	海軍大尉	海軍機関大尉	海軍軍医大尉	海軍薬剤大尉	海軍主計大尉	海軍造船大尉	海軍造機大尉	海軍造兵大尉	海軍水路大尉	海軍歯科医大尉	海軍法務大尉
		海軍中尉	海軍機関中尉	海軍軍医中尉	海軍薬剤中尉	海軍主計中尉	海軍造船中尉	海軍造機中尉	海軍造兵中尉	海軍水路中尉	海軍歯科医中尉	海軍法務中尉
		海軍少尉	海軍機関少尉	海軍軍医少尉	海軍薬剤少尉	海軍主計少尉	海軍造船少尉	海軍造機少尉	海軍造兵少尉	海軍水路少尉	海軍歯科医少尉	海軍法務少尉

だった。

また法務科士官は軍法会議などに、従来から勤務していた文官としての法務官を武官に切りかえたものだ。開戦後の一七年四月にできた制度で、歯科医科と同様、比較的新顔のオフィサーだった。

それから、造船、造機などとならんで、技術系士官の一つに水路科という、聞きなれない科がある。べつに水先人（パイロット）の役をする士官ではない。科名だけあって、人のいない珍しい科だったが、これについては、また技術科士官のセクションでのべることにしよう。

さて、4表を見わたすと、なかには技術系や法務のように、部下となる下士官兵のいない科もあり、士官とは〝兵を指揮する武官〟という広辞苑式解釈は、どうも完全とはいえないようだ。しかし、また、〝士〟とは〝官位、俸禄を有し、人民の上位にある者〟、こういう解釈からすれば、兵員を指揮することのない彼らもリッパな士官である。

そして、〝士〟にはもう一方、〝学徳を修め、敬重すべき地位にある人。りっぱな男子〟という意味もあるそうだ。おそらく、すべての海軍士官はこのような武人になるべく努力したであろうし、またそうであったと信じたい。

ここで、ふたたび広辞苑のお世話になろう。〝校〟は木格（しきり）のこと。古代中国で、軍の指揮官が車の木格の中で戦闘号令をかけたことに将校の語源があるのだという。そういわれると、少しはっきりしてくる。かりに同じ大尉の軍服を着ていても、白衣をまとって聴診器を耳にあてたり、御飯をつくる兵員の監督をする人は、たとえ高等武官であっても、将校の部類には入りそうもない。

そこで海軍では、〝艦船・航空機を直接使用、整備する兵員の指揮にあたる士官〟を将校といっていた。ならば、

「陸戦隊を指揮する士官はどうなのか? 艦艇とは関係ないが、将校ではないのか?」

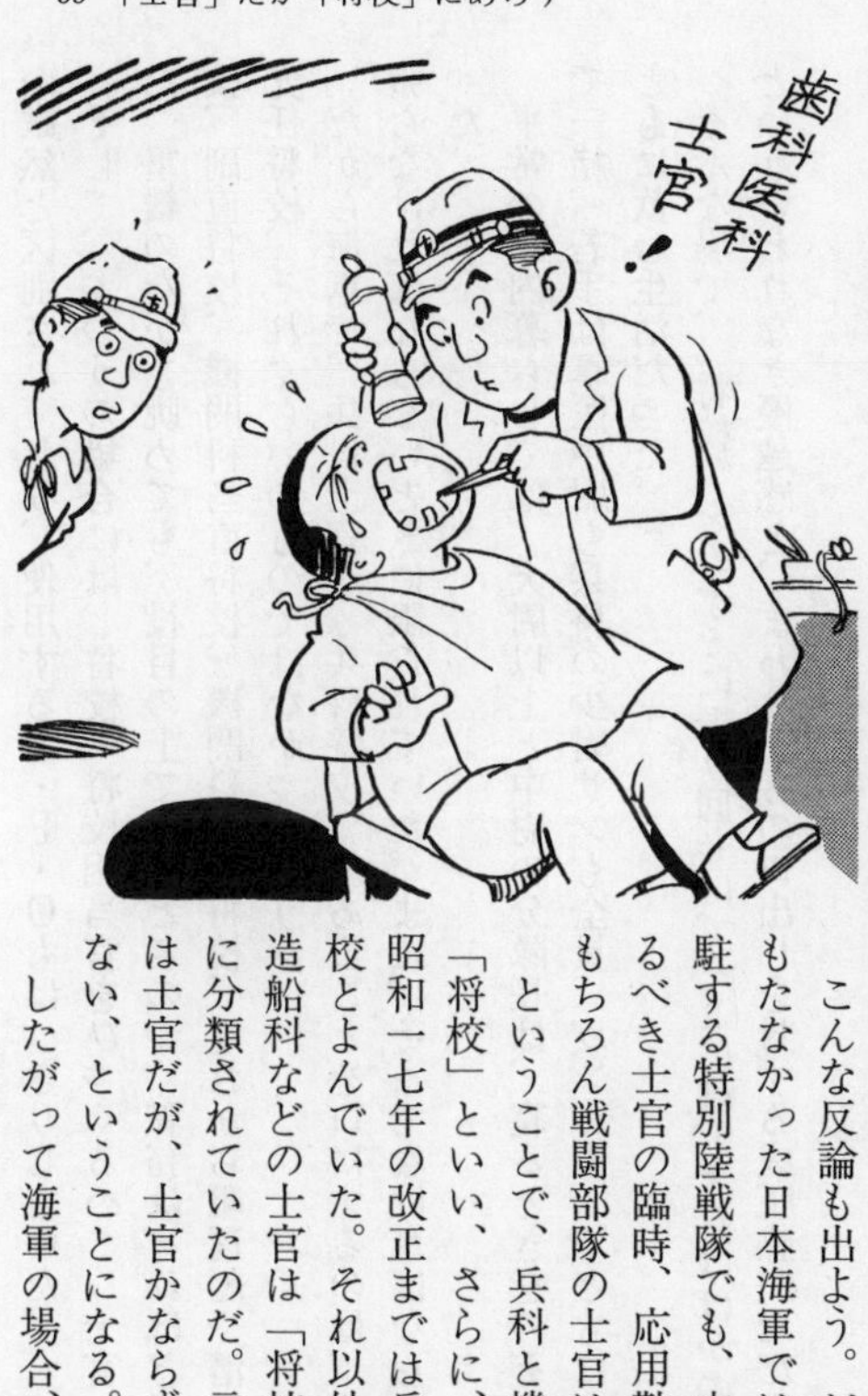

こんな反論も出よう。だが、海兵隊制度をもたなかった日本海軍では、たとえ陸上に常駐する特別陸戦隊でも、本来は艦船に勤務するべき士官の臨時、応用勤務とみられるので、もちろん戦闘部隊の士官は将校だった。
ということで、兵科と機関科の士官だけを「将校」といい、さらに、そのそれぞれを、昭和一七年の改正までは兵科将校、機関科将校とよんでいた。それ以外の軍医科や主計科、造船科などの士官は「将校相当官」として別に分類されていたのだ。言いかえると、将校は士官だが、士官かならずしも将校とは限らない、ということになる。
したがって海軍の場合、士官と将校の定義

が厳然と区別されており、使用するT・P・Oもはっきりしていた。

そして、ふつうの場合には、将校・将校相当官をひっくるめて〝士官〟の語が使われていた。軍艦のなかを眺めても、役目の上で将校と名のつく職務はそれほど多くはない。当直将校、副直将校、機関科当直将校、機関科副直将校、それから駆逐艦や潜水艦など小艦艇での先任将校、それぐらいのものではなかったろうか。

だから海軍で、兵科士官が〝兵科将校〟であることを口にするのは、公務上とくに肩ヒジ張らなければならないときに限られていた。また、そうでなければならない性質の用語であった。

平常の艦内暮らしでは、大尉以上と中尉の分隊長は、寝るときをのぞいて各科みな士官室で一緒、若手は軍医中尉も兵科の少尉サンも全員、ガンルームでともに食い、ともに語り、ともに飲む生活だった。

そんな場で、〝将校〟をムヤミに振り回せば、そこには、オレはほかの士官とは違うんだ、というようないわれなき優越感と、まわりからの口出しを封ずる威圧感がただよってしまう。

明治のはじめ、兵部省時代の海軍部内条例のなかに、すでに〝将校〟の言葉がみえる。しかし、それからもしばらくの間は〝士官〟が一般的に用いられ、「海軍士官トナルベキ生徒ヲ教育スル」学校の兵学校が「海軍将校トナルベキ生徒ヲ教育」することに改められたのは明治一五年だった。さきほど記した〝当直将校〟も、明治三一年までは〝当直士官〟だった。

そして、将校の用語に起因し、ある種の制度は、海軍部内に微妙で、しかも大きな問題を投げかけることになった。兵科将校と機関科将校の間に、軍令の承行権などをめぐって難問がもち上がり、長い間くすぶり続けた。

このことについては後にあらためて記すが、その解決手段の第一着手になったのが兵科、機関科の統合だった。表面的にではあるが、これによって将校は兵科だけとなり、海軍機関

5表　海軍士官の階級（S.17.11.1以後）

士官		将校	将校相当官							
		兵科	軍医科	薬剤科	主計科	技術科	歯科医科	法務科	軍楽科	看護科
将官		海軍大将								
		海軍中将	海軍軍医中将		海軍主計中将	海軍技術中将		海軍法務中将		
		海軍少将	海軍軍医少将	海軍薬剤少将	海軍主計少将	海軍技術少将	海軍歯科医少将	海軍法務少将		
佐官		海軍大佐	海軍軍医大佐	海軍薬剤大佐	海軍主計大佐	海軍技術大佐	海軍歯科医大佐	海軍法務大佐		
		海軍中佐	海軍軍医中佐	海軍薬剤中佐	海軍主計中佐	海軍技術中佐	海軍歯科医中佐	海軍法務中佐		
		海軍少佐	海軍軍医少佐	海軍薬剤少佐	海軍主計少佐	海軍技術少佐	海軍歯科医少佐	海軍法務少佐	海軍軍楽少佐	海軍衛生少佐
尉官		海軍大尉	海軍軍医大尉	海軍薬剤大尉	海軍主計大尉	海軍技術大尉	海軍歯科医大尉	海軍法務大尉		
		海軍中尉	海軍軍医中尉	海軍薬剤中尉	海軍主計中尉	海軍技術中尉	海軍歯科医中尉	海軍法務中尉		
		海軍少尉	海軍軍医少尉	海軍薬剤少尉	海軍主計少尉	海軍技術少尉	海軍歯科医少尉	海軍法務少尉		

学校出身の士官も、海軍大佐、海軍中尉……のように〝機関〟の二文字がとれた官階名になった。

改正は昭和一七年一一月に実施されたのだが、同時に、5表に示したようにそれまでの造船、造機、造兵、水路の各科が一つにされて「技術科」となり、また設営隊のオフィサーになる施設系の技術科士官も、新しくそのなかにつくられた。

そしてこのとき、今までは「特務士官」わくで特務大尉が最高階級だった軍楽科と看護科に、新たに「士官」としての少佐がつくられることになった。目出たく、帝国海軍はじまって以来の軍楽少佐になったのは、内藤清五、藤咲源司の両軍楽特務大尉の二氏、衛生少佐への昇進者は、佐久間朝治看護特務大尉だった。

大戦争のまっ最中ではあったが、これを機に、士官社会もかなりの模様がえが開始されることになった。といっても、いぜん〝将校は士官であるが、士官はかならずしも将校とは限らない〟ことに変わりはなかった。

時おり、もと海軍の士官サンで、「オレは軍医将校だった」、「わたしは技術将校だった」などと言ったり、書いたりする人がいる。昔のことでもうお忘れになったのだろうが、お分かりのように、これは正しい表現ではないのだ。

しかし、陸軍の場合は、軍医サンも技術士官も将校と称してさしつかえない。昭和一五年に、将校相当官を「各部将校」と改めていたからだ。たとえば、獣医官なら「獣医部将校」、主計官なら「経理部将校」というようにである。

それに、一つの連隊をみても、将校団、将校集会所などの用語がつかわれ、幹部のなかにも数十人の中隊付将校とよばれるオフィサーがいた。

そんなわけで、陸軍士官学校とか週番士官……などといった言葉はあっても、陸軍の兵営では、士官よりは将校のほうがポピュラーだったのではなかろうか。

〝青年将校〟の語はダンビラを下げたカーキ色のイメージであり、〝青年士官〟は短剣を小粋につった紺と白のイメージである。

ワードルーム

まだ太平洋戦争開戦前の、海軍の屋台骨がしっかりしていた時分は、〝一人前の士官〟〝一人前の大尉〟をつくるのに、一〇年はかかるといわれていた。もう前にも書いたが、海兵、海機、海経といった「生徒学校」時代と候補生で五年、少尉・中尉あわせて五年、たしかに大尉サンになるまでに、都合一〇年を費やしている。

つらつら眺めれば、海軍士官社会で子飼いから一人前といわれるまでには、ずいぶんと年月のかかるものではあった。

その認定というわけでもあるまいが、彼らは今までのガンルームを引き払って、一段上級の部屋へ移り住まわされることになる。そこが「ワードルーム」すなわち「士官室」だった。

だが、このワードルームという言葉、士官次室のガンルームほどにはポピュラーではなかった。少なくとも昭和海軍ではそうだった。〃士官室〃という短かくキリッと締まった品格のある用語が、明治のはじめから使われ、定着していったからであろう。各科の大尉以上と、おなじく特務大尉がこのヘヤの第一位入居有資格者だった。

なお、駆逐艦や潜水艦のように小さい艦（ふね）では、人数も少ないし艤装の関係もあってガンルームはなく、士官も特務士官もそれから准士官も、おしなべてみな士官室へ入った。ただし、駆逐艦のたいていは士官室が前部と後部に分かれており、それぞれを第一士官室、第二士官室と呼んでいた。

前部士官室には、これまで話してきた正規の士官や予備士官、いわゆる学校出の士官と下士官から累進した特務大尉が入り、後部士官室には各科の特務中尉・少尉と兵曹長が住人になっていた。といっても、若い少尉や中尉のうちは軍艦の次室士官なみに扱われ、初級士官としてシゴかれたのは教育上当然のことだった。まあ、寝るのにハンモックでなくベッドだったのが違い、といえば言えたであろう。

したがって、これらの小艦艇では、駆逐艦長や潜水艦長も、さらにそれらを三、四隻たばねた駆逐隊、潜水隊の司令も部下の士官たちとみな、一緒にコミの暮らしをすることになる。もちろん寝る所は別だが、このあたりが、小型艦独特の家族的雰囲気をかもし出す一因でもあったろう。

いっぽう、菊の御紋章のついた軍艦では、「艦長サン」は「艦長室」にまつり上げられてしまい、そこで執務し、そこで従兵の給仕を受けながら独りで食事をとる。さらに寝（やす）むときは、

「艦長寝室」がべつに設けられていた。戦艦などの艦長には水兵と機関兵おのおの一名が、従兵として専属していたのだ。軍艦の艦長はまさに別格的存在だったといってよい。

士官室でのほかの士官の生活は、副長が親分となってリードすることになる。副長にも「副長室」はあったが、別個の副長寝室などがあったわけではなく、一艦の親父と女房役とではそこにエライ違いがあったのだ。

さて、士官たちはワードルームに移ると、日常の暮らしぶりはより一層快適になった。食事のときは副長を最上席にすえ、一同、顔をそろえてとるが、士官のめいめいに寝室設備のある私室があたえられた。「航海長室」「機関長室」「飛行長室」あるいは「第○○分隊長室」などにおさまって、〝ダンスの上の寝台〟に寝むのだ。五千トン以上の軍艦では、こうした私室にソファーや、寝台兼用のソファーの置かれている部屋もあった。

ガンルーム時代は身のまわりの世話をしてくれる従兵も、室ぜんたいに何人という割り当てで、個人に専従することはなかった。が、ここでは二、三人の士官に一人の割合で兵隊さんがついて面倒をみてくれる。公室での食事の給仕、へやの掃除は言うまでもない。洗濯物の出し入れ、風呂の用意から靴磨きまで、一切をかゆいところに手が届くようにやってくれた。従兵のほうも科長や分隊長に認められる良い機会なので、フルに気をきかして奮励努力する。

だが、どんなものだろう。結果論的あるいは戦後風潮的批判といわれるかもしれないが、たとえ一等水兵、上等水兵の若年兵といえども、誇りある立派な帝国海軍軍人だった。少なくともガンルームまでは従兵の仕事を大幅に限定し、若年士官自身で身のまわりのあらかたをやる習慣をもってもよかったのでなかったろうか。

そしてまた、艦への出入りのときも、士官室の士官以上は右舷の舷梯を使用し、左舷舷梯を使わなければならない次室士官や下士官兵とは画然と区別されていた。

だが、こうしてもろもろの待遇がアップした以上、肩にかかる責任が重くなるのは当たり前だったし、またそれに応じて権限も拡大されていった。

一人前の証し「分隊長」

はじめて士官室士官になったときの、大ていの場合の補職は「分隊長」が通り相場だった。

この〝分隊〟が陸軍や陸戦隊での中隊、小隊、分隊のそれと異なることは、もう多くの方がご存知だろう。艦内は戦闘の要求に直接、間接、適応できるよう、砲術科、水雷科あるいは医務科、主計科などに区分されていた。詳細は省くが、このような「戦闘編制」を基として、さらに艦内を砲術分隊、航海分隊、機関分隊などに、ある目的から別な糸で編みなおしてあった。

軍艦は戦闘することを最大眼目としていたが、また平素はそのための教育訓練の場であり、そして常に、乗組員ぜんたいの生活の場でもあった。そんな三位一体の社会で、日常の業務や暮らしを円滑に運営するため編成されていたのが分隊であり、その責任者が分隊長だった。

「艦長指定ノ分隊ヲ指揮統御シ、諸部署一部ノ長トナリ軍紀風紀ヲ維持シ隊員ノ人事ヲ掌理」する、いわば一軒の家の家長といえる。

そこで、艦内を分隊に区分けする方式を「常務編制」といっていたが、その目的からいっても、あまり人数が多くなっては良い家庭は営めない。戦艦などでは砲術科の兵員はベラボーに多い。とても一コ分隊にはおさまらず、砲台ごとのいくつかの主砲分隊と、副砲分隊、測的分隊などに分かれていたし、機関科も太平洋戦争の半ばごろまでは、機械、缶、電機、補機の各分隊に分けてあった。

6表　「分隊長」に発令された各科中尉

	調査年	S. 6年	S.11年	S.16年
中尉	総員(名)	297	367	454
	分隊長数(名)	0	39	205
	比率(%)	0	11	45
機関中尉	総員(名)	116	115	143
	分隊長数(名)	0	0	100
	比率(%)	0	0	70
軍医中尉	総員(名)	107	101	467
	分隊長数(名)	1	0	1
	比率(%)	1	0	0.2
主計中尉	総員(名)	46	43	426
	分隊長数(名)	1	1	83
	比率(%)	2	2	19

というわけで、その家族数は艦の大小により、また科によって異なり、十数名の小さな分隊から百数十名におよぶ大きなものまであった。たとえば戦艦「長門」などでは、砲術科だけで一〇コ分隊もあり、艦全体では二一コの分隊があった。

そんな一家をとりしきるオヤジとして、分隊長は分隊員の人事権をもっていた。それぞれの分隊で下士官兵の進級、任官、転勤など人事を直接握っているのは分隊長であって、砲術長とか機関長など、その上にかぶさる科長は、その相談にはあずかっても左右する権限はないのが原則だった。

そしてまた、板子一枚下は地獄、上下一蓮托生の海上生活では、統率には深い慈愛の心が重要なことはもちろんだ。しかし、なにしろ二十歳代を中心とする血気さかんな若者たちの集団である。軍律を守らせるためには、強固な枠をはめておくことも必要だった。

そのため、分隊長には司法警察官職務執行者としての権限をもたせ、また部下下士官兵にたいし、ある範囲内での拘禁、禁足を課すことのできる懲罰権ももたせてあった。

慈父であると同時に、いまどきの〝パパ〟とはちがう、厳父として臨むことを要求されていたのだ。そして、このオヤジは戦闘になると、副砲指揮官、高射指揮官あるいは見張指揮官兼航海長補佐官などの名のもとに、それぞれの配置で部下分隊員とともに戦ったのである。

ワードルームへ入れる、それは、ヤング・オフィサーが一チョー前に育ち上がったことの証しでもあった。

ところで、士官室ではまた、「……ナラビニ上記各官ヲ以テ充ツベキ職ニアル士官、特務士官」も、このヘヤの居住者になることにきめられていた。〝上記各官〟とはさきほどのべた大尉以上の士官と特務大尉のことだ。だから具体的にいうと、各科の中尉それから特務中尉で、分隊長の職につけられた人たちが、入居できるわけだった。

が、そうは定められていても、昭和のはじめまでは、じっさいに中尉で軍艦の士官室へ仲間入りする人は少なかった。6表をちょっと見ていただきたい。各科の中尉ドノで、海軍省から「補鳥海分隊長」とか「補能登呂主計長兼分隊長」などの辞令を受けた人たちの数と比率である。艦内かぎりの分隊長職務執行者は別として、正式補職の中尉分隊長は、昭和六年当時は非常に少ない。それが、日華事変の前年ごろから増え出し、太平洋戦争開戦の直前には驚くほどの数に達している。

昭和に入ってからの国際情勢の移りかわり、緊迫化は、それに対応する海軍軍備の、こんな中堅クラスの人事面にもはっきりうつし出されていたのだ。兵科士官だけについてその内容を調べてみると、昭和一一年には、それでも大尉進級直前の三年目中尉が補職されていたが、一六年一二月には、たった二ヵ月前に進級したばかりの新品中尉が多数分隊長になっていた。

〝士官室士官〟になったといっても、兵学校を卒業してからわずか二年少々の若年オフィサー。彼らにとってその任が重荷になること、またそれが、艦隊の術力、戦力にマイナスの影響をおよぼしかねないことがわかっていても、経験の浅さからくる練度未熟を訓練の高密化によって補い、戦争に備えねばならない情勢だったのだ。

シンの疲れる「当直将校」

士官室士官になると、兵科士官には一つ、責任の重い大事な常務が加わってきた。それは当直につくとき、ガンルーム時代の副直将校ではなく「当直将校」に立たなければならないことであった。

艦長はたった一人、交代者はいない。となれば、ふだんできる限りの要務は副長以下の士官室士官が分担し、補佐しなければ、艦長サン、いくつ体があっても足りない。そこで、そんなケップになりかわり、毎日の日課の実施から運用作業など、艦内万般の事業をとりはこび、とりしきるのが当直将校だった。

碇泊中であれば、昼間は四時間、夜は二時間交代で艦務をサバいていく。

このような、フネの動いていないときには、状況によって特務士官を加えたり、あるいはガンルーム士官の手を借りて人数をふやし、悪くいえば、多少当直将校のレベルを下げても、任務の遂行はあるていど可能だった。揚子江に浮かんでいた砲艦など、艦が小さいので艦長をのぞくと兵科士官は先任将校だけになってしまったらしい。そこで平常の碇泊時には、機関長のほか軍医長、主計長まで組み入れ、四人が交代で当直将校にたったそうだ。

しかし、航海が始まれば、とても軍医サンを仲間に入れるような当直は組めない。〝艦の操縦〟という、重要な務めが加わってくるからだ。これはデッキ・オフィサー独自の仕事であり、航海・運用に関するそれ相当の知識、技量、経験がなければ出来ない業務だった。たとえ海軍生活ン十年を誇るベテラン特務大尉で、テッポーの神様、魚雷の神様といわれるような人でも、こればかりはまかせられなかった。特務士官で操艦を許されるのは、ふつう海軍兵学校の選修学生卒業者に限られていたのだ。

そして大艦では、それでなくても忙しい航海長は、航海中の当直勤務をたいていの場合免除されていた。

こういうわけで、航海中の当直将校は資格者が限られており、少佐、大尉の科長、分隊長クラスと、中尉分隊長が、輪番に昼夜を問わず二時間の当直勤務につかなければならなかった。

なお砲術長、内務長など他の科長でも中佐になると碇泊中の当直に立つ必要はなかった。

四万トンもある「陸奥」のような大戦艦を、山のように高い海面上三〇メートルの戦闘艦橋から操艦するのは、経験の少ない若い中尉分隊長にとって、大いに快であると同時に、少なからず恐怖感をいだいたのが実際だったようだ。

いずれにしろ、航泊にかかわらず、当直将校としての任務をスムーズにこなす能力を養うことは、兵科将校として備えるべき必須条件だった。が、彼らにとって、それはまた、シンの疲れる仕事でもあったようだ。

当時、士官の間では、こんなザレ言が時としてかわされていた。

「大尉になると〝艇指揮（チャージ）〟がない。少佐になると〝対策〟がない。中佐になると〝当直〟がない。大佐になると〝首〟がない」

いずれも兵科士官たちにとって、厄介な、頭の痛いことをならべたてたものである。自分が当直将校として服務中、よそのフネにぶつけたり、あるいは座礁させ、軍法会議にまわされるとか懲罰を受けた例はケッコーあるのだ。

ついでに記せば、〝対策〟というのは、軍艦の艦長とか隊の司令が、部下の各科大尉と中尉分隊長へ軍事に関する問題を出し、彼らに論文述作を要求、提出させるのだ。一年に一回だったが、ふつう、こんな作業を嬉しがる奇特な者はいなかったようだ。

士官室へ入り分隊長と呼ばれる身分になると、一見、ホントに一人前の士官になったかに見える。

だが、つきつめると、まだ何か欠けているような気がしないでもない。自らかえりみてもそうだったし、また傍目(はため)にもだ。なぜだろうか？　それは、自分自身のよりどころとなる〝これが、俺の海軍士官としての専門だ〟という根底が固まっていないからだった。

兵学校を卒えたあと、術科講習にも行き、ガンルーム時代にはいろいろな艦に乗っていろいろな配置についた。もう基礎勉強はすんでいる。だが、まだ、これはという決め手をもっていない。海軍にはたくさんの分野があった。兵科だけを見ても砲術、水雷、航海……。そろそろ自分の適性、希望、身体の状況などを考えて、将来の方針をきめる必要があった。そんな彼らを待っていたのが、いくつかある〝術科学校〟の「高等科学生」だった。

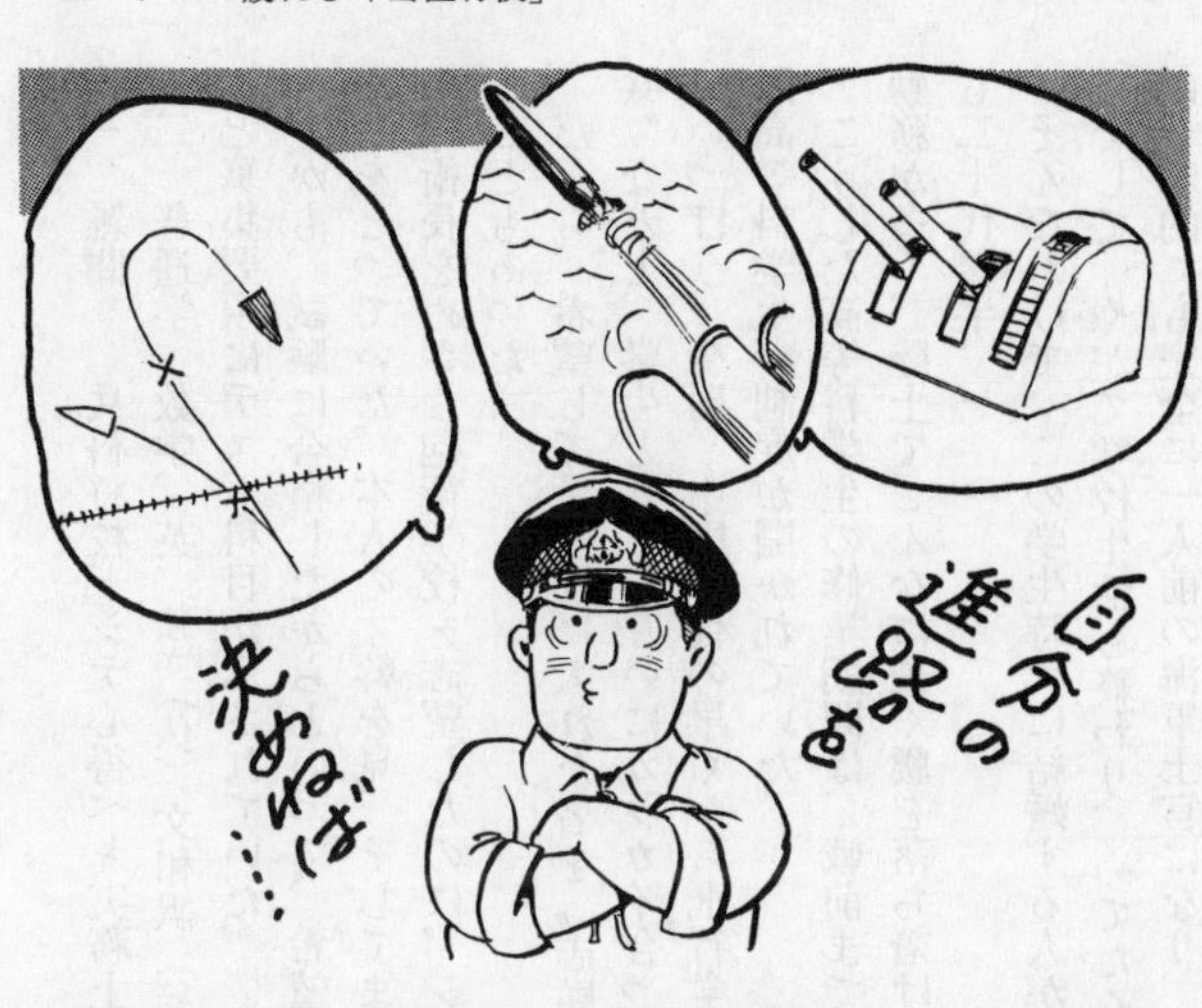

兵科士官のためには海軍砲術学校、水雷学校、通信学校に高等科学生がおかれ、航海学校にはこれらに相当するものとして、航海学生、運用学生とよぶ二系統が設けられていた。

それぞれ、「砲術長（水雷長）（通信長）（航海長）（運用長）トシテ職務ヲ遂行スルニ必要ナル素養ヲ得シムルヲ目的」とする課程だ。したがって、どこも大尉か古参の中尉が選抜対象で、チンピラ少尉は相手にしてくれない。

昭和一五年度を例にとると、〝昭和九年一一月一五日から一二年一二月一日までの間に海軍中尉に任ぜられた者〟が有資格者になっていた。

ということは、兵学校五九期から六二期卒業までの大尉が該当者であった。

だが、これらの学校は、資格があるから、希望するからといって、ただスンナリとは入校させてくれなかった。入学試験があったのである。

一　雑問　　兵科将校トシテ心得ベキ実務上ノ事項
二　普通学　数学、英（独）（仏）文和訳（辞書可能）

と募集要項にテスト科目が示されていた。

しかも、試験に合格したからといって、希望通りの学校に入れるとは限らなかった。プール制をとっていた。本人の才幹を見、そしてまた、お上のゴ都合によって、せっかく大戦艦の砲術長をめざし砲術学校を志望したのに、シンのつかれる航海学生に回された、なんていうこともあった。

だから、希望して希望校に入れた者を〝志願兵〟、希望しない学校に入れられた者を〝徴兵〟などと、学生どうしお互いにカラカイ合ったものらしい。

いっぽう、少尉、中尉時代の早くから飛行学生に進んだ士官にも、彼らだけの「練習航空隊高等科学生」制度が開かれていた。

こうした高等科学生の修業期間は、戦前まではだいたい一年だった。若い尉官時代は海上勤務が多く、陸上でこんなに長く腰を落ち着けていられる機会はまたとない。それに、年齢も二十代後半。

そんなわけで、この学生時代に結婚する人がかなり多かったようだ。

そして、やがて学校生活も終わり、めでたく卒業。「専門（マーク）」をもち、マリッジもし、公的にも私的にも完全に一人前の海軍士官になり、ふたたび艦船部隊へと出ていくのであった。

士官は〝稼業〟？

「……『よーっ、テッポー、風呂をもらいに来た』といいながら旗艦『平戸』の上甲板後部、左舷にある砲術長室のカーテンを分けて入った駆逐艦『白露』艦長須賀大尉は、いつものとおりニコニコしていた……」

心地よい微風が舷窓から吹きこんでくるような、さわやかな艦内の夕景をチラリとうかがわせる一コマだが、これは戦時中の恤兵雑誌「海ゆかば」からの拝借である。ちなみに、この須賀大尉とは、のちの須賀彦次郎中将、海軍有数の中国通として知られたが、惜しくも大角岑生大将とともに飛行機事故で亡くなられた提督、というか将軍だった。

さて、冒頭に引き出した「テッポー」という言葉は、海軍士官の社会では、それが親しい仲間だったり部下だったりすると、砲術長のことをこんなふうに呼びかけることが多かった。

彼は「艦長ノ命ヲ承ケ、砲術科員ヲ監督シ、戦闘ニ当リ其ノ指揮ヲ執ル」のを主任務とし、大砲から機銃、小銃にいたる、すべての〝鉄砲〟をあつかう科の親分だったからだ。しかし、よくよく考えてみると、〝砲術〟という用語も、昔、チョンマゲ時代に使われた医術とか柔術、忍術などの言葉を連想させる、ずいぶん古めかしい言い方ではある。だが一面、ときの流れに左右されない、牢固かつ凛としたヒビキが感じられないこともない。

これも、海軍のもっていた良い雰囲気の一断片といえようか。海軍では、海軍軍人が用い

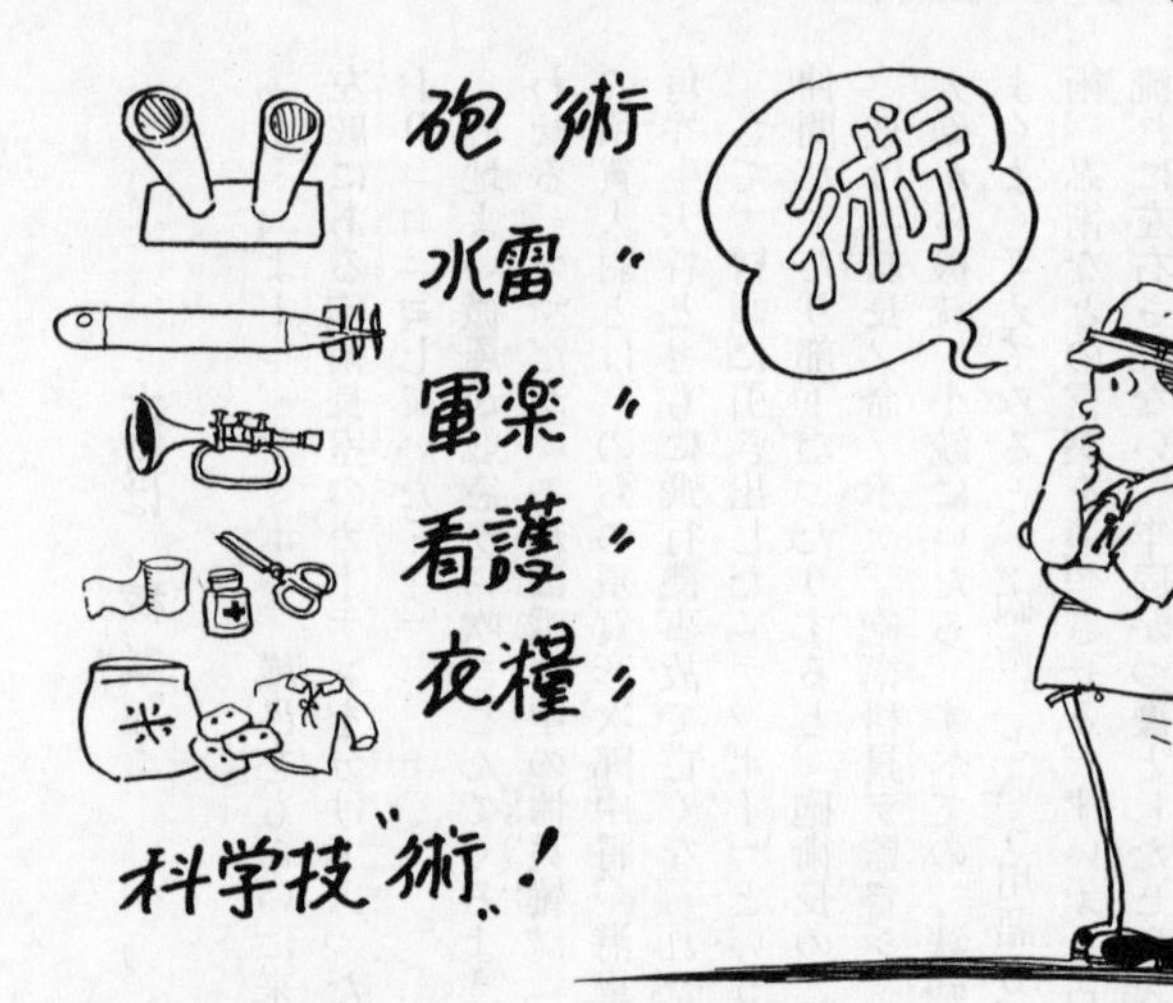

修める〝わざ〟〝学問〟の意味には、すべて〝術〟という文字を使っていた。砲術、水雷術はいわずもがな、軍楽術、看護術、衣糧術……、すべてそうだった。

つねに時代の最先端をゆく科学技術の導入にやぶさかでなかった海軍だったが、反面、きわめて保守的な臭いを強く残しているのも特色といえた。そして同時に、妙にシャバくさい言葉づかいをするのも士官仲間の特徴である。もちろん、公式の場合にではない。それによって互いどおしの会話が、かたい話も角がとれ、なめらかに進んでいったようだ。

作業地や洋上で、数週間もの間、世俗と縁をたち鉄の箱の中で昼夜を問わない訓練に励むとき、仲間とかわす言葉のはしばしに、チョッピリでもシャバの臭いをかもし出すような心づかいは有用だったであろう。そんなセンスの表われがさきほどの〝テッポー〟であり、これからしばらく話題にのせる「鉄砲屋」だ。

前のセクションで書いた、砲術学校の高等科学生を卒業し、自分の立身上の専門に砲術を選んだ兵科士官が、この部類に入るわけだった。同じように、水雷学校の高等科学生を出た士官は〝水雷屋〟とよんでいたし、若いうちから飛行学生に進んだ士官は、〝飛行機屋〟といわれていた。
○○屋などと、まるで商人みたいな言い方だ。が、それればかりではなく、あの真珠湾空襲のさいの立役者だった淵田美津雄元大佐は、著書『ミッドウェー』のなかに、
「当時、私などは艦隊勤務ばかりで、明けても暮れても体一つをもとでに飛ぶのが稼業の三等士官だった」

と記している。自分の専門を〝稼業〟などと茶化しているが、そのころの海軍士官仲間ではふつうのことで、「俺のショーバイはカマタキだ」、「彼のショーバイは航海屋だ」、そんなふうにザックバラン、気取らずにいうことが多かった。

鉄砲屋にあらざれば？

日露戦争で、きわだって優れた砲戦術力により圧勝をおさめた日本海軍は、大砲の威力というものをあらためて認識した。さらに、第一次世界大戦が起き、ジュットランド海戦での戦艦どうしの戦闘経過を横目に見てからは、ますますその確信の度を深めていった。

「砲煩が海戦を左右し、国家の安危をになう」いわゆる大艦巨砲主義が海軍の主要思想になったのだ。それはわが日本だけでなく、英米をはじめ、主だった海軍国のどこもがそうだった。したがって、日本海軍の軍備は、予算も艦隊編制もすべてが砲術を中心に動いていった。

そこで、人事もそうであったとして、こんな説が生まれてくる。

「海軍大将に〝なれる〟のは、砲術出身者が優先された。であるからして、すぐれた若い兵科将校はこぞって鉄砲屋を志したのである」

という説だ。では、はたしてそうだったのか？

高等科学生制度ができたのは明治四〇年。それまでにも砲術練習所、水雷術練習所はあったが、どうも古い人の専門別はアイマイモコとしているところがある。そこで、マークのはっきりしている昭和九年以後昇進した大将のうち、戦死による進級者を除いて氏名・専門を掲げてみると7表のようになる。

なるほど、数の上では圧倒的に砲術士官が多い。後発した航空出身者からはまだ大将が出るにいたってないが、水雷術出身の四倍の人数になっている。

だが、この数字から直ちに、大将になれるのは鉄砲屋が優先される、と結論づけるのはチョッと早いのではないだろうか。

彼らの尉官・佐官時代、同じような能力をもつ人物が砲術、水雷の分野にほぼ同数入っていたか、あるいは砲術のほうが少なかったのならば、そうもいえよう。

時代は下がるのだが、昭和二年、現役の大佐のなかで砲術マークの士官は八一名、水雷マークが六九名、昭和六年では、それぞれ七七名、五七名、平均すると鉄砲屋は水雷屋の約一・三倍、いくぶん多いという程度だ。この数字から推してみると、やはりこの説は正しい、といえそうな気もする。

しかし、8表に示したように、夜戦が重視されてくる昭和になってからは、若い士官のなかに水雷屋が断然増えてくるのだ。だから、どの分野にどのくらいの士官が振り向けられるかは時代によって変化し、多くの大将がたが若かった、明治末や大正期では、もっと砲術界の人数が多かったのではあるまいか。それがはっきりしないかぎり、大将昇進は鉄砲屋優先、と判断するのはムリだと思われる。結論はここですぐ出さないほうがよさそうだ。

では、こんどは、優秀な若い兵科士官がわれもわれもと、

7表　海軍大将の出身専門術科

氏名	専門	氏名	専門
中村良三	砲術	山本五十六	砲術
末次信正	砲術	嶋田繁太郎	砲術
永野修身	砲術	豊田貞次郎	砲術
高橋三吉	砲術	豊田副武	砲術
藤田尚徳	砲術	古賀峯一	砲術
米内光政	砲術	近藤信竹	砲術
百武源吾	砲術	高須四郎	砲術
加藤隆義	航海	野村直邦	水雷
長谷川清	水雷	沢本頼雄	砲術
塩沢幸一	砲術	塚原二四三	航海
及川古志郎	水雷	井上成美	航海
吉田善吾	水雷		

8表　昭和6年度の砲術・水雷別士官数

階級	砲術	水雷
大佐	77	57
中佐	105	101
少佐	107	130
大尉	144	187
合計	433	475

9表　高砲学生の海兵卒業順位(50期)

海兵卒業順位	人数
1番～54番	14
55～108	11
109～162	12
163～216	10
217～272	11

砲術を志願したという話、こちらはどうなのだろうか？

大正一一年、兵学校を卒業した五〇期生は二七二名という多数で、その後三十数年間、大佐で終戦を迎えるまで海軍に勤務、活躍したクラスである。この人たちのなかから、昭和三年より七年までの間に、五回に分かれ、合計五八名が砲術学校高等科学生、略して〝高砲〟を卒業し鉄砲屋になっている。同期の二割強にあたる人数だ。ならば、この人々の海兵卒業時の成績順位はどんな工合だったのか？

五〇期生ぜんたいを五分の一ずつに区切って、彼らの散らばりを見てみよう。9表がそれだが、ご覧のように、実際の入校者はほぼ全体に均等にひろがっている。とりわけ成績のよかった人だけが砲術学校の門をくぐったとはいえまい。少なくともこのクラスについては言えないようだ。

扶桑	山城	日向	伊勢
水・通	水	水	通・水
水	砲	砲	航
水	砲	砲	水・砲
砲・水	砲	砲・水	砲
選(中)	砲	砲	砲
水	選(露)・砲	砲	砲
砲	砲	水	砲
砲	水	砲	水
水	水	水	水
砲	水	水	砲
水	航	航	水

大艦巨砲主義の華やかだったこの当時、おそらく序列の高い位置にいた者は、将来アドミラルになるのに有利、とうわささされる高砲学生を目ざしたであろう。

しかし、前に書いたように高等科学生の選抜はプール制をとっていた。各種の術科部門が発達したため、バランスのとれた戦力を育成するのには、一特定の分野にだけ人材がかたよってはまずい。したがって、実情は

10表　戦艦艦長の専門術科

年度	長門	陸奥	金剛	霧島	榛名	比叡
S.2	水	砲	砲	水・通	水	水
S.3	砲	砲	水	水・砲	水	砲
S.4	水	水	水・選(露)	航	水・通	砲
S.5	砲	通・水	水・選(露)	砲	通・水	砲
S.6	航	航	選(西)	水	通・水	砲
S.7	選(中)	水	水	砲	航	砲
S.8	砲	砲	砲	航	砲	航
S.9	砲	砲	水	砲	砲	航
S.10	航	水	水・通	航	砲	航
S.11	――	砲	水	航	水	砲
S.12	砲	――	航	水・通	水	水・通

この通りだったのである。

そしてまた、こんなことを言う人もいた。

「砲術が最重要視されていた。だから日本国防の根幹となる、巨砲を備えた戦艦の艦長には、一部の例外を除いてみなテッポー屋がなったのだ」

さて、この点はどうだったろう。昭和二年度から一二年度まで、各戦艦の艦長サンの専門を調べてみたら、10表のようになった。

一目瞭然、そんな話はウソであることがお分かりになろう。表中、――が引かれている艦長はいわゆる〝ノーマーク〟、専門術科を修めなかった士官であり、選科（中）あるいは（露）（西）と書かれているのは、海軍大学校選科学生として東京外国語学校（現・東京外語大）で中国語を、あるいはロシア語、スペイン語を勉強した、一風変った経歴の将校だ。

10表中、五七パーセント、すなわち半分以上が砲術以外の系統であり、戦艦艦長の門は、例外どころかどんなコースの兵科士官にも開かれていたのだ。

それは、四六センチの超巨砲をつんだ超巨大戦艦「大和」「武蔵」だって例外ではなかった。「大和」艦長歴代六人のうち、鉄砲屋は二人、水雷が二人、航海一人、あと一名はノーマーク。「武蔵」では四人の艦長のなかで砲術士官は三人、水雷屋が一名というふりわけである。

無念ツーコンの「鉄砲屋」

平時、一年間の砲術学校高等科学生をおえると、ふたたび海上へ出ていった。こんどは、もうレッキとした鉄砲屋、士官名簿の自分の名前の右肩には、「高砲」の二文字が書かれている。

新たな赴任先での職務は、戦艦か巡洋艦の砲術分隊長、戦闘配置では主砲発令所長とか副砲指揮官、それでなかったら駆逐艦の砲術長兼分隊長という配置が多かった。またも海兵五〇期生の新テッポー屋を例にとってみよう。戦艦に九名、巡洋艦一四名、駆逐艦二四名、練習艦隊やその他の艦船部隊、上海陸戦隊に一一名となっている。

昭和八、九年ごろから海軍航空は急速な発達を見せはじめたが、日華事変に入った一二、一三年当時でさえ、まだ発展途上にあるといえた。いぜん戦艦は海軍の〝主力艦〟であり、その砲術科員は、艦隊決戦の勝敗を左右するのは俺たちだと信じ、責任感と誇りに燃えていた。

このような風潮は明治・大正いらいずっと続いており、そんななかで若い砲術士官が戦艦の砲術長になることを将来の夢にみて、精進努力したのも不思議ではなかった。だが、高等科学生を出たからといって、二年や三年で大戦艦の主砲射撃を指揮できるわけではない。

さっき書いたような海上配置についた彼らは、さらに戦艦の副砲長や軽巡の砲術長、それからつぎには重巡の砲術長になって腕を磨いていく。扱う大砲の口径がしだいに大きくなっていくのだ。戦前の艦隊勤務では一年ごとに乗艦が変わるケースがほとんどで、毎教育年度の教練射撃や戦闘射撃で好成績をおさめた人士のなかから、選ばれた鉄砲屋がついに戦艦の〝テッポー〟に補職されるわけだった。

またまた海兵五〇期卒の砲術士官に、二人ほど11表にのっていただこう。代表的な砲術屋のコースがよく分かるからだ。

11表　代表的な鉄砲屋コース

調査年月	A 大 佐	B 大 佐
S.3.2	高等科学生	
S.4.2	春風：砲術長・分隊長	高等科学生
S.5.2	長門：分隊長	如月：砲術長・分隊長
S.6.2	羽黒：分隊長	吹雪：砲術長・分隊長
S.7.1	鳥海：艤装員	砲校：教官
S.8.1	鳥海：分隊長	〃
S.9.1	兵学校：教官	伊勢：副砲長・分隊長
S.10.1	〃	浅間：副砲長・分隊長
S.11.1	〃	霧島：副砲長・分隊長
S.12.1	〃	皇族付武官
S.13.1	神通：砲術長	〃
S.14.1		鳥海：砲術長
S.15.1	摩耶：砲術長・分隊長	伊勢：砲術長
S.16.12	山城：砲術長	長門：砲術長
S.17.11	横砲校：教官	〃
S.18	大和：砲術長(S.19)	武蔵：砲術長

このご両人は大佐になってからも、あの「大和」「武蔵」の砲術長をつとめた超権威者だったが、その彼らにして、はじめて戦艦の砲術長になったのは、高砲卒業後、なんと十年以上もの修練の年月をへてからだった。そして、大佐といえば、なりたてでも軽巡の艦長になれる身分である。

そんなベテラン砲術長たちが、一国の運命をになうのは俺たちなんだと自負し、何万メートルもの先にいる敵艦を観測鏡でにらみすえようというのだから、彼らはことのほか目を大事にした。ある戦艦のテッポーだった士官が、こんな笑い話を残している。

もう太平洋戦争が開始されてからだった。内地の物資、食糧はかなり窮屈になっていた。が、その艦には、ウナギの肝の缶詰がかなり貯蔵されていたそうである。これは目に非常によくきくはず、任務上からもぜひ食べる必要があると理由をつけ、彼はこっそり、かつ、せっせと一人で食べていた。

どこで聞いたか、その秘密情報は軍医長の知るところとなった。カレ軍医長は無類の酒好きで、その肴にぜひそいつを食べたいと思い、一計を案じた。

「戦争が始まっているいまどき、物がないのにウナキモなんぞあるわけないじゃないか。きっと、近ごろのネズミ捕り奨励で捕ったネズミの腸だろう」

と言いふらした。それを聞いたとたん、砲術長はせっかくの珍品を食う気がしなくなり、残っていた缶詰をぜんぶ、ドクターにくれてしまった。してやったりとほくそ笑んだ軍医長は、こんどは彼がせっせと食べはじめた。そして、しばらくたち、それがなくなったころ、白状におよんだ。砲術長氏はカンカンに怒ったが、もう後のまつりだった。

ところで、砲術長たちを育ててくれた海軍砲術学校——そこは入口がアーチ型の隧道になっており、〝トンネルをくぐれば軍紀風紀の風が吹く〟といわれ、海軍軍紀の元締めをもって任ずる、すこぶる紀律のヤカマシイところでもあった。

そんな学校の出身者である鉄砲屋たちが、艦隊の、いや全海軍の主流であることを強烈に意識しつつ、訓練に日夜精励したのだから、しぜん、彼らには他科とはいささかちがう気風が生まれていた。

よくいえば独立独歩、勇往邁進型である。が、だから、ときには「鉄砲屋はカチカチでユーズーがきかない」とか「猪突猛進、頑固で困る」などの声の聞かれることもあった。しかし、全部の砲術屋がみな、柔軟性に欠ける頭の持ち主だったというわけではない。

そういう鉄砲屋特有の長所とともに、ものごとの実相をよく見きわめうる能力を持ち合わせている人が、ことに若い士官のなかには多かった。航空威力の増大に着眼し、同じ砲術に志しながらも、対空射撃の方面に進もうとする人材も目立っていたのだ。

昭和一六年、太平洋戦争が開始されるや、予期に反し航空が主兵となって戦闘が進められていった。粒々辛苦、日本海軍が数十年をかけて磨き上げてきた戦艦砲術長の腕をふるう、大艦巨砲どうしの艦隊決戦の機会はついにやってこなかった。

11表に登場したB大佐は戦後、こう述懐している。

「『伊勢』『長門』『武蔵』という優れた戦艦の砲術長を歴任したことは、私のもっとも誇りとするところだ。しかし戦闘様相の大変転により、残念ながら百発百中の術力発揮の機会が得られなかったことを、深く遺憾とするものである」

戦後の反省によれば、昭和一〇年代は戦艦、航空の両者を並行して整備し、柔軟な運用をすべき過渡的な時代だったといわれている。が、それにしても、の思いは消えない。B大佐の言葉は、全日本海軍砲術科員の無念を代弁するものでもあったろう。

陸戦は鉄砲屋の副業

なるほど、海上で、艦艇に搭載したデカイ大砲をドカンドカンと撃ち、また小さな大砲を景気よくポンポンぶっ放すのが鉄砲屋だったが、いま一つ、彼らには重要な副業があった。

〃鉄血陸戦隊〃とかいわれ、日本海軍陸戦隊強し！　と勇名を世界にとどろかせたのは昭和七年二月、上海事変の奮戦敢闘においてであったが、その陸戦隊の大隊長、中隊長といった中枢指揮官になるのは、多くの場合、ほかならぬ鉄砲屋だったのだ。そんな陸戦隊をいくつか束ねた連合陸戦隊の司令官も鉄砲屋だったし、泣く子もだまるといわれた「上海海軍特別陸戦隊」司令官も、歴代、例外なく砲術出身の士官だった。

太平洋戦争につながる日華事変での海軍の戦いは、昭和一二年八月、上海市街戦によって開始されたわけだが、以来、華北、華中、華南と、中国沿岸、楊子江沿岸で、わが陸戦隊は多忙をきわめることになった。とくに海南島ではあの広大な面積をほとんど海軍独力で占領し、治安警備を行なっていたのだ。

といっても、陸上戦闘に専念できる常設の「海軍特別陸戦隊」は〝上陸（シャンリク）〟だけ。あとは予備役からの召集兵を主体としたいくつかの「特設鎮守府特別陸戦隊」を主力に、それから片手間的に随時編成、揚陸する「艦船陸戦隊」で、中国各地に作戦していた。それは、しだいにかなりの兵力になっていった。

しかも、日本海軍が想定する対米作戦の推移をあらかじめ検討するとき、艦隊決戦だけでなく、中部太平洋方面での島嶼争奪・防備戦闘も生起するはずだった。そのためには、いっそう大規模な海軍独自の陸戦部隊が必要になる、と海軍の一部では考えるにいたったらしい。

それは、だいぶ以前からの研究による発想のようだ。『海軍砲術史』によれば、砲術学校陸戦科教官室は、日華事変の前年昭和一一年に、すでに（海兵隊制度確立の急務）を海軍省や軍令部、海大に説いてまわったのだそうだ。そして、太平洋戦争前年の一五年には、前の提案をさらに具体化した（我が国国防上軽戦闘部隊充実の必要）を、軍令部第一課長あて参考資料として提出したという。

この案では、中部太平洋方面に緊急配備を要する兵力として、陸戦部隊四一、一〇〇名、高速魚雷艇五九六隻、豆潜水艦四四七隻の準備構想がもりこまれたといわれている。

はなしがいやに固くなってしまったが、この提案に顔を出す海兵（マリーン）という制度は、日本海軍にも草創期にはあったのだが、明治九年に廃止してしまっていた。陸軍と海軍のハーフみたいな存在だが、じつはもっと陸軍に近い水陸両棲の種族である。本質的には陸軍といってもよい。なのに制度上、海軍に属しているという理由だけで、マリーンを陸に揚げることは、外交上、当時はあまり問題にならない、まことに重宝な兵種だった。

明治から大正、昭和と時代が移り、海軍術科には砲術、水雷、通信、航海さらに航空までが加わり、士官も兵員も覚えなければならないこと、やらなければならない仕事は山ほどあった。なのに、陸戦隊で歩兵のことだけならまだしも、砲兵や工兵の任務まで引き受けるとなると、いくら優秀な海軍サンでも手が回りかねる。マリーンならば、さきほど書いたように国際問題が起きたときの応急対応兵力としても都合がよい。

「予算は多少増えるかもしれないが、もう一度、陸戦専門の海兵隊をこしらへては如何」

と真面目に提言する海軍OB将校も、すでに昭和の初頭、上海事変がはじまる前にいたのだ。

しかし、どういうわけか、どういう都合でか、当局は昭和二〇年八月の敗戦まで、ついにマリーン制度を復活しなかった。艦隊決戦一本槍で進んできた日本海軍は、作戦の展開上、陸戦部隊の重要性は認めるものの、それはあくまで海軍の余技であり、必要性は一時的なものと考えていたのかもしれない。陸戦部隊の中枢士官には終始、鉄砲屋を充てることでよしとしていた。

マリーン・オフィサー

というわけで、砲術学校高等科学生の教程では、専門とする砲術関係教科目のなかで、対水上砲術、対空砲術とならべて、陸戦術を三本柱の一本にしていたのだ。ここの陸上戦闘で教わる内容は、銃隊を基幹とする大隊の指揮から、あわせて付属隊の指揮がとれるまでとなっていたのだから、一応、一コ基本陸戦隊を戦場で動かす能力がつけられたわけだ。

しかし、太平洋にいつかは起きるであろう対米戦の成り行きを予察するとき、そうそういつまでも、陸戦術を砲術関係者の余技とばかりしていられないことも確かだった。

昭和一六年六月から、千葉県安房郡神戸村に「館山海軍砲術学校」が開設され、明治以来、三四年の伝統あるそれまでの砲術学校は「横須賀海軍砲術学校」と改称されることになった。

そして、横須賀砲術学校は主に海上砲術と体育、武道に関する研究、教育をし、館山砲術学校では陸上砲術、というといかめしいが陸戦と陸上での対空射撃について研究と教育をすることに分担がきめられた。

このとき、〝館砲(たてほう)〟には日本海軍はじめての、陸戦を専修する高等科・普通科の両砲術練習生課程がつくられた。これで下士官兵に関してのマリーン化教育は数歩前進することになった。なのに、陸戦士官養成のための高等科学生は設けなかった。砲術学校高等科学生は〝横砲〟にだけおき、「陸上砲術(陸上対空・陸戦)ニ関スル教育ハ館山海軍砲術学校ニ派遣修業セシムルモノトス派遣修学期間ハ全教育期間ノ十分ノ一ヲ標準トス」と定めたのだ。

だが、明治、大正としだいに海軍が大きくなり、戦略、戦術、術科のすべての面で進歩すれば、海兵隊設置にまで踏みきれないにしても、かなりのていど陸上戦闘を専門に研究する士官はぜひ必要だった。海軍もこの点については、早くに気がついており、そんな彼らを同じ砲術学校の専攻科学生課程で養成することにしていた。

専攻科が開設されたのは大正七年、それには火薬、射撃学理、対空射撃、砲熕兵器……いろいろな分科があったが、その一つとして陸戦を選ばせ、研究させたのだ。高砲卒業者であることが資格条件になっており、修業期間は一年以内であった。

「どうかなぁ、○○君。きみは砲校での陸戦の成績も良かったし、健脚だ。〝陸戦〟に進む気はないか?」

こう、上司から打診されたとき、たいていの鉄砲屋は、

「ほかに適任者がおられましょう。ヒラにご勘弁を……」

と辞退するのがふつうだったようだ。

それはそうだろう。当時、軍人を志望する中学生で、陸士でなく海兵を選んだ彼らの大部分は、泥だらけになりテッポーをかついで山野を駆けめぐるのを苦手として敬遠、ブルーとホワイトのスマート・イメージに憧れて海軍に入ったのだから。

人身御供(?)にされた陸戦専攻学生は、在校中、半年ほどは陸軍歩兵学校に派遣されて、陸軍将校たちと一緒にホンモノの陸上戦闘を勉強した。のちには歩兵学校だけではなく、戦車学校とか、野戦砲兵学校、毒ガス関係の習志野学校にも短期間学んでいる。こういう陸軍の学校は、みんな千葉県下にあったので何かと便利ではあった。陸戦ならなんでもこい、の海軍士官養成だった。

12表　陸戦専攻士官
(S.17士官名簿より)

氏　名	兵学校卒業期	専　攻
安田義達	46	陸戦
山内英一	51	〃
小木曽憲三	52	〃
今井秋次郎	54	〃
浦部聖	56	〃
佐藤清忠	59	〃
柚木哲	61	〃

しかし、その数は非常に少なかった。数年に一人という割合で、砲校専攻科学生を卒え、「陸戦」のマークが士官名簿についた鉄砲屋は、12表に掲げた人たちだけだった。それだけに、いずれ劣らぬ陸戦のオーソリティーである。

安田義達大佐は館山砲術学校の開設に尽力してからそこの教頭をへ、横須賀第五特別陸戦隊司令として出征、ニューギ

ニア島・ブナに玉砕して二階級特進、中将になった人だ。山内英一大佐と今井秋次郎中佐は、さらに海軍大学校甲種学生の教程も卒業している。今井中佐はソロモンの戦地から帰ると、昭和天皇の侍従武官になった。

だが、こんな一握りの陸戦屋だけで、太平洋戦争での全海軍陸戦部隊をとても切りまわせるわけがない。佐藤清忠少佐らが昭和一七年七月から館山砲術学校で、第一期兵科予備学生中の陸戦専修者の教育を始めたのだ。大ソリティー（オー）が小ソリティー（コ）の養成を開始したわけだ。やがて育ち上がった彼らが、戦地での体験をつみ中ソリティー（チュー）になると、ふたたび館砲に帰り、新たな陸戦小ソリティーの教育を続けていったのである。

ところで、12表では海兵四六期の安田中将が最古参者になっている。しかし、肩書に陸戦マークこそついていないが、実質上、完全に「陸戦屋」といってよい士官は、もっと古くからいた。

松本忠佐少将。もちろん鉄砲屋で、山本五十六元帥と同期の海兵三二期出身。第一次世界大戦では青島（チンタオ）の陸戦隊でドイツ軍の砲弾を浴び、シベリア出兵ではウラジオストックの陸戦隊長として警備にあたった。そして、その陸戦の働きで功四級金鵄勲章をもらい、長いこと砲術学校陸戦科長をつとめたベテランだった。横須賀海兵団長を最後として予備役に入ったが、彼こそ〝陸戦隊の神様〟だったと絶賛する人もいる。

それから太平洋戦争の最終期、沖縄の特別根拠地隊司令官として戦死した大田実中将。このアドミラルも高砲マークしかなかったが、若いうちから自他ともに許す陸戦屋だった。いつごろ派遣されたのか私には不明なのだが、軽機銃が普及しだした時分の陸軍歩兵学校教育も受けたとのことだ。

砲術学校陸戦教官、上海事変のさいの陸戦隊大隊長、それから日華事変時の陸戦隊司令、太平洋戦争では第八連合特別陸戦隊司令官としてソロモンに戦うなど、中将の陸戦関係経歴をあげていったらきりがない。

こういう、草分け、先達とも言うべき陸戦屋サンもいたのだ。

そして、草色の軍服で陸上に勤務することの多い彼らも、日本海軍ではあくまでも「海兵士官」ではない「海軍士官」。その後も、折をみては海上に出された。

松本少将も大佐時代、「襟裳」特務艦長と軽巡「名取」の艦長をやったし、安田中将も、中佐時代に重巡「利根」の副長として船乗り暮らしをし、大田中将も大佐になったときすぐ、「鶴見」特務艦長の履歴をふんでいた。〝地〟にいて〝海〟を忘れず、というところであろうか。

水雷屋気質(かたぎ)

数セクション、砲術士官のことを書いた。ならばものの順序として当然、こんどは水雷屋サンに登場してもらわずばなるまい。なんとなれば、太平洋戦争前までの彼らは鉄砲屋とならんで一大勢威を誇り、艦隊決戦の一翼をになうのは俺たちだ、と意気ごんでいたグループだからだ。

前に掲げた8表を見ていただきたい。昭和一ケタも中ごろでは、水雷マークの士官のほうが砲術屋よりも、数の上でうわまわっているのがお分かりいただけよう。だがこのなかには、士官名簿の肩書きには「高水」の文字がついていても、後でのべる潜水艦勤務を主とする人と、機雷の敷設・掃海とか対潜戦闘関係で主に働く、〃機雷屋〃と称される士官も含まれていた。

ということで、駆逐艦をはじめとする水上艦艇での華やかな魚雷戦にたずさわる、いわゆる〃生っ粋の水雷屋〃はそのうちの八割ていどであったろう。しばらくこの人たちのことを記してみたい。

鉄砲屋にはテッポー屋気質(かたぎ)があったように、「水雷屋」にも彼らならではの独特の水雷屋気質があった。

なぜ、同じ海軍士官、船乗りなのに、そんな違いができるのだろう。そのルーツを徹底的にさぐろうとすれば、遠く明治の御代にまでさかのぼる必要があろうが、まあそこまで行かなくても、大正の半ばまでバックすればおよその見当はつく。

そのころはまだ、日露戦争時代に使われた水雷艇が活躍していた。ロンドン軍縮条約後に造られ太平洋戦争にも参加した、駆逐艦と見まごうようなあんな立派な水雷艇ではない。一五〇トンばかりの、〃鰹節(かつおぶし)〃と通称される古ぼけた、チッポケな艇(フネ)だった。

艇内は狭く、居住性は軍艦にくらべるともう格段に落ち、乗員の生活は苦労、苦労の連続

だったらしい。風呂もなく、食糧貯蔵用の製氷機も、そして電気冷蔵庫などももちろんなかった。居住区はそのまま〝居住苦〟だった、といみじくも言った人がいる。

水雷艇は軽快が生命、速力もはやい。したがって訓練だけでなく、いろいろな場合に昼でも夜でも、何かと用事を言いつけられてはピューッと飛び出して行く。となると乗員は気軽にはたらき、身のこなしはすこぶる機敏でなければならない。

人数が少ないから一人で二役も三役もこなす。定員は上下あわせて三〇名。兵科士官は大尉の艇長と尉官が一人、機関科は特務士官か准士官の機関長が一名、幹部はたったのこの三人だけだった。

だから艇長も、機関長にかわって機械や缶の操縦指揮をやったし、兵員も、水兵が缶室に下りて石炭繰りをする。かと思うと機関兵だって手旗をふるし、狭い甲板の片隅でジャガイモの皮をむいていた主計兵がその手を休め、一人でテンテコ舞いをしている信号員の手伝いをする。ここでは一人三役が当たり前だったのだ。

そして、浪にもまれ、潮まみれになって入港すれば、艇長から三等兵までごっちゃになって、暴飲といってもよい無礼講の酒盛りを開く。

そんなわけで、小ぢんまりした世帯での上下左右の助け合い、交流から、水雷艇乗りだけがわかちあえる友情と団結、ザックバランで飾り気がなく、しかも威勢のよい気ッ風が艇内、艇隊内に芽を吹き出したのも不思議ではなかった。水雷屋気質の発祥である。

こういう伝統は水雷艇にかわって出現してきた三〇〇トン型駆逐艦にも、さらに七〇〇トン、八〇〇トンの駆逐艦が活躍しはじめ、乗員が増え艦内の分業化が進んでも変わることなく受けつがれていった。

船型が大きくなったといっても、何千トン、何万トンもある軍艦にくらべればたかがしれている。大正のころの駆逐艦は少し波があるとすぐ動揺し、艦首に波をかぶるのは当然のことと考えられていた。そこで、前甲板は中高(なかだか)のかまぼこ型になっており、打ち上がった海水にはすみやかにお引き取り願う算段(ケンパス)がしてあった。艦橋にも屋根なんてものはなく青天井で、前面と側面下部に帆布の横幕を張り、艦橋甲板の前半分は簀(す)の子(こ)張りになっていた。

艦橋で勤務するときは、海水をあびるものとあらかじめ覚悟してあがっていく。風の強い日にはあごひもは千切れ、帽子なんか簡単にフッ飛ばされてしまう。しかたがないからタオルや手拭いで頬かぶりをし、首にも水が入りこまないようにタオルを巻きつける。雨衣を着、ズボンは膝までまくり上げて素足だ。天気のよい、日がカンカン照っているときでも、ゴム長をはき雨衣をしっかり着込んで当直に立つのだった。

それは何ともすさまじく、しかもこっけいで、知らない人には、とてもあのスマートを誇る海軍士官を、その姿から連想することは困難だったにちがいない。一見、軍人らしからぬ行儀の悪い恰好ではあったが、職務に精励するための必要止むをえぬ風体だったのである。

水雷屋は戦術家

古い明治の時代から、水雷艇乗りや駆逐艦乗りのことを士官仲間では〝乞食商売〟といっていた。艇内、艦内には三日やったら止められない妙になつかしい雰囲気、気風があったし、それに若いレディーが見たら顔をしかめるような、むさくるしいなりでの当直姿も、コジキなんぞと自称他称する一因になっていたであろう。時候、天候によっては、越中褌一本の上に雨衣を着込んで艦橋に立つ、などということもあったらしいから。

なにしろフネが小さい。艦内での仕事にも暮らしにも、とにかく狭い、そして暑い。しぜん、恰好などにかまっていられなくなる。それに、なによりも〝偉い人〟が少ない。後年の二〇〇〇トンをこえる大型駆逐艦の世になっても、艦長は中佐か少佐。ましてベタ金の将官なんていうのは平生は乗っていない。水戦旗艦の軽巡に乗っていらっしゃるだけだ。

となれば、ますますなりふり構わなくなる。帽子はつぶれアンパン型になり、帽章は一面に緑青（ろくしょう）がふいて錨のしるしがとれかかっている。服も油じみてうす汚い。だが不思議なもので、汚なくしているほどなんとなく勇ましく見える。コジキ姿がはた目には伊達姿にうつり、しだいに水雷屋のトレード・マークになっていった。

駆逐艦も特型以降になると、艦橋には鋼板張りの固定天蓋ができ、水雷艇いらいの子飼いに言わせれば「まるで、軍艦のようだな」という有様になってきた。それにつれて船型も大きくなった。

が、水雷屋の伝統は変わらない。規則ずくめの固苦しさはなく、潮気のきいたたくましさ、敏捷さ、家族的な雰囲気に満ち満ちているのは昔のままだ。そしてなんといっても、駆逐艦は強大な魚雷攻撃力をもっており、肉薄襲撃に成功すれば、独力でよく敵主力艦をほふることができる。これは挺身を尊ぶ日本男子の好みにも合い、若い士官にとって大きな魅力だった。

そんなこんなで、

「どうも、戦艦とかテッポーというのは、俺の性にあわん」

と彼らのなかには、水雷学校の高等科学生を希望する者も多かった。

鉄砲屋との比較のため、こんども同じく兵学校五〇期生を例にとってみよう。七一名の将校が、昭和三年度から七年度までの間に高水のマークをつけている。高砲を出た五八名にくらべると、一・二倍。だいぶ、主流といわれる砲術より人数が多いのは、ワシントン会議以

後、戦艦保有量に制限を受けたわが国が、艦隊決戦のさい魚雷をもってする夜戦に大きな比重を移した、そんな時代の反映といえるだろう。

水雷学校での勉学一年。卒業した彼らの新たな転勤先は、当然かもしれないが圧倒的に駆逐艦が多く、六三パーセントの四五名が配員された。

一等駆逐艦では「水雷長兼分隊長」。二等駆逐艦の場合は、定員の関係から、たんに「乗組」として発令されているが、水雷長の職を執ったのは間違いないところだ。

また四名が戦艦、五名が巡洋艦の分隊長に転勤したが、昭和一ケタ時代は戦艦にも水中魚雷発射管があり、水雷分隊が置かれていたからだ。そして、その他への転出者一七名は、潜水艦乗組や潜水学校乙種学生として入校する士官が大部分だった。

駆逐艦水雷長の仕事は忙しい。担当のなかには機雷の掃海、対潜戦闘の水中測的、爆雷投射指揮も入り、軍艦では運用長の役目である応急指揮官配置を兼ねることも多いのだ。しかも、たいていの場合、副長役の「先任将校」になる。

そういう中で、とりわけ最重要の戦闘配置はいうまでもなく、本命とする魚雷の発射指揮官だった。着任すると、彼はさっそく綿密な計算と作図をして射法計画をたてる。

高速で走っている自艦から、これも高速で走りまわる敵艦に魚雷を命中させようというのだから容易ではない。

たとえば何本かを発射して、魚雷の網を敵にかぶせようとする場合、基準になる射角を何度にとり、それぞれの魚雷をそれから何度開いて射ち出せばよいか。昼戦でも夜戦でも、またどんな敵味方の態勢でも最大の命中効果が期待できるよう、入念に計画しなければならなかった。

水雷屋には、昔から音に聞こえた酒豪が多かったが、したがって彼は、たんに豪放、大胆だけではつとまらず、綿密さもあわせ備えていなければならなかった。

そして、実戦になったら誰よりも真っ先に敵艦を発見する意気ごみで平素の見張訓練にうちこみ、すばやく敵艦の方位角を読みとって射角を決定する、態勢観測の錬磨に励むのだった。

ところが、魚雷というヤツ、何百もの複雑な部品（はらわた）から成り立っているだけあって、なかなかの気難かし屋。真っすぐに、しかもきめられた深度を保って順調に走るか否かは、水雷科員の腕と努力にかかっていた。

あるとき、水雷学校の練習駆逐艦が射場で一本発射した。素直に走っているかに見えたが、急にヘソを曲げたらしく、いきなり向きを変えたかと思うと、こんどは射ち出した練習艦の方に突進してきた。

彼女はあわてて逃げ出し、事なきを得たそうだが、〝油虫〟といわれながら、日夜、調整に励む掌水雷長以下、下士官兵の苦心にはただならぬものがあったのだ。

大正の中ごろまで、わが海軍の魚雷発射訓練は駆逐艦でボートを曳航し、それを標的として射出するまことに幼稚なやり方だったそうだ。

が、魚雷に改良がほどこされ、大正八年度から実際に走りまわる戦艦を標的に、艦底をくぐり抜ける深々度発射が行なえるようになった。そして、数隻の駆逐艦が肉薄するや敵艦は自由に回避し、探照灯で反撃照射を加え、訓練はより実戦的なものになっていった。さらに攻撃も、駆逐隊単位にとどまらず、大規模な水雷戦隊の一斉襲撃も戦技にとり入れられるほどに進歩したのだ。

したがって、このように眼と頭をフルに使って訓練をする水雷屋は、若いうちから、敵艦隊と相まみえたとき、どこに敵の虚点がありいかなる攻撃を加えるのが最良の策か、即座に看破、判断する修練がおのずからつまれ、戦術眼が養われていった。「水雷屋に戦術家多し」といわれたのも、このへんに一因があったかもしれない。

操艦の名人

こんな修業がすむと、こんどはいよいよ駆逐艦長のポストが彼らを待っていた。水雷屋を志望する青年士官の心のうちには、コジキショーバイの気楽さ希求もさることながら、この〝若くして艦艇長になれる〟という夢の実現が、大きな部分を占めていたのは確かだろう。大尉の最後年あるいは少佐になったばかりで、水雷艇長や駆逐艦長となる。それは小さくとも一城の主だった。

かかげた13表は、日本海軍に関心をもつ人なら誰でも知っている、最後の連合艦隊司令長官小沢治三郎中将と、ラバウルの南東方面艦隊司令長官だった草鹿任一中将の略歴である。御両人は海兵同期で進級もいっしょ、ただし小沢中将は水雷屋、草鹿中将は鉄砲屋の大御所として、ともに鳴りひびいた提督だった。

これはほんの一例としてあげたのだが、表から砲術士官よりも乞食商売のほうがはるかに早く城主になれることがお分かりいただけよう。それにしても中将、長官に昇進するようなオフィサーの経歴は、なかなか華麗なものではある。

どんな艦でもそうなのだが、艦長になると、当面の仕事、それも彼の表芸としてフネの操縦に熟達することが要求された。射撃や魚雷発射のプラットフォームが、司令長官や司令官の意のままに、集団で斉整と運動できることは戦闘艦艇の基本的必須条件である。

そんな操艦の腕前を艦長が確実に手に入れているかどうか、はっきりわかるのは入港作業、ことに浮標に係留するときだった。自動車の車庫入れ操作を見れば、そのドライバーの技量をおおよそ推察できるのと同じだ。

操縦が下手だと、いたずらに浮標のまわりをウロウロするばかりだが、上手な艦長はあた

13表　水雷屋と鉄砲屋の進路

階級		小沢治三郎	草鹿任一
大尉	1年目	「河内」分隊長	高砲
	2〃	高水	「浅間」分隊長
	3〃	第2艇隊艇長・水校教官	「鹿島」分隊長
	4〃	「檜」乗組	「浜風」砲術長
	5〃	海大甲種学生	海大甲種学生
	6〃	〃	〃
少佐	1年目	「竹」艦長	「比叡」副砲長
	2〃	馬公要港部参謀	砲校教官
	3〃	〃／「島風」艦長	〃
	4〃	「3号駆逐艦」艦長	「山城」砲術長
	5〃	「金剛」水雷長／1F参謀	2F参謀
中佐	1年目	1水戦参謀	「長門」砲術長
	2〃	水校教官	砲校教官
	3〃	〃	教育局局員
	4〃	（欧米出張）	〃
大佐	1年目	駆逐隊司令	（欧米出張）
	2〃	海大教官	「北上」艦長
	3〃	〃	1F・司令部付
	4〃	〃	教育局・2課長
	5〃	「摩耶」艦長	〃
	6〃	「榛名」艦長	「扶桑」艦長
少将	1年目	GF・1F参謀長	砲校校長
	2〃	8S司令官	1航戦司令官
	3〃	水校校長	CSF参謀長
	4〃	1航戦司令官	教育局長

かもブイの方からしのび寄ってくるかのように、スンナリ係留を終えてしまう。

そして、まだイライラと艦橋をにらみつけながら作業を続けている他艦の兵員を尻目に、上陸員はさっそうと内火艇やカッターを桟橋へ走らせて行く。それは兵員の艦長にたいする信頼度を高めさせ、士気を大いに盛り上げる絶好の統率上の手段でもあった。

こんな運用作業を若いうちから始終やりつけている水雷屋は、十分に潮気が身にしみわたり、艦の操縦もうまいし、海上のもろもろの教練や作業にもソツがないと定評があった。

それに相変わらず、駆逐艦の幹部は少ない。朝潮型のわりあい大きい艦でも、艦長をのぞいた兵科の士官はわずか四人。スタッフに乏しいので、一艦の全責任を背負いこみ、航海でも戦闘でも一人で切りまわしていくぐらいの覚悟が彼には必要だった。水雷屋に短気・豪傑型が多かったのも、もっともとうなずける必然性があったのだ。

駆逐艦長として過ごす時代は、中佐の前半ごろまでつづく。そしてその後半に入ると、駆逐隊の「司令」になることができた。

これも、水雷屋志望者がひそかに希望理由の一つにしたところである。

駆逐艦は厳密にいうと「軍艦」の部類には入らず、その艦長も正式には「駆逐艦長」といわなければならなかった。駆逐艦を二隻以上集めた「駆逐隊」がいろいろな制度上、軍艦に匹敵するものと考えられていた。

たとえば教育訓練や人事なども駆逐隊が基本単位になっており、司令が〝基本長〟〝所轄長〟といわれ、戦艦や巡洋艦の「艦長」と肩をならべる存在だったのだ。

彼らが憧れるのも当然といえた。中佐でよその大艦へ行けば、艦長の女房役である副長にしかなれない。

やがて進級、海軍大佐。とたんに、軽巡の艦長になるラッキーな人もいたが、たいてい初めのうちは、まだ駆逐隊司令をつとめる。二年、三年と年次が古くなるにしたがい、軽巡や重巡の艦長に補せられ、そして選ばれた人士は戦艦の艦長として、兵学校入校いらいの大望を達するコースを踏む。これは前にも書いたように、他の専門術科を修めた士官とまったく同様だった。

こういうわけで、海軍将校になった誰もが憧れる艦長のポジションには、一般には水雷屋がもっとも恵まれていた。13表をいま一度

見てみると、鉄砲屋の草鹿中将は二隻しか艦長を経験していないのに、小沢中将は五ハイもご馳走を味わっている。なかにはもっとたっぷり、〝殿様〟の座にすわった人もいた。

海兵五〇期の吉川潔という水雷屋サン。兵学校卒業いらい戦死するまで二一年間、普通科学生と水校高等科学生の二年以外はズーッと海上勤務ばかりの、船乗り中の船乗りだった。大尉時代の「菫(すみれ)」艦長にはじまって、中佐のとき「大波」艦長で戦死するまで、八隻の駆逐艦長をつとめている。バリ島沖海戦や第三次ソロモン海戦での目ざましい偉勲を賞せられ、全駆逐艦長のなかでただ一人、二階級進級で海軍少将に任ぜられたことをご承知の読者も多いのではあるまいか。

部下にもずいぶん慕われた、人望のあったオフィサーのようだ。デストロイヤー・キャプテンだって一艦の長なのだが、ホンモノの「軍艦」、重巡か高速戦艦のフナオサの椅子に一度でもすわって欲しかったと思う一人だ。

〝航海〟は兵科士官の常識

「軍艦か、飛行機か」「戦艦の時代は終わった。もう飛行機だ。航空隊が主力だ」

太平洋戦争はじめのころ、われわれ中学生のジャリどもまでが、盛んに言い合ったものだ。戦争後半になると、多分に海軍の空軍化が目立ったが、どんなに航空威力が強大になっても、海軍である以上、基盤、中心はあくまでも海であり、艦船だ。したがって、海軍航空隊の鳥人(パイロット)たちは、鳥は鳥でも指の間に水かきのついた水鳥でなければならなかった。

たとえば、戦艦や巡洋艦に載せている水上機の飛行長は、空をブンブン飛びまわるだけでなく、意外と思われるかもしれないが、当直将校として「面舵」「取舵」と、艦の操縦もやっていた。

だから、彼ら兵科士官にとって、どんな専門術科を選んだにしても、〝航海術〟は普通学であり、常識でなければならなかったのだ。

商船も漁船もフネだが、軍艦もフネだ。兵学校に入校したとたんから、短艇、結索、手旗をはじめ船乗りとしての躾(しつけ)教育がはじまる。在学中に教わる兵学のうちでは、航海・運用に関する科目が圧倒的に多かった。昭和六年当時のきまりによれば、その約四三パーセントを占め、砲術や水雷術などチャンバラ術よりはるかに時間をかけていた。そして卒業後も練習艦隊で、候補生泣かせの天測に重点を置いた航海術修業に精を出す。海軍へ入ってまずまっ先に、実地に、船乗り士官の基本を全員に叩きこんでしまおうという寸法だった。

というわけで、航海、運用の基礎実務教育はここまででオシマイ。あとにつづく砲術学校などでの術科講習のコースには、運用術練習艦、のちの海軍航海学校は入っていなかった。

では、その〝海軍士官の常識〟としての航海術とはどのようなものか？

船舶が航行するとき、地上の物標や星とか太陽を観測して自船の位置を知り、目的地に到達するための針路や航程を計測、算出する術、こんなふうに航海術を説明されることが多い。

もっとも、このごろは電波航法、衛星航法などというシャレた船位測定法も大いにハバをきかせているが、ともかくかつての商船の場合は、これでおおかた言いつくされている。だが軍艦の航海術には、これだけでは少々説明が不足するようだ。

艦艇や艦隊の航海の目的は、ふつうの商船のように一地から一地への安全、経済的な海上交通にあるのではなく、戦闘を目的とする戦略航行、そして戦術運動の確実な実施におかれている。

そこで、あとでのべる航海学生用の教科書は、簡明に「海軍航海術トハ一般航海学ノ原理ヲ研究シ、之ヲ海軍ノ戦闘航海ニ応用スル術」と定義していた。

したがって商船も軍艦も、基本的な航海技術には変わりはないのだが、やはりいろいろな点で、少しずつニュアンスが異なっていた。

商船では航海術語に、英語が非常に多く使われていた。海軍にも英語や英語くずれのカタカナ用語が多かったが、とてもその比ではない。六分儀(セキスタント)で星の高度を測る星測(せいそく)をスター・サイトといい、朝の天測がモーニング・サイト、面舵、取舵の号令詞がスターボードにポート、などなど数えあげていけばうんざりするほどあった。

太平洋戦争中、海軍の主導で商船界も、操船には日本語を主に使う海軍方式に改正された。だがそれは、昭和一八年半ばごろからのはなしで、完全に改まりきらないうちに敗戦となってしまった。

現在ではふたたび昔ながらの、「出港用意。艫舳(ともおもて)スタンバイ」「ヒーヴ・イン（錨上げ）」など、英語、日本語のチャンポンでやっているようだ。

海軍へは商船出の予備士官も召集で来ていたが、ウォーシップとマーチャント・シップのこんな用語のちがいから、思わぬ錯誤を生ずることがあった。

商船改装空母「沖鷹」でのある日、彼女は横須賀軍港に入り浮標に係留することになった。前甲板の錨作業指揮官は運用長のA予備大尉、高等商船出身の応召オフィサーだった。こんな作業には慣れきっていたが、かえってそれがわざわいした。

その日は風が強く、ワイヤーを浮標にとったが、いくらそれを捲こうとしても近づけない。そこで主機械をかけてもらうため、艦橋に向かって軽い気持で「前進一杯！」と叫んでしまった。が、これが艦長の激怒を買った。商船の〝フル・アヘッド〟と海軍の〝前進一杯〟とではおよそ意味がちがう。軍艦のそれは、緊急時、艦全体を救うため缶が壊れるか機械が壊れるかのギリギリの操作を意味し、ムヤミヤタラに使う号令詞ではなかったのだ。

それに、投錨入港のやり方も異なる方法をとることが多かった。

軍艦は行き足を殺しながら予定錨位に入ると、前進惰力を残した状態で錨を放り込み、錨鎖をくり出していって停止するのが普通だ。だが商船では、ゆるい速力でいったん予定錨位を通り越して停止し、それから後進をかけ、ふたたび錨位にきたとき錨を入れ、バックしながら錨鎖をのばして錨泊する。

いまの自衛隊は、商船式に後進投錨でやっているようだ。ソナー・ドームなどの関係からこの方式をとっているのだろうが、やはり、海軍式の前進投錨のほうが、勇ましく軍隊らしい感じがする。

はじめは小ブネから

しかし、こんなことより何よりも、商船の航海術と軍艦の航海術の間には、決定的に大きなワカレ目が存在していた。

一般に商船は、戦時は別としてほとんど単船で航海するが、海軍艦艇のほうは二隻以上の編隊行動をとることが大部分だったし、原則でもあった。

そしてこんな場面での操艦が、ことに艦隊の精練な航海屋や艦長たちの腕の見せ所でもあった。たとえば、一コ水雷戦隊一六隻の駆逐艦が旗艦の軽巡のうしろに二列縦隊をつくり、各艦三〇〇メートルほどの距離をおいて走る「第三並陣列」という隊形があった。海上の三〇〇メートルは目と鼻の先のように近く感じられる。しかも、艦橋と艦橋の間の距離だから、両艦の間にひろがる海水面はもっと狭くなるのだ。ちょっとの油断もできない。

この隊形で整然と航行する様は見えない糸で結ばれたように美しく、かつ勇ましい。だが、高速の場合、後続艦は前続艦から発生する横波に影響され、下手な航海長や当直将校だと絶えずエンジンの増減速をくり返して、操艦に苦しまなければならなかった。

どのくらいの速力なら、何番目の横波に自艦の艦首を乗せていけば安定して走れるか、これは艦種や艦型によっても変わるので、彼らは艦隊運動教範のしめすところにしたがって、絶え間ない研究演練をしなければならなかったのだ。

　だから、戦前に長い間、客船乗りをやっていた商船士官（オフィサー）が戦争で召集され、予備士官として海軍へ行き、いちばん勉強になったのは、夜間、無灯でしかも編隊を組み、高速で走りまわったことだったといっている。平時の商船ではこんな危険で、一見無茶とも見える操船は絶対にしない。経済性、安全性を追求して運航するところに、海運が成りたっていくからだ。

　平和な時代にはときとして、不経済の元兇のように見なされることもあった軍艦だって、いやそれだからなおさら海軍では艦内経済に意をはらい、また〝保安絶対〟として安全にも全力をそそいでいた。しかし戦闘の要求の前には、安全、経済を無視するというのではなく、超越して行動しなければならない場合も多かったのだ。

　ちがいといえばこんなこともあった。昭和

一二年秋のことだったという。敷設艦「白鷹」が周防灘を西航中、右約一〇度、三〇〇〇メートルに反航してくる商船を認めた。だんだん近づき右三〇度、八〇〇メートルになったが、「白鷹」ではそのままの態勢ですれ違うものと考えていた。ところが商船は急に、ギューッと面舵をとり、いわゆる〝ポート・ツー・ポート〟で航過しようとした。あわてた「白鷹」も右に舵をとったが、ついに避けきれず、両者ゴツンとブッツイてしまった。

これなどは海上衝突予防法を固く守ろうとする商船と、臨機応変の行動に慣れている海軍との、航海上の思想の相違から生じた事故だった。

ところで、鉄砲屋になるためには砲術学校高等科学生、水雷屋には水雷学校高等科学生を卒業する必要があった。

だが「航海屋」を養成する航海学校では、そんな同じような制度を高等科学生とはいわず、「航海学生」と名づけていた。

それは、こういう理由からではなかったろうか。前に術科講習のことをのべたが、その前身を砲校や水校の「普通科学生」とよんだ時代があった。が、そのころも運用術練習艦には普通科学生はなく、結局、航海屋養成の学生を、対比して高等科学生と称する根拠がなかったからであろう。

それに、ここには運用屋を養成するもう一つのコースがあり、単一ではなかったことも理由になったかもしれない。

が、そのへんはまあどうでもよく、航海学生の修業期間もやはり一年だった。比較上、今回も前にならって、海兵五〇期生から航海屋になった人の進路を見てみよう。砲術、水雷にくらべるとかなり人数は少なく、三四名だ。鉄砲屋も水雷屋も通信屋も、そしてさっき書いたように艦によっては飛行機屋まで、兵科士官は輪番に当直将校に立って艦を操縦するので、主務の航海屋は比較的少数でことたりたのだ。

14表　代表的な航海屋コース

調査年月	X　大　佐	Y　大　佐
S.3.2	13号駆逐艦：砲術長・分隊長	25号駆逐艦：航海長・分隊長
S.4.2	航海学生	卯月：航海長・分隊長
S.5.2	深雪：航海長・分隊長	航海学生
S.6.2	早鞆：航海長	吹雪：航海長・分隊長
S.7.1	八重山：艤装員	北上：航海長・分隊長
S.8.1	対馬：航海長・分隊長	〃
S.9.1	〃	長良：航海長・分隊長
S.10.1	阿武隈：航海長・分隊長	〃
S.11.1	大井：航海長・分隊長	兵学校：教官
S.12.1	足柄：航海長・分隊長	〃
S.13.1	摩耶：航海長・分隊長	鈴谷：航海長・分隊長
S.14.1		摩耶：航海長・分隊長
S.15.1	榛名：航海長・分隊長	〃
S.16.1	〃	金剛：航海長・分隊長
S.16.12	大和：航海長	武蔵：航海長・分隊長
S.17.11	大和：航海長・分隊長	〃

　彼らの、卒業したとたんの勤務先は、駆逐艦航海長の二二名が断然多い。六五パーセントだ。ほかは中国は揚子江の砲艦に四名、潜水艦航海長が三名で、大部分が小型艦の航海長に補職されている。小さい艦で充分に稽古をつみ、それから順次、中型艦、大型艦の科長に進んでいくのだ。

　そして、その後はさすがは航海屋サン、他の専門をもった将校よりも乗る艦の種類がバラエティーに富んでいた。空母、戦艦から敷設艦やら潜水母艦、あるいは特務艦まであらゆる艦種の航海長に配置され、どんな艦でも責任をもって動かしていった。

14表は典型的な航海屋コースの一例だが、その先には艦長の席が待っていることは、他の術科出身者と同様、言うまでもない。

ただ、たとえ航海術が専門でも、全員がこの御両人のような経歴をふんでいくとは限らなかった。陸上勤務に転じたあと、河童(かっぱ)が陸上がりしたみたいにほとんど海上にもどらない士官もいたし、適当な年数ごとに艦と陸の上をバランスよく往き来する人もいた。

なお、ついでだが、航海学生出身者の軍艦航海長経歴は艦長経験に準じて扱われたようだ。戦艦など超大型艦の艦長には、いくら六年目大佐の古参だからといって、その前に何らかの艦の長を経験しないで補任されることはなかった。13表のテッポー屋草鹿中将も戦艦艦長になる前、軽巡「北上」の艦長をやっている。

だが、航海屋には特例が認められ、いきなり巨大艦の艦長になることがあった。GF参謀長、第二航空艦隊長官になった福留繁中将がそんな一人で、航海長経験三回だけで、大佐最後の年に戦艦「長門」の艦長に補職されている。

日本一の航海長

いかに当直将校が交代で操艦するからといっても、航海計画の立案やその実施の責任者は航海長だ。他艦船と衝突するとか座礁などの事故を起こせば、まっ先に懲罰をくったり軍法会議にかけられるのは、たいてい艦長と航海長だったから、あまりワリのいい商売ではない。

そしていったん出港すると、「……出入港、狭水道通過、陣形運動其ノ他航行操縦上特ニ注意ヲ要スルトキ及ビシバシバ針路変換、速力増減ヲ要スル海面ヲ航行スル場合ニ於テハ常ニ艦橋ヲ離ルルコトナク又艦長ノ命アルトキハ自ラ艦ノ操縦ヲ掌ルベシ……」と彼の職務は規定されていた。

したがって、艦が動いているときの航海長は、なかなか体を休める時間がない。休憩室で横になっているときでも、熱心な航海長になると、艦橋からの伝声管を開口しておく人がいた。しじゅう号令や声が聞こえてきてうるさいが、かえってこの方が安心していられるというのだ。丈夫な身体で頑張りのきく努力家でないと、つとまらない職務だった。だから、そのように責任感の強いナビゲーターのなかには、「操艦、保安に関しては、艦長と航海長の二直でやるくらいの気構えをもつべきだ」と説く人もいた。

またこれは、航海士がほとんど分担補佐してくれるのだが、海図や水路誌、灯台表などの水路図誌を、官報や無線水路告示に注意して、たえず最新のものにしておくコマメさと、気象の変化などに常に気をくばる周到さも必要だった。

海軍では、航海長は出港前にあらかじめ計画した航路の〝ライン〟の上に艦を乗せて走らせることに努力を傾け、艦長はその線からある幅をもった〝ゾーン〟からはずれないよう、航海長を指導監督していくのが艦の上手な進め方だとされていた。

驚いたことに、そんな予定計画線上をピシャリ寸分の狂いもなく走らせた、石橋甫（はじめ）という航海長がいた。

話はズイブン古い明治の昔なのだが、軍艦「松島」が朝鮮の釜山港へ入港しようとした。絶影島の東側から指定航路を微速で進んでいったのだが、突然、キール前方にゴツンゴツンと衝撃を感じたので、驚いた石橋航海長はすぐ停止を命じた。

さっそく潜水員を入れて調べさせたところ、艦はちょうど擂鉢（すりばち）を逆さにしたような、タタミ三畳ばかりの屹立した暗岩の上に乗っかっていることがわかった。幸い艦底には損傷はなく、満潮になったとき自力で離礁することができた。

当時の水路誌には釜山へ入港する場合、陸上に設置された二個の示導標を、一線に見て航進すれば安全と記されていた。だが事件後、さらに精測しなおしてみたら、なんと指定航路の真下、五メートルほどの所にその暗岩がかくれていたのである。

そこは吃水六メートルもある艦船がひんぱんに出入していたのだが、それらのフネが無事だったことは、どれもこれも指定航路から少しズレて走っていたことを、はからずも露呈する結果になった。「松島」もほんの数メートル航路からはずれて進入していけば、この乗し揚げをしないですんだであろう。

石橋大尉はこのあまりに正確すぎた行船(こうせん)で、一躍、日本海軍随一の航海長として有名になった。のち彼は、大佐のとき東京高等商船学校の校長になり、その席のまま少将から中将へと進んだ。

こんなシャープな操艦をする航海屋にはまた、服装も端正でキチッとした士官が多かったようだ。それはそうかもしれない。艦長とか司令官とか司令長官とか、そんなおエラ方が詰めている艦橋で年ガラ年中、いっしょに勤務するのだから、柄の悪い恰好もできまい。

「スマートで　目先がきいて　几帳面

　負けじ魂　これぞ船乗り」

戦前、戦中、海軍の学校や海軍予備員の教育も兼ねた商船学校に入港した生徒で、こんな標語をきかなかった人はまずあるまい。山本五十六元帥と同郷、同期の太田質平少将が、大佐で運用術練習艦「春日」兼「富士」艦長時代に作ったものらしいが、さすが航海屋であり運用屋であったオーソリティーの作らしく、船乗りに求められる要諦が簡潔にまとめられている。航海屋はとりわけ、この標語にマッチする士官ではなかったろうか。砲術学校が軍紀風紀の元締めといわれたように、航海学校は清潔、整頓の本家でもあった。

カミソリのような頭脳と先見性で、軍務局長時代、米内・山本両提督との名コンビをうたわれ、のちには兵学校長、次官としていつも海軍士官の標本のような服装、挙措、態度をとっていたあの井上成美大将も航海屋出身である。

しかし、14表にみられるような典型的コースは歩まない航海屋で、そんな航海屋らしく艦長経験も、戦艦「比叡」一パイしか井上大将はもたなかった。

水校同居人

「なに、レンタン？　どうしてこのクソ暑い南洋へ、練炭なんぞ持ってくる必要があるんだ？」

「いや、レンタンじゃない。デンタンが、いよいよここにも配備されるそうだ」

いまでこそ、レーダーといえば小学生でも知っているが、太平洋戦争のはじめころは、そんなものの存在は知らない人間の方が多かった。当時、海軍ではレーダーを電波探信儀とよび、略して〝電探(でんたん)〟といっていた。そこで、なんのことかよく分からない兵隊サンが、練炭と間違えてしまったのだ。南方戦線某陸上基地での笑い話だという。もしかすると、現在ではレンタンの方を説明しないと、分かってもらえないかもしれない。世の中、ズイブン変わったものだ。

あのころ、シャバに電波戦という声が高まり出したのは、戦争がもう半ばになってからであったろうか。この面での日本は、米英にくらべてだいぶ立ち遅れていた。

しかし近代海戦は、電波戦の一種である〃通信戦に始まり、通信戦に終わる〃ということは、言葉の上ではよく知られていた。だが、「たしかに、その通りだ」と、その重要性を肝に銘じて国民が認識したのは、戦争もかなり進んでからで、この認識も早いとはいえなかった。

日本海軍が無線電信に目をつけたのは、明治三三年。決して出遅れたということはなかったのだが、その後の制度的な進歩がなんとも遅々としていた。そもそも出だしがよくなかった。

当時、水雷も新兵器であり、両方あたらしいもの同士ということから、無線関係を水雷科の所管にしてしまったのだ。トンツーをやる電信員は、その後長いあいだ水雷長の下で暮らしたが、ようやく電信術が独立し、通信科になったのは大正も半ば過ぎ、八年四月だった。

そしてそのとき、艦船にはじめて通信長がおかれることになった。

海軍の保有する艦艇はしだいに大型化し、隻数も増え高速になっていった。大砲も大きくなり、数万メートルも遠くへ飛ぶようになる。とても肉眼には入りきらない海面を自由に走りまわる。飛行機も加わり出した。

そんな機動力を発揮する艦隊を、敏速、的確に指揮するための通信力の重要性は高まる一方だった。なのに、部内の認識はなかなか改まらない。通信科独立後も、通信関係の学生と電信術練習生の教育は依然として、水雷学校で行なわれていたのだ。

というわけで、そのころの水校高等科学生は、水雷学生と通信学生の専修別にわかれていたが、通信学生はその教程の約三割ほどは水雷の勉強をし、逆に水雷学生も通信の勉強をする、というあんばいだった。そんな長年のしがらみから脱け出て、通信学生が通信だけを専攻するようになったのは、大正一四年からである。

だが、まだ完全に水雷と縁がきれたわけではない。通信学校として、水雷学校から分離独立したのは昭和五年六月になってからだった。海軍が無線電信に目をつけていらい、なんと三一年の年月がたっていた。

それもはじめは水校内に同居させられ、昭和九年にようやくその隣接地に校舎を建て、名実ともに、一人前の「海軍通信学校」になった。太平洋戦争の始まるたった七年前だった。

海軍の戦闘力は〝攻撃力〟〝防御力〟〝運動力〟〝通信力〟の四つに大別されていたが、通信力の整備は他の術科にくらべ、教育制度面でもかなり遅れていたのだ。

オペレーターにあらず

外国人のことは知らないが、だいたい日本人は戦争をやるにも、相手を派手にぶんなぐったり蹴とばしたりする方面には行きたがるが、まったく人目につかない裏方仕事は、あまり

やりたがらない傾きがある。通信は、兵科のなかではそんな辛気くさい仕事の代表みたいに考えられた時代がズーッとつづいていた。

ある少尉が戦艦で通信士をやっていたとき、将来の専門術科として殊勝にも通信を選ぼうと考え、ガンルームの先輩に相談した。ところが、たちどころに、

「およそ海軍の職種のなかでもっとも緊要なるは、攻撃力発揮を主体とするものである。いやしくも兵学校卒業者たるもの、技術屋の真似ごとなどせず、よろしく砲術か水雷の道へ邁進すべきである」

と一喝をくわされたという。これは大正末近くの話なのだが、通信軽視の思想だった。攻撃におとらず重要な通信が、海軍でなぜ長いこと冷やめしを食わされてきたか、理由の一端をうかがえるような気がする。そんなわけで、通信学校高等科学生には、目を悪くし

たり、あるいは体をこわしたため止むを得ず行く、といった傾向がないではなかった。

では、海軍士官仲間でいう「通信屋」とはいったい何をやったのか？

さっき〝通信士〟という言葉を使ったが、これは、外航商船などに乗っている通信士とは仕事内容に根本的な相違があった。商船での彼らは制服の袖に金スジを巻いた、昔風にいえば〝高級船員〟、じっさいに電鍵を握って、無線の送信受信をするつとめをもっている。が、海軍でいう通信士は、通信長の指揮監督業務を分担補助するのが任務で、トン・ツーをキーで打ち、レシーバーで聴くのは、下士官兵の「電信員」の仕事になっていた。

通信学校の高等科学生も、科員の仕事は一通り何でも知るため、モールス符号を覚え、送受信を教わり、練習もした。だが、せいぜい毎分五〇字から、速く打てる人で七〇字ていどにしかならない。ふつう電信兵たちは少なくとも九〇字くらいの速さで交信をする。しょせん彼ら高等科学生の技量では、使いものにならなかった。

しかし、それでよかったのだ。オペレーターになるのが目的ではない。各艦船部隊の電信員の間に、目に見えない神経が張りめぐらされているとすれば、その複雑な神経をうまくまとめ、適時、適切にとりさばいて海軍全体の動きを滑らかにするのが、ここでいう「通信屋」の役目だからだ。

それに、一本一本の神経が、日露戦争時代のように勝手気ままに電信を打ったら、近代戦ではいっぺんにこんがらがってしまう。それを防ぐため、めいめいの艦や部隊は特定の中枢艦所とだけ交信することにきめ、それぞれに送信用の周波数と時間帯をわりあて、また送信勢力にも制限をくわえておいた。だがそれだけでは不自由なので、緊急を要する場合の送受信法のとりきめもしてあった。

こういう、入り組んだ〝通信法〟に精通したうえで、艦橋や通信指揮室で指揮をとるのが、味方通信における、通信長の基本的な仕事だった。これがうまくいかなければ、せっかくのツージンがツージンになってしまうのだ。

もちろん通信長としては、無線の学理にも詳しくなければならない。だが、三極真空管の原理や特性曲線の説明はトートーと弁じたてることができても、自分の家のラジオの故障修理に手こずる通信屋士官だっていたのである。

ン？　大綱を握る士官は理論がわかっていればよかったのだ、ですって？　なるほど、ごもっとも。

さて、例によってまた、海兵五〇期生で通信屋になった人たちを見てみよう。ぜんぶで二一名。昭和三年から七年までの間に、数名ずつ高等科学生を卒業しているが、この科の性質上、人数はぐんと少なくなっている。

この士官たちを、9表に掲げた高砲の学生と同じように、海兵卒業順位で分類してみると15表のようになった。なんと四割以内の順位で卒業した人が、七〇パーセント近くも占めている。

これだけのデータで、全クラスを推断するわけにはいかないが、通信屋には比較的、学業成績のよい人たちが集まった、といってもいいのではあるまいか。

学生卒業直後の配員先は、九名が駆逐艦、七名が巡洋艦の通信長兼分隊長、あとの五名が潜水艦、特務艦などに勤務している。

15表 高通学生の海兵卒業順位(50期)

海兵卒業順位	人 数
1番〜55番	8
56〜108	6
109〜162	4
163〜216	3
217〜272	0

ところで、この五〇期生が通信屋になり出したころから、やっと海軍の通信への姿勢があらたまりはじめた。それまでの通信の運用は艦隊中心に行なわれていたが、航空機の進歩と方位測定技術などの発達により、海軍の作戦範囲が、いっそう広大化することが予想されるようになった。そこで昭和六年から、陸上通信機構を軸とする体制に、全面的に改定されたのだ。

前年の昭和五年には、航空隊にも通信長がおかれることになり、少し下って一二年には、各地にあった無線電信所が部隊に組織変更され、「通信隊」とよばれることになった。水雷屋とか航海屋とちがい、こうした陸上部隊にレッキとした勤務配置があったのも、通信屋の特色といえるだろう。

しかし、中央部はともかく、一般のオフィサーたちの通信にたいする認識には、相変わらずキュータイイゼンたるものがあった。

太平洋戦争前は大艦巨砲主義が主流。地軸をゆるがすような轟音をたて、戦艦が二万メートル、三万メートル先へ主砲を撃ち出す訓練に、艦隊をあげていそしんでいた。そのとき、弾着を観測するため搭載機の使用がさかんに行なわれたが、砲術士官のなかには、通信長をそんな航空通信の監督くらいに考えるヤカラもいたということだ。

レーダーは通信長主管

　さて、新しく衣がえした海軍通信の体制は三つに大別された。一つは全通信組織の中核になる東京海軍通信隊、外国通信傍受専門の大和田通信隊をはじめとする各通信隊から成る陸上の組織だ。海上では言わずとしれた艦隊や艦船に属する通信科、そして航空方面は陸上基地航空隊に所属する通信科がそれだった。

　太平洋戦争初期の作戦通信は、そんな彼らが主役となってしごく円滑にはかどり、あがる華々しい大戦果の陰の功績はすこぶる大きかった。それは戦技や小演習、大演習などで長年訓練され、蓄積されてきたツーといえばカーと答える無形の実力の賜物だった。

　しかし、急速に作戦地が広がり、そのうえ被害が激しくなってくると、目に見えない通信戦力が目に見えて落ちてきたのである。熟練電信員が不足し、艦船にも航空隊にもノーマークの、ということは高等科学生を卒業していない〝無免許〟通信長が張りつけられていった。電報が届かなかったり、通達にドエラク時間がかかるとか、神経系統がだいぶあやしくなってきたのだ。

　しかも、通信戦という電波の戦いに、新顔がくわわってきた。例のレーダーというヤツだ。ほとんどこれにたいして準備のなかった日本海軍では、まず操作要員の養成に苦しまなければならなかった。ドロナワだった。同じエレクトロニクス関係ということで、電信兵に目が

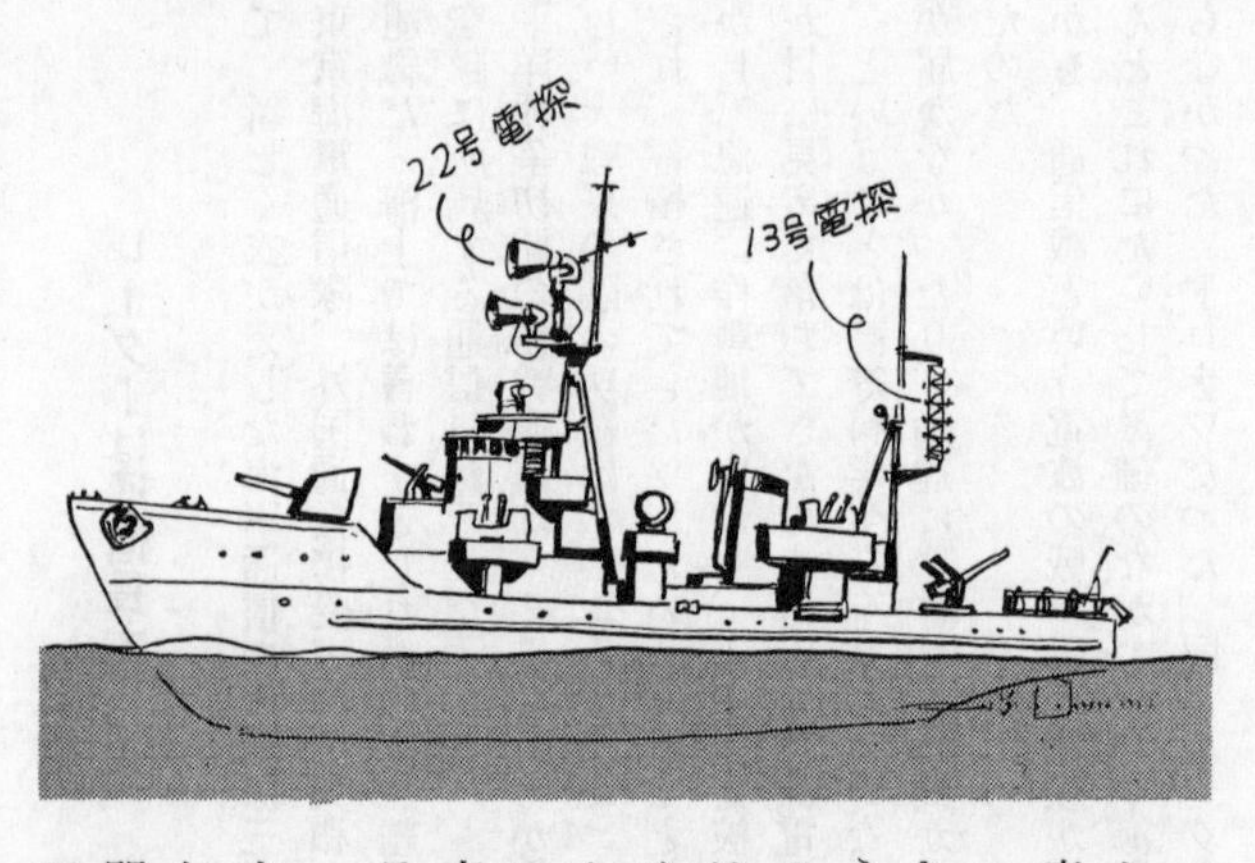

つけられ、このなかから電測員をつくり出したため、それがまた、熟練電信員の不足に拍車をかけていった。

そういうわけで、電探を艦船に装備するとき、はじめは所属の分隊もまちまちだったようだ。ある艦では砲術科の測的分隊で面倒をみ、他の艦では通信分隊に所属させ、なかには航海科におく艦もあった。が、やがて構造や操作、保存手入れの便からいっても、もっとも妥当の線と思われる、通信長主管の兵器に落ち着くことになった。そして、通信学校高等科学生の教程にも「電測法」のカリキュラムが組みこまれた。

レーダーを操作する掌電測兵の養成には、当初、通信学校があたっていたが、昭和一九年九月から、神奈川県藤沢に電測学校を独立、開設し、そこに移されることになった。兵員だけでなく、中尉、少尉の初級士官に電測を教える普通科学生とか、他に専攻科学生などの制度はつくられた。が、高等科学生はつくられなかった。さきほど記したように、レーダーは通信長主管ときめられたのだから、それは当然だったろう。

通信では、いうまでもなく迅速、確実が要求されたのだが、同時に機密保持が厳重に守られなければ軍用通信の意味をなさない。

そのための重要手段が暗号だった。これも通信屋の仕事で、艦隊司令部には専務の暗号長がおかれていたが、一般の艦艇ではそういうことはなかった。通信士が暗号士を兼ねることが多く、実質的にはその彼が暗号長として、暗号員を指揮し監督していたのだ。

太平洋戦争での日本海軍は、ミッドウェー海戦や山本GF司令長官の戦死など、暗号戦の失敗で何度も苦い水を飲まされたといわれている。だが、逆にこんなこともあった。

昭和七年の第一次上海事変当時、山田達也大尉は第一遣外艦隊司令部付として、上海陸戦隊内に設けた「X機関」で中国軍暗号の解読に苦心していた。彼は海兵四八期、その後、海大選科学生として東京外語で勉強しており、中国語を専門に学んだ語学将校だった。

作業成果は着々とあがり、とうとうあるとき、敵飛行機多数が杭州飛行場に集結し、わが軍を攻撃する企図をもっていることを解読諜知した。ただちにこの情報から、わが航空隊は先制攻撃を加え、敵に壊滅的打撃をあたえることに成功したのだそうだ。この戦果は山田大尉の〝俊敏適切なる判断によるところ大〟と賞賛され、のちに彼は、暗号戦では珍しい功五級金鵄勲章を授与されている。

大戦中、暗号面では米国にしてやられた日本海軍だったが、別のかたちの「通信諜報」という方式で大いに成果をあげていた。

それはこんなやり方だった。軍令部特務班が全般の計画や統制にあたり、国内ばかりでなく、戦地におかれた陸上でもまた艦隊司令部などでも、敵信をカタッパシから傍受する。そして、はじめは艦船、航空機の航法援助が目的だった無線方位測定機を、こんどは積極的に〝対敵通信〟に使用して、敵の発信源をつきとめる。

こういう作業の累積から、敵の電信に出てくる符号、電報の外形、使用周波数、電報量、通信時間帯、発信位置などの特徴を丹念に調べあげ、そのデータに冷静な分析、判断を加えることによって、敵軍の意図、動静を察知しようとする方法だった。

一見、迂遠なやり方に思えたが、統計的なこの手段はしだいに高い精度をもつようになった。その正確さに驚いた米国では、暗号を解読されているのでは？　と疑ったほどだという。

通信屋はあくまでも陰の戦士であった。

カラダを張る「飛行機屋」

戦争もすっかり旗色が悪くなった、昭和一九年の暮れごろだったろうか？　新宿駅のホームに数人の海軍下士官が立っていた。冬だというのに外套も着ず、夏の草色の略服を着て、首には紫色や白のマフラーを巻きつけていた。ふちのワイヤーを抜き、前章をマドロス式にうつむけた紺の軍帽は、ちょっと斜めに小粋なかぶりかただった。寒かったせいか、ポケット・ハンドして、ピョンピョンその場跳びをしながらふざけ合っていた。

靴は半長(はんなが)の飛行靴、上等下士なのに善行章は一本、二十歳前後かみな若い。そばへ寄って識別章を見るまでもなく、明らかに飛行兵だ。そのころには都内でも、かつては見られなかったそんな海軍の飛行兵の姿を、時おり見かけたものである。

彼らの表情には屈託がなく、風体(ふうてい)、行儀は態度厳正な陸軍軍人とはおよそかけ離れていた。軍人が、海軍軍人がこんなだらしないカッコーでよいのか、と私は目を疑いながら思ったものだ。

だが、じっと見ると、一見ヨタ者風にくずれた容儀にもかかわらず、彼らの刺すような鋭い目つきのなかには、妙に深い透明感がたたえられていた。そのとき私の受けた印象はじつに強烈で、四十数年がたったいまだに、忘れられない何かを残している。彼らの若い頬っぺたは変に紅くスサンでいるのに、眼(まなこ)だけが不思議に濁りなく澄んでいたのだ。

それは下士官兵だけでなく、士官もひっくるめて、みな、当時、戦争中の海軍の飛行機乗りたちは、日日、崖っぷちをフルスピードで突っ走るような生活を送っていたからに違いない。彼らの眼つきの険しさは、常にすきをうかがってはまといつく死への警戒心と、それにたいする反撃の構えから出たものであろう。そして澄みきった深淵は、全速回転するコマの芯と同質の安らぎではなかったか?

戦争中だけではなかった。

海軍の飛行機屋は平時でも、大正の草創期から昭和の研究開拓時代を通じ、絶えずこんなせっぱつまった、あるいはそれに近い心境におかれていたはずだ。一望千里、なんの目標とてない、はてしない洋上を飛び、そしてケシの一粒のような母艦に帰ってくる彼らには、一瞬一刻が体を張っての真剣勝負だった。機体、発動機の信頼性も、現在とはくらべものにならないほど低劣だったのだ。

16表 海兵51期生の飛行士官

海兵卒業順位	人 数
1番〜51番	11
52〜102	10
103〜153	9
154〜204	13
205〜255	11
計	54名

いまここで、兵学校五一期から飛行機乗りになった士官たちの様子を見てみよう。それは16表のようになる。「またか!」と思われるかもしれないが、こんどは五〇期生ではない。というのは、五一期出身の飛行士官は五四名、それは五〇期の二三名にくらべて一気に倍以上に増えており、データをとるのに何かと都合がよいからだ。

じつは、この五四名のうちから、平時すでに一二名、なんと二二パーセントに達する航空殉職者を出している。

艦船や陸上に勤務した同期の一般士官は二〇一名だが、そのうち戦死でなく公務で亡くなった人は四名、二パーセントに過ぎなかった。

くらべてみると、そのころの海軍飛行機乗りの危険率が、いかにベラボーに高かったかわかろう。目つきも、異常に鋭くなろうというものだ。そして太平洋戦争終戦時までには、二七名、ちょうど半数が幽明境を異にしていた。

日華事変から大戦なかごろまで、渡洋爆撃、ハワイ、マレー沖、ラバウルにと、海軍航空部隊は勇名をほしいままにしたが、その蔭にこうした草創開拓期の尊い数多くの犠牲が捨て石になっていたのだ。

そんな捨て石にあわやもう一歩で、という話を一つ。

昭和五年四月、連合艦隊は東シナ海で連日訓練を重ねていた。ある日、夜間訓練中の潜水艦から人もあろうに、艦長が海中に転落、行方不明になってしまった。

翌早朝、空母「加賀」から三コ小隊、六機の飛行機が捜索に飛び立った。が、ついに発見できず各小隊帰投という段になったとき、K小隊では一番機が針路を間違えてしまった。

その二番機の機長はベテランA兵曹、すぐ一番機の間違いに気がついた。

「おい、M兵曹、小隊長のコースどうもおかしいぞ」

操縦員にそう告げると、すぐ手旗信号でその旨を一番機に知らせた。

それなのに、小隊長機の偵察員F中尉は、自信があるのか手旗が分からないのか、知らん顔をしている。針路一七〇度で帰らなければならないのに、二七〇度で、中国大陸を目がけて真っしぐらに飛んでいくのだ。

その結果は言うまでもなかった。増槽にガソリンを満載していた二番機は辛うじて引き返すことができたが、一番機は海上に不時着してしまった。

K小隊長、F中尉ら三名の搭乗員は、運よく通りかかった中国のジャンクに救助され、幸い無事に帰還できたので、しめやかな海軍葬をとり行なわれないですんだ。

この針路を間違えたポン助中尉とは誰あろう、太平洋戦争は真珠湾空襲の立役者、淵田美津雄中佐の青年士官時代だった。前の年に偵察学生を卒業したばかり、注意周到な彼にも、こんなおソマツもあったのだ。

この話には付録があった。淵田さんのその飛行機には「二—303」と機体番号が書かれていた。中国人船頭から数字の説明をもとめられ、三百三号機だと答えたところ、「日本海軍には、そんなにたくさん飛行機があるのか！」と、目を丸くして彼らはビックリしたそうである。

飛行機屋、戦艦を操縦す

〝ジュラルミン一枚下は地獄〟の生活に明け暮れていると、一種独特の気風ができあがってくる。

ことに戦争が始まり、派手な進撃戦で飛行機乗りの消耗度が格段に高まってくると、「体を張っているのは俺たちだけだ。真っ先に死ぬのは俺たちなんだ」

デスペレートとはちがうが、それに近い心情が、こんどは裏返しになり、「だから、生きている間の俺たちには、何でも許されてしかるべきではないか」そんな恣意が彼らの心のなかにはびこり出しはしなかったろうか。

その上に、大空をせましと飛びまわる日常からかもし出される、砲術科とか機関科、主計科など他科にはみられない天衣無縫性がかさなってくる。いわゆる〝搭乗員気質（かたぎ）〟だ。

ある空母の艦長は、「搭乗員が働いてくれるおかげで、われわれも勲章がもらえるのだ」と言っていたという。だが、こういう考え方は、飛行機乗りの間に唯我独尊の思い上がりを助長しないでもなかった。士官仲間でもそのようだった。一部の「飛行機屋」士官の他科蔑視は、はたからは鼻もちならないものに映り出したのだ。これは大げさに言えば、軍紀破壊にもつながりかねなかった。いかに航空優先といっても、飛行機だけ、飛行機乗りだけでは、海軍の戦争はできなかったのだ。

「テメーたちだけが戦争やってんじゃねえ」 

若い飛行科の下士官や兵が、デカイ面をして烹炊室へギンバイに行くと、古い主計兵から逆ネジを食わされることもあった。そこには、華やかで何かにつけ待遇のいい搭乗員にたいする、裏方たちのネタミがあったかもしれない。

文字通り生命をマトに敵陣へ躍りこんでいく飛行機屋には、勇気と威勢のよさが生命。締めすぎても若い彼らの士気が沈滞する。かといって、あまりにゆるめても大事な全体の調和がかける。そのカネアイが統率の難しいところだったろう。

　だが、こんな向こう意気がめっぽう強く、よその科と摩擦を起こしたりするのも、艦上機や陸上機の面々に多く、水上機乗りはなかなか協調性に富んでいたという。

　それにはいくつか理由があろうが、飛行機屋社会で、また艦内で占める彼らの世帯の大きさと、任務の相異が最大のものではなかったろうか。

　空母には数十機、「翔鶴」級では八〇機をこえる飛行機を載せていたが、戦艦や巡洋艦に搭載する水上機は、一機かせいぜい数機どまりだった。そして空母機は、母艦をねぐらにして遠く二〇〇マイルも飛んで、激甚な消耗もいとわず敵艦隊に襲撃をかける、海軍最強最大の攻撃兵器だ。

　当然、飛行士官の数も多く、当たるべからざる勢いをもつことになる。

　いっぽう、艦載水上機はといえば、主砲の弾着観測をやったり索敵哨戒に身を挺し、その艦本来の主任務を脇から支えるサポート・グループだった。空母の大人数にくらべ、こちらの士官は少佐か大尉の飛行長兼分隊長に、せいぜい分隊士が一人だ。とすれば同じ搭乗員といっても、おのずから肌合いにちがいが生じてこようではないか。地味で忍耐心が強く、飛行機乗りだがかつ船乗りとして、ほかのテッポーや水雷の仲間のなかに溶けこんでいった。

　こういう艦載機の飛行分隊長は、飛行以外の平常の勤務でも、乗組の一人として他の砲術分隊長や運用分隊長などと同じようにやっていく。そこでしぜん、彼ら水上機屋のシーマン・シップも高められることになるのだ。しかし、生っ粋の船頭でない悲しさ、ときには失敗もあった。

そんな一人、M大尉が戦艦「陸奥」飛行分隊長を命じられた。そして間もなくのある日、当直将校に立ち、操艦を引きついだ。彼は「当直かわった。両舷前進微速。回転数八〇」と機関科指揮所へ連絡した。艦橋にはほかに誰も士官はいなかったそうだ。

前続艦「長門」との距離が逐一報告されるのだが、六〇〇からだんだん近寄ってくる。「近づきま～す」と報告があるたびに二回転ずつ落とすのだが、まだ近寄る。六〇回転以下になってもなお接近するので、ついに取舵をとり「長門」から左に偏位させたが、その距離は二〇〇メートルに迫っていた。

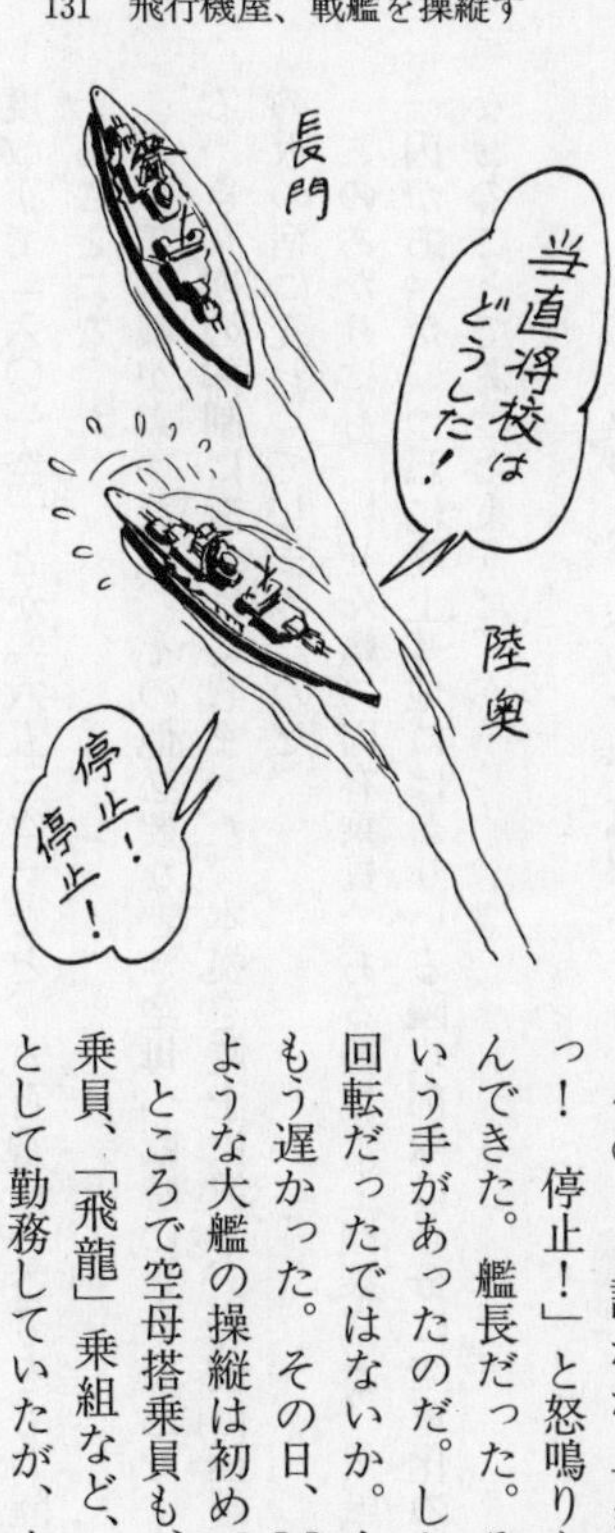

そのとき誰かが、「当直将校はどうしたっ！　停止！」と怒鳴りながら艦橋に駆けこんできた。艦長だった。そうだ、ストップという手があったのだ。しかも「微速」は六〇回転だったではないか。今さら気がついても、もう遅かった。その日、M大尉にとって山のような大艦の操縦は初めてだったのだという。
ところで空母搭乗員も、ながらく「赤城」乗員、「飛龍」乗組など、その艦の固有乗員として勤務していたが、大戦中後半から、制

度改正で「六〇一空」とか「六五三空」など、六百番台の番号をもつ陸上航空隊の隊員にかわることになった。

そして海戦があったり、その他必要なとき空母へ臨時に乗り組んでくる、それまでとはまるっきり逆の体制に変わってしまった。本拠を陸上に置き、母艦は極端にいえば、一宿一飯の仮の宿に変わってしまったのだ。

このあたりにも、いぜん艦の固有乗員である艦載水上機乗りと、気風の開きが大きくなる一因があった。つねに陸上基地にばかりいる陸攻部隊は多分に空軍化の傾向があり、それはなおのことであったようだ。

クラス・ヘッドが航空へ

「むかし、海軍では、優秀な海兵出はみな砲術に進み、大したことのない奴が航空へ行った」

こんなことを言ったり、書いたりする人が時々いる。だが、大正はじめの航空草創期はいざ知らず、五〇期ごろから後は、決してそんなことはなかった。

16表をもう一度見ていただこう。五一期ではクラス全体から、ほぼ均等に飛行機屋になっている。成績順位の高い人間が優れた人間、なんていうつもりはないが、評価の一つの基準にはなろう。16表のなかには、上位一割の二五番以内が七名、うち一〇番以内が三名もいた。

しかもクラス・ヘッドが航空士官になっており、これは兵学校開校以来のことだった。そのオフィサーの名は樋端久利雄。前後のクラスに類を見ないズバ抜けた頭脳と、立派な人格とをあわせもっていた。天は二物をあたえていたのである。兵学校時代は、さして体力は強いほうではなかったが、頑張り精神は無類だったといわれている。上からはもちろんのこと、「樋端さんが言われることなら……」と、下からの信望も絶大だったそうだ。

が、まことに惜しいことに、大戦中、山本GF司令長官戦死のさい、幕僚として飛行機上で運命をともにしてしまった。

彼だけではない。前後のクラスを見てみると、四五期三番卒業の澄川道男、四六期二番の山本親雄、四八期七番の塚田英夫、五一期五番の小島正巳、五二期六番の内藤雄……昭和海軍戦史に関心をもつ方なら、きっと目にしたり耳にしたような、トップ・グループの士官が航空界入りしているのだ。

ワシントン、ロンドン両軍縮条約によって有力艦艇の保有量に制限を受けてからは、わが国としては航空兵力の充実で活路を見出さざるを得なくなった。

若人はそれにこたえ、昭和に入ってからはより多くの航空志願者が輩出するようになった。といっても当時、毎年百名を少しこえる程度の兵学校卒業者のなかから、大量の飛行機乗りをとることは困難だった。各クラスの二五パーセントをオーバーする飛行学生を採用するようになったのは昭和五年以降で、このころには〝熱望〟を通りこして、〝超大熱望〟と書い

17表　兵学校を出てから飛行学生になるまで

期	海兵卒業年月	飛行学生入隊年月	飛行学生になるまで
51	大正12年7月	大正15年3月～昭和3年1月	2年8月～4年6月
52	〃 13〃 7〃	昭和3年1月～昭和3年12月	3年6月～4年5月
53	〃 14〃 7〃	〃 4〃12〃	4年5月
54	〃 15〃 3〃	〃 4〃12〃	3年9月
55	昭和2年3月	〃 5〃12〃～昭和6年12月	3年9月～4年9月
56	〃 3〃 3〃	〃 6〃12〃～ 〃 7〃12〃	3年9月～4年9月
57	〃 4〃 3〃	〃 7〃12〃～ 〃 8〃 4〃	3年9月～4年1月
58	〃 5〃11〃	〃 8〃 4〃～ 〃 8〃11〃	2年5月～3年
59	〃 6〃11〃	〃 8〃11〃～ 〃 9〃11〃	2年～3年
60	〃 7〃11〃	〃 9〃11〃～ 〃 10〃11〃	2年～3年
61	〃 8〃11〃	〃 10〃11〃～ 〃 11〃12〃	2年～3年1月
62	〃 9〃11〃	〃 11〃12〃～ 〃 12〃 8〃	2年1月～2年9月
63	〃 11〃 3〃	〃 12〃 8〃～ 〃 13〃 8〃	1年5月～2年5月
64	〃 12〃 3〃	〃 13〃 8〃	1年5月
65	〃 13〃 3〃	〃 14〃 9〃	1年6月
66	〃 13〃 9〃	〃 14〃11〃～昭和15年4月	1年2月～1年7月
67	〃 14〃 7〃	〃 15〃11〃～ 〃 16〃 5〃	1年4月～1年10月
68	〃 15〃 8〃	〃 16〃 5〃～ 〃 16〃11〃	9月～1年3月

て志願する青年士官もあったそうだ。

すでに民間でも、日本航空輸送会社が設立されており、昭和五年には日本学生航空連盟も発足していた。〃スピード時代〃〃航空時代〃の到来だった。

当局の鋭意努力のすえ、六二期生以後ようやく三〇パーセント以上の飛行士官養成ができるようになった。しかし、さすがにクラスの三分の一近くを飛行学生に採用するとなると、「いえ、私は希望いたしません」という人間も、適性が良好であれば半ば強制的に飛行機屋にする状況だった、と聞いている。

ところで、〃ガンルーム、うすっペラとなる〃のところでも記したが、海軍飛行士官の場合、兵学校を卒業してからみっちり船乗り修業をつんだのち、体に翼をうえつけるのが常道だった。

その過程がなかったならば、さきほどの「陸奥」乗組M大尉のように、当直将校となって戦艦を操縦することなど思いもよらなかったろう。そして将来、艦のことも航空のことも共に理解でき、立体的な近代海上作戦を統轄しうる有能な海上指揮官はできはしなかったのだ。くり返しになるが、海軍将校はどんな分野に進んでも、陸戦屋でも飛行機屋でも、海が艦が基本であり基盤だった。

しかし、17表に示したように、世の中がだんだん忙しくなるにしたがって、この前段的海上修行の期間がしだいに短くなっていった。でも、表の終わりのほうに掲げられた程度の〝波まくら暮らし〟があるうちはまだ良かったのだ。戦争が始まると、もっとドエライことになっていった。

〝飛行生徒〟出現

真珠湾空襲の南雲艦隊を、事実上きりもりした参謀として有名になった源田実大佐が、まだ少佐で日華事変のころ、江田島の兵学校で一席ブッたことがあった。戦線から戻って間もない昭和一三年三月中旬、生徒を前にして、「これからは飛行機の時代、航空作戦が戦局全体を支配するのだ」こんな意味の話をしたのだそうだ。

18表　大戦中の飛行学生

期	海兵卒業	飛行学生入隊	飛行学生入隊までの期間	飛行学生採用率(%)
69	S.16. 3	S.16.11～S.17. 6	8月～1年3月	40.3
70	S.16.11	S.17. 6～S.18. 1	7月～1年2月	40.9
71	S.17.11	S.18. 1～S.19. 3	2月～1年4月	44.7
72	S.18. 9	S.18. 9	0	48.0
73	S.19. 3	S.19. 3	0	51.6
74	S.20. 3	S.20. 3	0	34.0(予定58.4)

だが、これを聞いた教頭角田覚治大佐は、演説が終わるやいなや「航空部隊の協力は望ましいが、艦隊決戦の最後は砲術の威力によって決せられる。この点、十分に誤解のないように」といかにも鉄砲屋らしい意地を見せて、生徒たちに達したという。

どちらの論が正しかったか？　それから四年後、日本海軍が航空優先を前提とする戦法で戦いをはじめ、その正しいこと立証した。

しかし、航空優先論のもとに出される問題は、あまりにもやつぎばやで次第に難しくなっていった。わが海軍は限られた器材と、限られた時間と、限られた人員で難局を乗りきるため必死の努力を傾けなければならなかった。傾けていった。

18表を見ていただきたい。

戦前には思いもよらなかった、海兵各クラスの四〇パーセント以上、そして、戦争後半からは半数をこえる士官を飛行機屋にして頑張ったのだ。もう、航空訓練をはじめる前にたっぷり船乗り修業をつんで、とそんな常道をふむ、ノンキなことを言っていられる情勢ではなかった。時間は待ってくれない。戦闘即応である。

「うーん、一度は艦船勤務もしてみたかったなあ」とかこちながら七二期以後は、海兵を卒える(お)とフネをまたいで、ただちに霞ヶ浦の空へ直行する慌ただしさだった。汎用性をやしなう初級士官時代の教育をゼロにして、単能性を求めざるを得なかったのだ。

だが、そのくらいはまだよい。始めた戦争は何がなんでも勝たねばならぬ。七四期生は約六〇〇名を航空要員に予定していた。しかし、急迫に急迫を告げていた戦局は、その半数約三〇〇名を生徒として兵学校在校のまま、霞ヶ浦航空隊へ派遣し、通称〝飛行生徒〟と呼んで、牛馬のようなシゴキ方で速成航空訓練を開始したのだ。昭和一九年一二月からのことだった。陸軍の「航空士官学校」に近い方式をとったのである。

平時の海軍では考えられない異常さが、少しも異常ではない、異常な事態に落ちこんでいたのだ。

しかも昭和二〇年三月、七四期の彼らが兵学校を卒業するときには、残りの要員三〇〇名ぜんぶを飛行学生に採用する余力すらすでになく、わずか五〇名に学生を命じ、細々とした、それも即特攻要員的な飛行訓練を施すありさまだった。

飛行科にも砲術や水雷と同じように、高等科学生がもうけられていた。名称は「練習航空隊高等科学生」。といっても〝練習航空隊〟と名づけた部隊があったわけではなく、横須賀航空隊が、練習航空隊に指定され、ここで勉強したのだ。

昭和五年の暮れに、第一期六名の教育が開始されたのだから、他の術科にくらべれば出発はズッと遅かった。「戦術眼ヲ涵養シ、航空ニ関スル一層高等ナ学術技能ヲ修得サセ」、飛行

隊長や飛行長を養成するのが目的だった。それは他の科と同様な趣旨であり、変わりはない。飛行学生を卒業してから二年以上、実施部隊で飛び回ってきた、ガソリン臭のプンプンする大尉、中尉から選び出すことになっていた。

が、日華事変が勃発すると、海軍の戦闘は航空隊と陸戦隊の一手販売となった。もともと人手の少ない飛行機屋社会、とても高等科学生の教育どころではなくなってしまった。昭和一四年、第八期までの学生、計九三名の教育で打ち止めにせざるを得なかった。

テッポーや対潜など他の術科での高等科学生は、曲りなりにも戦争もおわりに近い昭和二〇年初めごろまで続けられていた。なのに、一期一年たらずの学生教育を事変中から実施できなくなったのだから、飛行科士官がいかに戦争の矢面に立たされ、超多忙のうちに使われたか、およそ察しがつこうではないか。そして、とどのつまりは、あのように完膚なきまでに叩きのめされ、苦汁を飲まなければならなかったのだ。

それにしても、嵐が過ぎ去ったいま、いろいろな思いがよぎる。

昭和一一年、空母「加賀」にN少佐という飛行隊長がいた。航空母艦は港に入ると商売にならないので、あらかじめ陸地近くに帰ると飛行機隊だけをもよりの航空隊へ飛ばし、そこで基地訓練をやる。このときもそうだった。佐世保入港だったので、飛行機は大村に揚げ、そこで訓練することになった。

それには、艦から必要な基地物件や整備員などの基地員も大村空へ運ばなければならない。飛行科の仕事だ。先任飛行隊長であるN少佐はその責任者になり、港務部から運貨船を貸りると、その運航指揮官の役を負わされた。

といえば簡単に聞こえるが、通路にあたる針尾水道は弁天島のところで九〇度に曲がる、潮が早くて事故の多い難所だ。しかし、飛行機屋N少佐は、巧みに憩流時を選び、熟練した艇長の操舵に支えられて無事、任務をやりとげたそうである。しかも最後には、そのベテラン艇長でさえも尻ごみする、夜間通過までやってのけたという。

N少佐は兵学校五〇期卒、初級士官時代に三年半、たっぷり潮気を吸い、しぶきを浴びた船乗りだったのだ。もしも戦争末期のように、艦船勤務をまったく経験しないで海軍大尉になった飛行士官に、これと同じことをやれといったら、さて、どんなことになったであろうか。

パイロット速成、是か非か

「艦上機乗りになって、母艦勤務をしなかったら、デカイ面をして通りも歩けない」

戦前の海軍ではこんなふうに思われていた。操縦員仲間ではことに、そうだったようだ。大正時代、吉良俊一大尉がはじめて「鳳翔」着艦に成功してからしばらくは、空母へ降りることはエラク難しいことと考えられていたらしい。昭和の初年ごろは、飛行学生や操縦練習生の教程修了後、〝一年以上、陸上航空隊デ艦上機ノ経験〟をつんでから、母艦搭乗員に選ばれるのが原則だった。

しかしその後、昭和四年四月に、〝相当、艦上機ノ経験ヲ有スル者〟と、制約が緩められたのか強められたのかわからないような改められ方をした。学術の進歩にはモルモットを要求することがある。母艦着艦は学問ではないが、進歩発達には、やはりそんなものも要求する技術だった。そして新しい実験があれば、海軍ではまず士官自らがあたった。この規則改正で、飛行学生修了後たった二ヵ月のヒナドリみたいな若輩二人が選出され、母艦の背中に飛び降りてみることになったのだ。

それが例の源田実、当時中尉と、のちに不世出の飛行機隊指揮官とうたわれた入佐俊家中尉だった。ともに海兵五二期生。そしてこの二人のモルモットの成績はなかなかよかったようである。指導、訓練さえ適切であれば、わりあい短期間で母艦乗りになしうるとの結論を導き出せた。明るい実験結果ではあった。

さらに、戦争の始まる前年、昭和一五年には、ついに飛行学生の実用機教程を卒えると同時に、空母パイロットにしてみる、という思いきったテストケースもとび出した。

だが、どんなものだろう。飛行機は高速化するいっぽうであり、さらに夜間着艦もするとなれば、こういう極端な急速養成方式は好ましいやり方ではなかったのではないか。ウィスキーだって長い年月をかけたほうが、いい酒ができるのである。学生修了、即母艦機乗り。まあ、試みとしては価値ある実験だったであろうが。

「海軍には車輪のついた飛行機はいらない。フロートのついたヤツがあればそれでよい」

大ムカシにはこんなこともいわれたらしい。が、航空の進歩は空母にのせる艦上機どころか、陸上基地だけでしか発着できない飛行機を海軍に持たせるまでになった。昭和一〇年前後に出現した陸上攻撃機がそれだ。のちには陸上戦闘機、陸上爆撃機まで現われてきた。

得猪治郎中佐、新田慎一中佐たちがその陸攻隊を育てあげたのだが、かつて着艦モルモットになった入佐俊家中佐も、そこの大立物だった。飛行長ともなれば地上指揮をとるのがふつうだったが、彼は、一中隊一番機を操縦して自ら攻撃のトップに立つことが多かった。

三角形に張った大きな編隊で変針するとき、先頭指揮官がそのままの速力で突っ走れば、外側後端に位置する列機は振り落とされ、敵戦闘機の絶好のエジキになるのはわかりきったことだ。

（陸攻機の編隊）

だが、図体の大きい、そして駿足とはいえない攻撃機が、群れをなして敵弾の雨をかいくぐらなければならないとき、誰しも、一刻も早く危地を脱け出したくなる。それなのに、先頭機の入佐中佐はぐっとスロットルを絞って速力をゆるめ、絶対に落ちこぼれを出さないようガッチリ編隊を固めていくのだった。

彼はこういうように部下を大事にし、しかも戦さ上手だったので、部隊の士気はいやが上にもあがった。生前に授与された個人感状は二回。

しかし、それを、手柄顔にベラベラしゃべる人ではなかった。〝黙って俺についてこい〟タイプの行動は、周囲から絶大な信望を得ていた。

こんな入佐中佐だったが、昭和一九年、サイパン沖海戦で、空母「大鳳」の飛行長として残念にも戦死してしまった。

死後、稀有といってよい三度目の個人感状に輝き、五二期生中ただ一人の二階級特進者として海軍少将になった。

しかし、なかにはわが身が危険とさとるや、逆にスロットルを開いて増速させた飛行機隊指揮官もあった。

これでは、置き去りにされる部下はたまらない。さっそくこの分隊長に、隊員たちが奉った仇名は「○○スロットル」。もちろん○○とは、その士官の苗字だ。

部下兵員が上官を見る眼は辛辣で厳しい。ときには冷笑的ですらある。ほかにも「△△揚子江」「韋駄天(いだてん)の□□」……いろいろあったようだ。その指揮官が敵地上空でどんなふるまいをしたか、およその察しがつくではないか。

横道にそれてしまったが、陸攻隊にもやはり独特の雰囲気が育っていった。陸上航空基地だけで暮らすので、土の匂いが次第にしみこんでいく。海の香りが少しずつ消えていってしまうのだ。

戦略的、戦術的考え方まで多分に空軍化していったようだが、それもあるていど止むを得ないことではあった。

陸上攻撃機、通称〝中攻〟の操縦員は、もともと艦攻など他機種に乗った搭乗員を、木更津航空隊で四ヵ月ほど教育して養成するのが建て前だった。

が、戦争後半ごろからは、飛行学生で赤とんぼの練習機教程をおえると、いきなりあのデカイ中攻の操縦練習をさせる、そんな無理を強行するようになっていた。戦争は残酷である。

飛行機屋も艦長に

さて、いままでに、テッポー屋、水雷屋、航海屋の典型的なコースを見たが、こんどは、飛行機屋の足どりをたどってみたい。19表にそんな彼らの代表として、海兵五一期生から、三例ばかり掲げてみた。

一人は例のクラス・ヘッド飛行機屋樋端大佐。海兵も海大も恩賜で卒業した超抜群秀才の歩みはなんとも華麗である。フランス駐在を間にはさみ、実施部隊と海軍省や軍令部、いわゆる〝赤煉瓦〟の間をバランスよく往復している。もしも前線視察で戦死せず、そして日本海軍が存続したならば、空母の艦長をへて中将、大将への栄進は絶対に間違いないところであったろう。

A大佐は根っからの水上機パイロット。表中の鹿島空とは水上機の練習航空隊である。B大佐は艦上爆撃機育ての親といわれた士官だった。お二人とも航空隊と艦船の勤務ばかり、潮気とガソリンの臭いがプンプンするような経歴ではないか。真のタタカウ戦士である。

こうした飛行将校たちは、いったん空中に飛び上がると何十機もの飛行機隊をリードしながら、そのうえ下士官兵とまったく同じに、操縦員や偵察員の仕事もしなければならない特殊性があった。

これは他科のオフィサーとだんぜん違う特徴だった。となると、肉体的にも精神的にも、その任務は大きな荷重となる。三十なかばを過ぎ、四十になってまで、カラス、トンビのまねをするのはかなりホネだった。

19表　代表的な飛行機屋のコース

調査年月	樋端大佐	A　大　佐	B　大　佐
昭和2年2月	霞空飛行学生		横　空　付
3年2月	横　空　付	霞空飛行学生	霞空付・教官
4年2月	霞空教官	佐世保空付	〃
5年2月	仏国駐在	由良・乗組	加賀・乗組
6年2月	仏国武官補佐官	迅鯨・乗組	赤城・乗組
7年1月	軍令部参謀	練空・高等科学生	霞空付・教官
8年1月	横空分隊長・教官	館空・分隊長	〃
9年1月	海大甲種学生	神威・分隊長	霞空・分隊長
10年1月	〃	〃	龍驤・分隊長
11年1月	軍令部出仕・部員	霞空・飛行隊長	龍驤・飛行隊長
12年1月	〃	長門・飛行長	霞空・飛行隊長
13年1月	支那方面艦隊参謀	館空・飛行隊長	〃
14年1月	連合艦隊参謀		
15年1月	15空・飛行長	長門・飛行長	蒼龍・飛行長
16年11月	軍務局員	鹿島空・飛行長	翔鶴・飛行長
17年11月	連合艦隊参謀	航空本部・部員	宇佐空・飛行長
19年11月	――――	901空・司令	323空・司令

空母でも陸上航空隊でも、規則では、「飛行隊長」の階級は中佐もしくは少佐となっていたが、そんなわけでじっさいは少佐か大尉だった。

「航空機搭乗員技量調査表」という、個人ごとに飛行時間数や着艦操縦回数、上司による成績所見などが書きこまれるエンマ帳みたいなものがあったが、それも対象は少佐まで。ということは、海軍の飛行機屋社会では、中佐以上はもうオジンだったのだ。

南雲艦隊で、淵田美津雄サンが中佐で飛行隊長となり、攻撃の総指揮をとっていたのは、だから異例の人事といえた。その後の母艦では、そんなエラすぎる隊長は見あたらない。サイパン沖海戦でも、第一機動艦隊から飛び立った空中指揮官たちは、淵田大佐より兵学校が一〇期から一二期下の若い少佐だった。

ところで、「海軍の飛行将校は、ほかの軍艦や陸戦隊などに勤務する一般の士官よりも、進級面で有利だったのか？」こんな風に聞く人がいる。

だが、答えは「ノー」である。たしかに下士官兵搭乗員の進級は、水兵や機関兵、看護兵といった他兵種にくらべてはやかった。

たとえば上等下士から准士官へ進むのに必要な「実役停年」は、一般は二年四月だったが、上等飛行兵曹は二年。そして一等、二等下士の停年はそれぞれ一年四月だったのに、一等、二等飛行兵曹の場合、各一年というようにだ。大戦後半ごろの実情でいうと、一緒に四等兵として海兵団へ入った仲間でも、水兵と飛行兵とでは、准士官になるとき平均的には二年ぐらいの差が生じていた。

しかし士官に関しては、たとえ戦闘を主務とする兵科であろうと、武器をとらない軍医科、主計科であろうと、また同じ兵科のなかでも、砲術、飛行、通信などの職種に関係なく進級停年は変わらなかったし、じっさいの進級にも差異を生ずることはなかった。部下を指揮し管理する士官の任務には、専門分野のちがいはあっても、その意義、重要度に高下はなく士官社会とはそうしたことにとらわれない、より次元の高い階層と考えていたのだ。

そして何度ものべたように、飛行機屋も兵科将校の一人。累進して海軍大佐になれば、〝海を家なる勇士（つわもの）の、務めは種々に変われども〟目の前におかれるご馳走は共通だった。艦長の職である。

といっても、さすがに飛行機屋の士官には、大砲を生命とする戦艦や巡洋艦艦長のお鉢はまわってこなかった。航空母艦あるいは水上機母艦の艦長になる。

彼らも飛行士官として、航空隊司令になるのは当然のことと思っていただろうが、海上へ出ても艦長のポストがあたえられるとは、ずいぶん恵まれた話ではあった。両手に花だ。海軍将校として、これほどの快はなかったであろう。だが、手ばなしで喜んでばかりはいられない。

「……艦長は部下の訓練を監督するだけの存在ではない。一艦の運命を左右する操艦法の熟達が彼に課せられた絶対の義務である。私はまず三万トンという図体の大きさにけおされた。そのうえ航空母艦という船は、むやみに背ばかり高くて、強風にあうとたちまち帆かけ舟のように流されるばかりでなく、艦橋が右舷の端にあるので、操艦の見当が狂って時々ヘマをやりかけた。

出入港のさい、狭い港内をたくさんの僚艦の間を縫っていくときなど、思わず知らず脇の下に汗がわいた。私のかたわらで補助をしている航海長が、ヒヤヒヤして手を出しかけることもしばしばだった……」

「飛鷹」艦長に補せられた、海兵四六期・第七期航空術学生出身の横井俊之大佐の思い出だ。威勢のよいことでは駆逐艦乗りと双璧をなす飛行機屋だが、さすがに慣れないフネの操縦には身のやせる思いをしたようだ。ほかにも飛行機出身の母艦艦長の苦労話は多い。こうした体験をつんで、彼らの指揮官としての器量は一段と大きくなっていったのだ。

従兵、俺にも一本

いまの、わが自衛隊のパイロットは、フライトのある前日は酒を飲まないという話だ。が、往時はそうではなかった。

「ゆうべ飲みすぎちゃって、どうも調子がよくねぇ」

指揮所の椅子に腰を下ろしながら、隣りの士官にささやきかける飛行機屋も珍しくなかったのだ。

だが、前の晩浴びるほど飲っても翌日はケロッとして、勤務に精励するのが海軍軍人のおきてだった。二日酔いでどんなに胸がムカムカしても顔には出さず、シレッとして働かなければならないのだ。ここが海軍士官のツライところだった。

海軍と酒、船乗りと酒、これはきってもきれない仲のようだ。

航海技術が発達していなかった昔、小さな船で一歩海にのり出せば、そこは、板子一枚下は地獄の、死と隣りあわせの世界だった。

となれば、陸（おか）に上がったときはついつい酒に手がのび、それもトコトンまで飲んで命の洗濯をすることになる。それはふたたび海に乗り出し、命がけの仕事をする男たちには、ぜひとも必要なリフレッシャーだったかもしれない。

板子が鉄板となり、帆かけ舟が大きな蒸気船にかわっても、こういう習慣は、かんたんには男の世界から消えてはいかなかった。海での生活がずいぶん安全になったとはいっても、何日も何十日も、タタミの暮らしから離れて、なにかと不自由な日常を強いられることに変わりはなかったからだ。

四六時中、鉄箱の中で波に翻弄され、ペンキと油とその他もろもろの臭いになやまされれば、土の香り、町の空気をかいだとたん、心が浮かれ、一杯やりたくなるのも人情だろう。いや、入港まじかになれば、上陸（あが）らないうちからみんなその気十分になっている。艦（フネ）には飲み助を育てあげる雰囲気が満ち満ちていたのだ。

「さ、どうぞ、海軍サンの強いのはわかってますから、グッとやって下さい。グーッと」

シャバの人と席をともにする機会があると、ことに若い士官は、このよき伝統と名誉（?）を傷つけまいとして、無理してでも飲んだ。こんなことをくり返すうちに、ますます

腕があがっていく。海軍士官に酒豪が多いといわれたのもムベなるかな、だった。そしてその伝統はすたるどころか、ついに海軍がなくなるまで立派にうけつがれていったのだ。

日本海軍の場合、艦内でも酒を飲むことができた。といっても、毎日、毎晩というわけにはいかなかった。全将兵が訓練に精進する作業地での艦隊で、

「おい、従兵、熱いのをドンドン持ってこい」

なんて、ガンルームの威勢のいいのが気勢をあげられたのは祝祭日だけ。兵員室のほうもそうだった。作業地碇泊中の艦内では、夕方酒保は開かれても、酒類の販売は許されなかった。だから、大威張りで彼らが居住区で酒を飲めるのは、母港や休養地、補給地に入ったときか、通常航海のときだけだった。

その日の作業が終わった夕暮れどき、士官室のテーブルでは、

「従兵、二本つけろ」

「俺にもだ」

あちこちから声がかかる。それを受けた従兵は、のれんのかかった食器室の窓口に、「水

雷長、酒二本、猪口二コ」などと伝える。さっそくそこでお燗がつけられ、盆にのせて運ばれてくる。従兵長は帳面を開き、士官たちめいめいの欄に数量をこくめいに記入していく。一日の疲れがほぐされる、楽しいひとときだった。

だが、艦内での飲酒にはおのずから節度があった。海上にある艦船は、碇泊していても、いつなんどき緊急出港の事態が生ずるかわからない。そのとき、もしみんなが酔いつぶれているようなことがあったとしたら、船乗りとして、海軍軍人として最高の恥さらしになるではないか。艦内における酒は、いかなる場合でも応急部署の指揮をとれる範囲にとどめておく、のが士官のたしなみとされていた。

こんなことをおもんぱかってかどうかは知らないが、アメリカ海軍では、艦内飲酒は厳禁されているそうだ。

戦後のニュー・ネービー、海上自衛隊もアメリカ流だ。あるとき、アチラの海軍士官が、コチラの海自士官にたずねた。

「ところで、きみたちの艦は、酒はどうなっているんだい？」

「もちろん、アメリカ海軍を見習って、艦内は禁酒です」胸を軽くそらして彼は答えた。

その米海軍士官、憮然として曰く、

「つまらないことを真似したもんだなぁ」

敗戦後まもなくのことだが、わが戦艦「長門」へ連絡にきた向こうの士官が、山ほど貯蔵されていた酒やビールのたぐいを見て、目をまるくしてビックリしたという。

車夫君こんどはキミが乗れ

アルコールのはなしになってしまったが、ものはついでということもある、もう少し続けてみよう。

因縁浅からざる酒とのあいだには、いつのまにか海軍独特のつきあいかたができ上がっていた。〝ケジメ〟のある飲み方をする。これが基本的な姿勢だったろう。

許可時間中はゆっくり酒で気分をほぐしてよいが、いったん公務につくときは正気にもどる。もどれる程度に飲む。そして上陸したときは、飲めればいくら飲んでもよい。ただし、あくまでも海軍軍人としての威厳を失墜しない範囲においてである。というのが、海軍流飲酒法だったようだ。

「おい、車夫君。きょうは君が俥(くるま)に乗れ、俺が引っぱる」

すっかりきこしめした一人の青年海軍中尉が、いやがる車夫をむりやり人力車に乗せた。そして、ゲラゲラ笑う人々を尻目に、軍服姿のまま横須賀は大滝町の街なかをカジ棒にぎって走り出した。それも一度や二度ではなく、軍港衛兵もひとかたならず手をやいていたらしい。

こんなケタはずれなことをやらかしたのは、大戦中ガダルカナルで、のちに米軍ヘンダーソン飛行場となる滑走路をつくった、O中佐の若かったころの姿である。彼は飛行機出身、酒の上の奇行が多く、海軍の名士といわれた人だった。とうじ、「士官にあるまじき所行だ」「いや、どうってこともないんじゃないか」いろいろ取り沙汰されたようだ。が、奇矯なふるまいではあったにしても、別に海軍士官の威厳を失した行為とは思えない。むしろ、愛すべき稚気のほとばしりとみてよいのではなかったか。

ともあれ、海軍には酒の上での逸話はすこぶる多い。二人して、徹夜で五升あけたとか、あるいは二晩、三晩と〝連日居続け（カーレント）〟で飲んだ勇士（?）の話とか。

昭和初年の冬のある朝、まだ暗いうちから霞ヶ浦の飛行場上空を、一台の飛行機がブンブン飛びまわった。

「うるさいなぁ、なんだ今ごろ」

みんな眼をさまして飛び出し、空を見上げた。

人さわがせなその飛行機は、着陸しようと降りてくるのだが、どういうわけかフラフラして墜っこちそうになり、また飛び上がっていく。やっと何回目かに、ようやく無事に着陸した。

機内から出てきたのは、ドテラを着込み、真っ赤な顔をしたK中尉だった。

前夜、仲間と飲んでいるうち、戦闘機の夜間着陸の問題で議論になり、「では、俺が実験してみる」ということになった。持っていた鍵で格納庫をあけ、彼は寒い夜空に舞いあがったものらしい。深酒をしているからあっちへフラフラこっちへフラフラ、とても夜間着陸どころではない。だが、二時間ばかりお星さまとダンスをして酔いをさまし、ようやくのことに降りてきたというわけだった。

青年士官らしい熱と意気は大いに買われたが、ドテラに下駄ばきの無断夜間飛行は軍紀壊乱である。ただちに懲罰を申しつけられたというはなしだ。

太平洋戦争終戦時の軍令部総長であった豊田副武大将は、愛想のないことで有名だった。「わたしのような、ぶっきらぼうでつき合いの悪い男は、酒でも飲んですきだらけのところを見せなければ、誰も寄りついてくれないよ」

とつねづね語っていたそうだ。酒のもつ効用の一面をよく知っていたのだ。

男の社会は、多かれすくなかれどこでもそうだろうが、酒は左右、上下を結びつけるよいロープとなり、疎通をよくするパイプ役をはたしてくれる。

強烈に男性的な社会、海軍では、とくにその度合いが強かった。だから、下戸はそんなとき、はなはだ困ることになる。

でも、あの山本五十六大将は、体質的に酒が飲めなかったらしいが、「酒席に連なるに何の苦痛もわだかまりも無之」と手紙に書いている。みずからは徳利に茶を入れておいて盃につぎ、飲み助の相手をしたのだという。そうして、海軍らしいコミュニケーションの場を、十分だいじにしていたそうだ。

しかし、ときにはあんまり飲み過ぎ、かえって部下を悩ませるおエラ方もないではなかった。ノーマークだが水雷界のたたきあげ、G提督がそんな一人だった。

彼はどうも酒の誘惑に弱く、ひとたび飲みだすと止どまるところを知らなかった。上陸すると何も食わずにひたすら酒だけを飲み、いわゆるカーレントをする。某戦隊司令官時代、出港まぎわまで飲みつづけ、酔眼朦朧（もうろう）、ようやく舷梯を助けあげられるように帰艦し、実施予定の恒例検閲を取り止める、という事態をひきおこしたこともあった。

しかし、平素のG少将は、訓示、命令などは必要と思われる要点だけを幕僚に示し、あとは一切口を出さない。失敗があっても、その責任はすべて自分にあるとし、参謀を責めるようなことはなかった。

そして出動訓練になると、戦機の動きをつかむのがはやく、霊感的ともいえる判断のよさは、他の人の追随を許さぬものがあったそうだ。厳然と艦橋の一角に佇立し、何日でも艦橋から離れない。部下の報告や届け出にうなずくほか、終始無言。

夜間襲撃のときなどは、いかに強風が吹き

まいても、自分の前のガラス窓をぜんぶ開けさせ、毅然とした態度でじっと戦況を見まもった。艦橋の空気はおのずからピリピリと、厳粛に引きしまったものだという。まれにみる、実戦型提督との評判をとっていた。

そんな素晴らしいアドミラルだったが、問題は、人に迷惑をかけるような酒の飲み方にあった。

別府湾に休養のため入ったあるときなどは、例の居続けで、あわや〝後発航期〟の大問題になりかねないような、飲んべーぶりを発揮したこともあった。他の部隊はみな出港し、自分の戦隊だけが淋しく湾内に残っていたのだ。

そんなわけで、作業地への入港はだいぶ遅れてしまった。が、山本五十六GF長官からその戦隊の幕僚に、

「〇〇参謀、よく司令官をお守りしてくれよ」

と、ただ一言あっただけで、おとがめはなかったそうだ。よほど信任が厚かったものらしい。

酒の飲み方というのは、簡単なようでなかなか難しいものである。

が、いずれにしても、

〝灯台一つかわれば、チョンガー〟

いったん出港すれば、陸で浴びるほど飲んだ酒もふっきって、艦隊の将兵は訓練に作業にいそしむ。そこに、海軍の海軍らしい姿があった。

潜水艦勤務絶対不望

太平洋戦争が始まる何年か前のはなし。筆者がまだ児童（こども）だったころ、小学校の先生はこんな風に話して、われわれに聞かせた。

「アメリカ人は体がデカく、ぜいたくな暮らしに慣れている。だから窮屈で不自由な潜水艦に乗るのを嫌い、戦争になっても大して役に立たないんだ。その反対に、日本人は小柄で敏捷、忍耐心が強いから、潜水艦乗りには最適なんだ」

だが、いざ戦争が始まってみるととんでもない。日本の国民生活がギューッと締めあげられてしまったその大きな原因は、彼らの潜水艦の活発な活動にあった。そして、日本側潜水艦の働きは前評判のほどもなかったことが、戦後明らかにされた。

どうして、そんなことになってしまったのか？

いろいろ理由もあろうが、日本人の潜水艦への適応性、さらにつっこんで日本人の本質的な特性、こんなこともあらためて、じっくり検討しなおしてみる必要がありそうな気がする。

それはそれとして、大正のころ、なぜかわが海軍の潜水艦界には、だいぶジメジメした空気が漂っていたという。そんなことからか、なかには将来配置として、〝潜水艦勤務絶対不望〟と表明した青年士官もいた。

のっけからだが、20表を見ていただこう。兵学校を大正の後半から昭和初期にかけて卒業した五クラスのなかから、どんがめ士官への道を進んだ人たちの数を、卒業成績別に分けて示したものだ。そういう空気を裏書きするかのように、大正時代に海兵を出た、五一期以前のクラスからは、どうも成績順位のよい人のもぐり屋志願が少ないようだ。とかく、こういう風潮は悪循環を招きやすく、それがまた沈滞ムードに輪をかけていたかもしれない。
ところが、大正一二年ごろから少しずつ海軍の方針が変わり、できるだけ多くの青年士官に潜水艦勤務をさせるようになった。これは海軍全般から見て大変よいことだった。水上艦艇との相互理解が進み、明朗化に役立つ。大正から昭和への切りかわり当時は、艦隊決戦に先立って、敵根拠地の監視に潜水艦を張りつけ、出撃してくる敵艦隊を追躡(ついしょう)、触接する戦法がようやく定着しだした時代だった。

少尉の二年目になってどんがめの空気を吸わせるのだが、配置は砲術長兼通信長。ということ、いかにも聞こえはよいが、ヘッポコ少尉に、人事局からそんな立派な辞令が出るわけがない。いわゆる職務執行という、艦内限りの名称だった。正式辞令は「補伊号第〇潜水艦乗組」である。

この配置はいわば新前士官に潜水艦を勉強させるためのものだった。ときには中尉になってから乗り組んできて、いきなり航海長をやる人もいた。したがって、彼らはまだホンモノのもぐり屋とはいえない。以前にも書いたが、空の軍神とたたえられた南郷茂章少佐も、中尉のとき、第七潜水隊付として「伊号一潜」「伊号二潜」で四ヵ月ばかり、こんな勤務をやったことがある。

そのころの潜水艦の生活はなんともひどかったらしい。厠(かわや)なども後甲板の舷外に張り出してつくり、ケンパスで周囲を簡単にかこう仮設便所だ。烹炊所は艦内にあったが、米を洗うときは清水節約のため、その乗り出し式トイレの近くの海水を汲みあげて使ったという。これには、大ていのことには驚かないさすがの猛者どもも、馴れないうちは気持が悪かったそうだ。

だが、そんな環境で、少ない人数の主計兵が限られた材料で全員の御飯をこしらえるのだ。士官だからといって、ナイフ・フォークのフルコースの昼食とシャレこむわけにはいかない。

20表　潜水艦屋になった兵科士官

順位（パーセント）＼クラス	48期	50期	51期	55期	58期
20 以 内	3 (2)	1 (1)	1	4 (1)	2 (1)
20をこえ 40以内	3	4 (3)	5 (3)	2 (1)	3 (3)
40をこえ 60以内	5 (1)	4 (1)	3 (3)	1 (1)	1 (1)
60をこえ 80以内	3 (2)	1	2 (2)	──	1
80をこえ 100以内	1 (1)	1 (1)	7 (4)	──	1 (1)
計	15 (6)	11 (6)	18 (12)	7 (3)	8 (6)

注：(　) 内は，うち戦没，殉職した人数

たとえば、昭和七年当時、「伊号五潜」では、准士官以上一一人、下士官兵五五人、全員で六六人の乗組のところに、主計兵はたったの一人だった。必然的に兵食＝士官食になる。この習慣はのちのちまでも続く。それは潜水艦特有のものだったが、一事が万事、おのずからムードは家庭的となり、兵員の間にも、他艦にありがちな陰湿な制裁はまったくといっていいほど、なかったそうだ。

舷窓ひとつない狭い艦内は、文字どおり高温多湿となる。平時、作業地に入り連続数日間の碇泊が予定さ

れるときは、上甲板に食卓を移して食べ、そこで寝るという、紀律のやかましい「軍艦」ではついぞ見られない風景が展開された。

こんなアット・ホームな気風にひかれてか、はじめは及び腰だったのに、潜水艦をついの棲家(すみか)にしようと考える奇特な御仁もあらわれてくる。

モットーは〝明朗闊達(お)〟

砲術学校や水雷学校の高等科学生を卒えて専門を身につけることは、もう記したところだ。だが、さらに、高水卒業生のなかから、潜水学校「乙種学生」に入り、四ヵ月ほど勉強ののち潜水艦社会へ身を投じてくる士官、これが本当の〝どんがめ士官〟だった。

したがって、兵科の潜水艦士官の本流は水雷屋だった。だが、その後の海中での暮らしぶりはどんがめ士官の性格を変えていく。いや、むしろそういう素質のある者をもぐり屋にとったといえるかもしれない。なんといっても、そこには派手さはなく、忍耐、我慢が強いられる。彼らは同じ水雷マークをつけていても、パーッと威勢のよい駆逐艦乗りとは、およそ対照的なタイプとなっていった。仕事がら地味で、堅実で、非常に綿密にならざるを得なかったのだ。もっとも、駆逐艦の水雷屋だって緻密さを要求されてはいたが。

だが、たまには水雷学校出身でない将校もまじってくる。太平洋戦争中、米空母ワスプを撃沈したり、「伊二九潜」でインド洋、大西洋をこえドイツへ行った木梨鷹一少将がそんな数少ない一人だ。

訪独の帰途、シンガポールから内地へ向けて航海中、台湾海峡で敵潜水艦の魚雷襲撃をうけ、残念にも戦死してしまった。二階級特進で海軍少将になったのだが、彼は航海学生の出身だった。

ついでにいうと、潜水艦長出身で〝武功抜群ニヨリ〟二階級進級した人は、ほかに二人いる。一人は海兵五〇期の松村寛治大佐（中将）、いま一人は五四期生の福村利明中佐（少将）だ。

松村中将は多数艦船撃沈破の功績を賞されたのだが、こんなこともあったそうだ。

昭和一七年六月、「伊二一潜」艦長としてオーストラリア東岸を行動していた。ニューカッスル沖で日没後、大型商船を発見、隠忍苦闘、四時間あまりひそかに追跡して近寄ってみると、あにはからんや赤十字を掲げた病院船だった。艦長は襲撃行動を中止した。

艦内はざわめいた。わが方の病院船が攻撃を受けて沈められた直後のころだった。乗員は「敵だってやったじゃないか。お互いさまだ、やれやれ」といきりたったという。しかし、松村艦長は司令塔で毅然として言った。

「敵がどんな仕打ちをしようと、国際法は国際法だ。赤十字を認め、病院船と確認した以上、人道を無視した行動はとれない。……」（『日本海軍潜水艦史』）

福村少将も多数艦船撃沈者だった。

昭和一八年二月から一〇ヵ月間、インド洋方面の交通破壊戦に従事し、特設砲艦一隻、大型油槽船一隻、大型船七隻、中型船二隻を沈めたのだ。

単艦で驚くほどの戦果をあげたものだが、交通破壊戦での感状授与は彼が初めてだった。そして水雷屋でなく、航海屋出身でもあった。

ところで、20表にご覧の通り、戦前、潜水艦乗りになるオフィサーは少なかった。飛行機屋になる人数のおよそ三分の一前後だった。しかし、世帯の小ぢんまりしていることは、仲間の親密さを増すのに役立ち、それはクラスの垣根や階級の上下をこえて深まっていった。

ちなみに海軍潜水学校には、〝質実剛健〟〝堅忍不抜〟〝沈着機敏〟〝明朗闊達〟の四モットーが掲げられていたが、このうちいちばん強調されたのは明朗闊達だったそうだ。

意外に思えるが、いわれてみればなるほどという感じもする。潜水艦の下士官や兵はソラをついて人をかついだり、大ボラを吹いて笑わせるのが得意だったそうだが、一つの生活の知恵であったろう。

先任将校＝潜航指揮官

潜水学校乙種学生というコースは、「海軍水雷学校高等科学生教程ヲ修了シタル者又ハ之ニ準スヘキ兵科尉官ニ就キ潜水艦乗組兵科将校トシテ其ノ職務ヲ遂行スルニ必要ナル事項ヲ修習セシムル」のを目的としていた。規則では、こうしかつめらしく定められていたが、より具体的にいえば、潜水艦水雷長となり、かつ先任将校となる兵科士官を養成する課程だった。

「小型艦での先任将校」。軍艦でいえば副長に相当するこのポストは、潜水艦ではことのほか重要だった。なんとなれば、サブマリンの生命といえる潜航が、いかに安定した状態で実施できるかどうか、それは一にかかって「潜航指揮官」の任にもつかなければならない、彼、先任将校の指揮手腕にあったからだ。

かつて、暗いといわれた潜水艦社会の空気も、やがて次第に明るくなっていった。20表でも分かるように、五五期、五八期では若手の優秀な士官がどんがめ乗りになっている。

質実剛健、明朗闊達な乗員の乗る大きな潜水艦。だが、フネが大きくなればなったで、乗組も数が増えるから、狭くて居住性の劣ることに変わりはなかった。大戦中の話だが、ドイツのUボート乗員には胸部疾患が非常に少なかったのに反し、わが潜水艦ではこれがとても多かったという。ジャガイモにバターではすませない、日本人の食べ物の関係もあったのだろうか？　もぐり屋の苦労は水上艦の何層倍も大きかった。

平時、艦隊訓練のとき、先遣部隊の役をする潜水艦の出動は必ず他部隊より一足早く、そして入港は一番ビリ。だから上陸して、大艦のクラス仲間にでも会うと、

「なんだ、御殿みたいなデカイ艦に乗っていて。そのくせ出てくるときはあと、入るときは真っ先じゃねえか。一杯オゴレ」

こんな冗談が若いどんがめ士官の口から飛び出した。

そういうわけで、潜水艦が港に入ったときの彼らは、当直の日以外は随時、潜水母艦のガ

シルームへいってゆっくりとくつろぐ。そこには、寝室も大きな部屋があり、めいめいに定められたベッドがあった。士官室士官には専用の私室が設けられていた。互いに酒をくみかわし、談笑し、疲れをいやし、そして再びあざらしのように潜っていくシステムになっていたのだ。

したがって彼らには、給与面でも特別の考慮が払われていた。航海加俸というのを御存知であろう。

要するにこれは、その艦船が定係港を基点にして、地球上のどこにいるかによって戴ける額に違いのある手当だった。四区分あって、むろん遠くへ行くほど多くなる。さらに一区分は艦種によって四区分されており、潜水艦乗員がもっとも多額だったのだ。そして、いうまでもなかろうが、同一条件でも、階級が上になるほど多くなっていた。

たとえば「伊号〇潜」が大西洋へ派遣されたと仮定する。その先任将校A大尉は日額一三円の加俸をいただけるが、もし彼が巡洋艦でそこへ行ったとすると、半分の六円五〇銭に減ってしまうのだ。

ほかに戦争中にできた潜水艦特別任務加俸というのがあったが、こちらは行動地域に関係なく、また階級ごとに細分もしてなかった。

一日当たり将官二円五〇銭、佐官二円、尉官特務士官一円五〇銭、候補生・准士官一円二〇銭、下士官一円、兵六〇銭の手当だった。

したがって、海軍軍人のなかでも飛行機乗りと潜水艦乗りがいちばん金まわりがよかった。だから、潜水艦搭載機の飛行士官なんていうのは、手当・手当でいつも財布のなかには、百円札が団体で入っていたのではなかったろうか。

冗談はさておき、潜水艦乗組員の損耗率は、はなはだ高かった。20表だけから見ても、五五パーセントの士官が、戦死、殉職している。もっと時代の下がった海兵六六期生は、太平洋戦争を中尉、大尉、少佐の働きざかりとして過ごした世代だが、二一九人中の四九名が潜水艦マークをつけた。そして、そのうちの七八パーセント、三八名が散華してしまった。激甚な消耗、という言葉がまさにあてはまる。

開戦時、日本の保有潜水艦は六四隻だった。戦中、そのほぼ二倍の一二六隻が建造されたが、敗戦時残存していたのは五九隻、じつに一三一隻におよぶ驚くべき数の潜水艦を喪失したのであった。

難きかな〝潜水艦長〟

どんがめ士官が先任将校として、潜水艦かなめの勤務をやりおえると、ふつうならば、こんどは潜水艦長へ進むことになる。大尉も古参、少佐の二本スジの襟章がつくのも近い。

そのためのコースが潜水学校「甲種学生」だった。もぐり屋士官しあげの課程である。潜校乙種学生を修了した者もしくはこれに準ずる者で、少佐か大尉であることが入校資格になっていた。六ヵ月ほど戦術、潜水艦の操縦、航海、船体兵器、機関などを学んで、サブマリン・キャプテンの勉強をするわけだった。

それにしても、一人の潜水艦長をつくるには、ずいぶん手数のかかるものだと、あらためてびっくりする。ほかの水雷屋なら高水を卒えれば、これで一応、正規の教育は終わりだが、こちらはさらに潜校で二回も修業しなければならないのだ。

大正の末いらい、こんなやり方で彼らを養成してきたのだが、開戦まもない昭和一七年二月に潜水学校の制度が変わった。甲種学生はそのままだったが、水雷学校高等科学生課程と従来の潜校乙種学生を組み合わせて、新たに潜水学校「高等科学生」をつくったのだ。だから、これ以後の潜水艦屋は、水雷屋とは完全に別系統になったわけだった。

そして、兵学校を卒業して日の浅い少尉、中尉を乗組将校にするための「普通科学生」も新設された。それまでは、若手士官をいきなり潜水艦に乗せ、ちょうど自動車の助手台に未

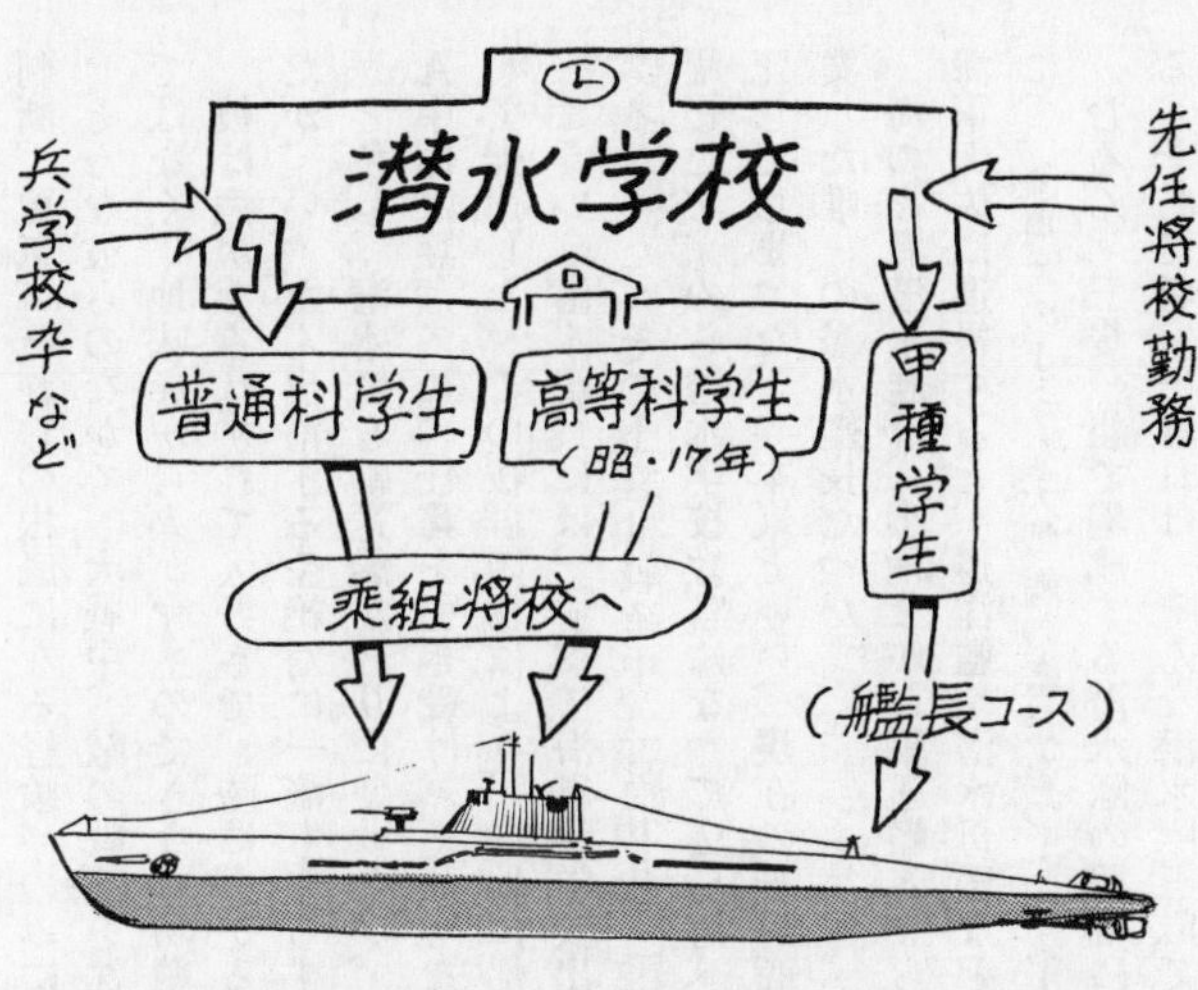

経験者をすわらせ、路上に出て実地に教えこむようなやり方をしていた。が、こんどは教習所で組織だった教育をし、効率よく養成しようという方式にしたのだ。

そのころは戦争もまだせっぱつまった状態におち入っていたわけではなかったが、潜水艦を急増勢させるため、このような手段をとったのであろう。戦中、わが海軍では、潜水艦乗員の二倍定員化をめざしていたのだ。

戦前は、この甲種学生に進まず、乙種学生のみの経歴で艦長になる人もいたが、多くは甲種コースをふんでいた。古参大尉か若い少佐時代は呂号潜からはじまり、艦隊所属の大きい伊号潜の艦長には、中佐か古手の少佐があてられていた。

潜水艦長の責任はひときわ重い。会敵するまではともかくとして、そのあと襲撃に成功するか否かは、一本の潜望鏡をのぞく彼の眼、判断、勇気、それらの根底になる経験、のみにかかっているといってよかった。

そんな彼らのなかで、大戦中、敵の戦艦を沈めたとか空母を撃沈したとかの華やかな手柄ではなく、地味ながら人がマネのできない功績をあげたA中佐という潜水艦長がいた。

彼は酒がなみはずれて大好きで、陸に上がると、その方面での奇行がすこぶる多かった。だが、いったん出港するや絶対に一滴もやらず、命令にじつに忠実かつ勇敢だった。作戦輸送と称し、潜水艦を輸送船がわりに使ったが、これはどんがめ乗りみんなに嫌われた。が、A中佐は黙ってこの任務を引き受け、それもなんと二三回も実施し、しかも全回輸送に成功して帰還した。この抜群の功により、内地に帰ってから彼は拝謁の栄に浴した。

こういう潜水艦長には、すべて海軍兵学校出身の兵科将校がなったが、たった一人変わりダネがいた。その士官は戦争中、「呂五九潜」「伊一五六潜」「伊六三潜」の各艦長として活躍したが、のち潜水学校教官になって広島湾へ教務出動中、敵飛行機の銃撃で終戦直前に戦死してしまった。寺本巌といい、現在の神戸商船大学、戦前の神戸高等商船学校航海科を卒業した唯一の潜水艦長だった。

海の忍者潜水艦は、小柄ながら駆逐艦とならぶ決戦用の艦艇であることに変わりはない。海軍大佐に進級すると、巡洋艦や潜水母艦などの艦長になる。なかには三好輝彦大佐みたいに、「陸奥」のような大戦艦の艦長をつとめる人もいた。

むろん、三隻一組で編成する潜水隊の司令になるのは、もぐり屋士官、当然のコースである。そして将官になれば、そんな潜水隊三隊で一コ潜水戦隊をつくり、軽巡か潜水母艦の旗艦から指揮するのも、お定まりの進路だった。

〝両舷直〟士官のなげき

「あの人たちには苦労人が多かったから、なにか士官室でもめごとが起きたりすると、調停役になって円くおさめるのがうまかった。そして、本当に船乗りらしい船乗りは、ああいう人たちのなかにいたと思うよ」

大正の末に兵学校を卒業した、古い元海軍士官がこう語ってくれたことがある。

本書、いままでの話で、兵科将校の専門術科、テッポーとか通信とか、ほとんどの種類は出つくしたのだが、なかにはそういうマークを持たない士官もいた。専門がないのだ。「へぇ〜?」とケゲンな顔をなさる方がいるかもしれない。

なぜそんな人ができたかというと、原因は単純。海軍では兵学校出身者の全員を、各術科学校の高等科学生や飛行学生のどれかに採用したわけではなかったからだ。

いろいろ当局にも事情はあったろうが、ともかく各学校の入口を少々狭くしておいた。試験に落ちれば当然入校できず、大尉になっても、少佐になっても、士官名簿の右肩に専門を書き込めないオフィサーができてきたわけだ。いわゆる「ノーマーク」士官である。そしてこの人たちが、先ほどの話に出てきた〝苦労人のあの人たち〟なのだ。

またまた、海兵五〇期生に登場してもらおう。そのうち二七名がマークなしの士官になっ

21表　ノーマーク士官の経歴

調査年月	X 大佐	Y 大佐	Z 大佐
昭和３年２月	膠州・分隊長	葵・乗組	橡・乗組
４年２月	霧島・分隊長	青島・分隊長	夕張・分隊長
５年２月	神威・分隊長	竪田・乗組	如月・航海長
６年２月	加古・分隊長	名取・分隊長	比叡・分隊長
７年１月	朝日・分隊長	第１遣外艦隊司令部付	鳴戸・分隊長
８年１月	〃	那智・分隊長	駒橋・運用長
９年１月	長鯨・分隊長	浦風・砲術長	〃
10年１月	勝力・水雷長	〃	大湊防備隊・分隊長
11年１月	衣笠・運用長	青葉・運用長	横須賀防備隊・分隊長
12年１月	呉防備隊・分隊長	羽黒・運用長	〃
13年１月	膠州・運用長	三隈・運用長	２号掃海艇・艇長
14年１月		那智・運用長	
15年１月	石廊・運用長	高雄・運用長	佐世保防備隊・分隊長
16年１月	竪田・艦長	比良・艦長	羅津防備隊・水雷長
16年12月	呉港務部・部員	赤城・運用長	佐世保防備隊・機雷長

ている。兵科士官の本来的、オーソドックスな専門は砲術、水雷、通信、航海、飛行それから潜水艦の各学生に行って身につけたが、ちょっと脇道的なコースとして海軍大学校選科学生というのがあった。この話はあとで別セクションをつくってするが、これを卒えると「選」の肩書きがつき、そういう人は、五〇期に四名ほどいたので、実際のノーマーク士官は二三名となる。

しかしさらに、そのうちの一人は中尉時代、マサチューセッツ工科大学（ＭＩＴ）に留学して技術の勉強をしているので、純粋に専門教育を受けなかった士官は二二名になる。

卒業者数が二七二名だから、八パーセントの人がライン・オフィサーとしてきめ手になる学術を修得するチャンスを得られなかったわけだ。

海軍の兵員に〝両舷直〟というグループがあった。信号兵、電信兵を除いた水兵科の下士官兵のうち、衛兵とか従兵とかの〝役員〟に派出されていない一般兵員のことだ。大砲を撃ったり魚雷を発射したり、あるいは敵弾で発生した火災を消す……いざというときは重要な戦闘任務をもつのだが、平素の彼らはその他大勢として、汚れ作業やら重量物運搬など、雑多な労務に汗を流さなければならなかった。

士官仲間でもそれに似た人がいた。陸上の海軍省や軍令部のような中央のお役所にはついぞ縁がなく、海上に出ても参謀などのキラビヤかなポストには全くつかないで、あまりパッとしない艦の分隊長や科長ばかり。そんな人が、「どうせ、俺は両舷直ぐみだから」と、多少、自嘲気味に言うことがあったのだが、苦労の多い縁の下の力持ち、両舷直ほんらいの意味から転じて使ったわけだ。

もうお察しがつこうが、専門技術をもたないノーマーク士官が、とかくこういう役回りにふりあてられ、こんなボヤキをもらしがちだったのだ。21表にのっていただいたのは彼らのほんの一例だが、御覧の通り、地味な日のあたらない配置での勤務がどうしても多い。

しぜん、進級なども他人より先んずるというわけには、残念ながらいかなかった。

少尉、中尉のうちは、誰もがみな砲術士、甲板士官、航海士など、いろんな配置をまわって勉強して歩く。

だが、大尉、少佐になって、ほかの高等科学生を卒業した人が、パリッとした砲術長や水雷長をつとめているとき、さて、このグループの士官は何をやったのだろうか？

それは、21表に明らかなように、「運用長」という配置につくことが多かったのだ。さもなければ、防備隊や海兵団勤務とか、掃海艇艇長などである。どれも、「是非、わたしにやらせて下さい」と、志願していくようなポジションではなかった。

「運用長」は鳶の頭

〃航海・運用〃という用語はよく並べて使われたし、両者には密接な関係があった。それで、両術科とも「海軍航海学校」で研究され、学生と練習生の教育もここで行なわれていたわけだ。〃航校〃のできたのは昭和九年四月だが、前身の「運用術練習艦」時代からそうだった。

艦船を操縦する技術を運用術、こんな定義がよくなされている。だから、兵科将校にとって自分の専門が何であるかに関係なく、この技術を手に入れる必要のあったことはもう何回も書いてきた。

洋上での艦隊作業や出入港作業などで、何万トンもある大艦をまるで自身の体を動かすかのように操る士官は、〝運用の大家〟〝操艦の名人〟と大いに賞めそやされ、モチ上げられたのも当然だったろう。

だが、そんな作業、ことに出入港は操艦者一人の技量だけでうまくいくものではなかった。下働きが肝心、それをやるのが「運用科」だった。

軽巡と敷設艦以外のたいていの大きい軍艦、特務艦にこの科が置かれていた。錨の揚げおろし、浮標（ブイ）取り作業、短艇の出し入れ、デリックを使う重量物の取り扱い……みな運用科員の仕事だった。

しかし、こういう作業には人手がたくさん要る。運用科はもともと人数が少ないので単独ではこなしきれず、砲術分隊や水雷分隊から力を借りて処理していた。雰囲気がなんとなくガサつく。

艦橋から号令をかけて艦を意のごとく操る。それはまたとなく壮快だろうが、それに反し〝下働き〟のこのデッキ作業のほうはどうだ。あまりパッとしないではないか。だからであろう、士官仲間ではわざわざ研究するまでもない雑作業として、重要視しなかった。

しかし、艦内編制での運用科では、そのような作業のほかに、じつは大事な仕事を持っていた。戦闘や衝突、座礁などの突発事故で被害を生じたとき、防火や防水、傾斜の復原、損傷艦の曳航など、「応急」作業を重要任務としていたのだ。

軍艦の運用術では、むしろこちらのほうが第一義だった。でありながら、一にも二にもアタックといって、攻撃力を偏重視した日本海軍でのこの分野は、とかく軽く見られる傾向にあった。

そしてそれに、戦艦とか空母とか大艦になると、民間人の洗濯屋さんや床屋さんが傭人として乗っていた。こういう人たちも乗組である以上、艦内での所属ははっきりさせておかねばならず、たいてい運用分隊に籍が置かれていた。彼らも戦闘時には配置をもち、応急員として丸太をかつぎ、水兵と一緒になって防水作業に走りまわったのだ。

こんなわけでか、大正八年に運用科の制度ができ、その分隊が運用分隊と呼ばれるようになるまでは、〝雑分隊〟と通称されることもあった。艦内で分隊員がどんなふうに見られていたか、およそ察しがつこうではないか。

したがって彼らの親方、運用長もそうだった。航海長が家を建てるときの花形、〝棟梁〟とすれば、運用長はさしづめ裏方の仕事師〝鳶の頭〟といえた。航海、碇泊、戦闘中を問わず、艦の保安に関する底辺の仕事一切を引き受けていたのだ。帆走艦時代が去り、蒸気やディーゼルで動く近代艦船での彼の存在は、まことに華やかではなかった。

とはいえ、そういう「運用屋」の養成について、海軍はまったく考えていないわけではなかった。大正二年に「運用術学生」の制度をつくり、一五年にそれを「運用学生」と改称している。

が、この時代は、将校だけでなく特務士官も准士官も採用範囲に入っており、教育目的も

〝運用術ヲ修習セシムル〟とだけうたってい
た。運用術練習艦に指定された「春日」を学
校がわりに使っていたのだが、このころ将校
で特に運用術を学ぼうというような御仁は極
端に少なかったようだ。

平和な時代最後の年、昭和一一年度の現役
海軍士官名簿によれば、大佐から大尉までの
兵科将校は二二〇三名いる。しかし、高砲、
高水、空、高通などのマークが軒をつらねる
なかで、「運」の文字が名前の右肩について
いる士官は、なんとたったの五人だけだ。

運用学生の募集数が少なかったのか、それ
とも志願者がいなかったのか？　前者の理由
もあろうが、運用屋に人気のなかったのが最
大原因だろう。海軍士官ばかりではなく、わ
れわれ日本人は、こういう日のあたらない分
野へはとかく行きたがらない。

そして、運用学生の教育目的に運用長養成

とはっきり書かれたのは、昭和九年の航海学校開校時からだった。それも、航海学生の教育に関してはその条文に「海軍大尉又ハ中尉ニツキ航海長ノ素養ニ必要ナル学術技能ヲ修習……」と書かれているのに、他方の運用学生は「海軍少佐又ハ大尉ニシテ志願スル者ニツキ又ハ特ニ必要ト認ムル者ニ対シ運用長ノ素養ニ必要ナル……」と募集ソースに異なった条件がつけられていた。どうだろう。こちらは採用年齢が高められている。しかも、無試験銓衡制をとっていたらしいので、他校高等科学生志願者の落ちこぼれ救済的な臭いがしないでもなかった。

ただし、この制度は数年後には改められ、昭和一三年一一月から運用学生も、航海学生と同一条件で試験のうえ募集されることになった。

結局こういうわけで、昭和一一年ごろまでは、戦艦も空母も大巡も、じつは運用長のあらかたはノーマーク士官で占められていたのである。いや、太平洋戦争はじめの昭和一七年でも、少佐、中佐のマーク持ち運用長は四八パーセントにしか達しておらず、あとは〝無章〟オフィサーだった。

ノーマークの海軍中将

しかしながら、一艦の応急防御をつかさどる運用科への認識が、こんなに浅くてよいわけがない。第一次世界大戦後、すでにアメリカの戦艦には「防御長」の職が設けられ、ダメージ・コントロールに非常な力が入れられていた。太平洋戦争中、米国艦艇をいくら叩いても、なかなか沈まなかったのは故なきことではなかったのだ。

日本海軍で応急という問題が、ようやく騒がれだしたのは昭和一〇年ごろからである。だが、昔からの蔑視思想は急には改まらなかった。

巡洋艦「川内」が第一水雷戦隊旗艦だったときの話だ。司令部の参謀たちは忙しかったせいもあろうが、艦が独自に計画実施する応急訓練に協力的でなかったらしい。

「何だ、同居人のくせに」と腹にすえかねた副長は一計を案じた。わざと火災現場を幕僚事務室に想定し、発煙筒をたいて兵隊を飛びこませる防火教練を実施した。

こんなことをいきなりやられた方はたまらない。訓練終了後、さっそく参謀が甲板士官のところへやってきて、さんざん文句をつけた。防御指揮の親玉の副長はそばでニヤニヤ笑い、そっぽを向いていたそうである。この副長とは、のちに「大和」艦長として沖縄特攻で戦死した有賀幸作、とうじ中佐だった。昭和一三年ころの話だという。

爆弾や魚雷がメッタヤタラと命中する近代海戦での艦内応急は、消防ホースをひっぱりまわしたり、丸太で隔壁に突っかい棒をするだけの、運用科のみに頼る昔ながらのやり方では、もう間に合わなかった。機力に大部分を依存しなければ駄目だった。

戦争半ばになっていたが、昭和一八年の暮れに軍令承行令がらみの艦内編制大改正が行なわれ、これで制度面での防御方式がいくぶん近代的になった。従来の機関科から電力機械、補助機械の部門を引っこ抜き、それに工作科と運用科を合併して、あらたに「内務科」という一科をつくったのだ。科長は「内務長」である。

この科の戦闘編制は、応急部、注排水部、電機部の三つに分かれ、しかも珍しいことに水兵、機関兵、工作兵の三兵種が一つの科に所属して、応急防御に総合威力を発揮しようというわけだった。戦闘時は副長が「防御総指揮官」、内務長が「防御指揮官」になる。そして、この内務長には兵学校出身者だけでなく、機関学校出身者も補任されるように改正された。たんなる運用長の改名ではなく、じつはこの点が内務科新設のポイントだったのだ。

21表中のY大佐は見てお分かりの通り、若いころから陸上勤務をしたことがない。生粋の船乗り中の船乗りといってよかった。運用学生の課程こそふんでいないノーマーク士官だが、実質的には「運用屋」といってよい経歴である。

表は戦前までだが、大戦中も海上勤務ばかり、ハワイ海戦では空母「赤城」の運用長として戦った。そのあと、雷爆撃標的艦になった「矢風」駆逐艦長から、軽巡「多摩」副長をつとめた。そして制度改正後は、最新鋭空母「大鳳」の初代内務長として出陣したが、よく知られている爆発原因で同艦はあっけなく沈没し、Y大佐も戦死した。

さて、こう書いてくると、ノーマーク士官は日陰ばかりを歩かされ、出世から取り残されていったみたいに、感じられよう。だが、必ずしもそうとはいえない。

本書の読者ならどなたも御存知だろうが、キスカ撤退作戦で戦後一躍勇名になった木村昌福サン、この人はノーマーク組だった。

「木村提督は水雷屋だったのではないか？」

とおっしゃる向きがあるかもしれない。経歴を見てみよう。

大尉の時代から、「鷗」水雷艇長、「第三号」掃海艇長、「夕暮」掃海艇長、「槇（まき）」駆逐艦長、「朝凪」駆逐艦長、「萩」駆逐艦長、「帆風」駆逐艦長、砲艦「堅田」艦長、第三艦隊司令部付、砲艦「熱海」艦長、「朝霧」駆逐艦長、第一六駆逐隊司令、第二一駆逐隊司令、第八駆逐隊司令、特設工作艦「香久丸」艦長、「知床」特務艦長、巡洋艦「神通」艦長、巡洋艦「鈴谷」艦長。そして少将になってからは舞鶴海兵団長、第三、第一、第二水雷戦隊司令官を順次に歴任している。

少々長くなったが、ぜんぶ書き上げてみた。それはまさに、水雷屋のコースそのものだった。黙って見せたら誰でも、そう思うだろう。しかも最後には累進して海軍中将。だが実際は、水雷学校高等科学生は出ていないし、ましてや海軍大学校などには行っていなかった。彼はノーマーク士官なのである。しかし、正則の教育こそ受けなかったが、独学で叩き上げた「水雷屋」だといっても間違いではあるまい。

〝ヒゲの昌福〟と有名になるほど、立派なピンと張った口髭をたくわえていた。しかも柔道は二段だか三段だとか。そんな武骨な豪傑にもかかわらず、謡にも茶道にもたしなみが深かったという。ふだん、食事のとき、お茶を飲むのにも片手で茶碗は持たず、必ずもう一方の手をそえて飲んだそうだ。ゆかしいと思う反面、あのゴツイひげ面で、と考えるとほほえましくもある。

多田武雄中将もノーマーク士官の一人だった。もともと兵学校の卒業成績はよく、四〇期

を四番で出ているのだが、どういうわけか術科学校の高等科学生にはいかず、海大の甲種学生の課程もおえていない。士官名簿の氏名欄右肩はまことにサッパリしていた。といって、外国へ留学した様子もないのだ。

しかし、閲歴は精彩に富み、大佐時代は人事局第二課長、戦艦「霧島」艦長、将官になってからは南西方面艦隊参謀長、軍務局長、最後は昭和二〇年五月から海軍次官の職についている。

栄進は実力のしからしむるところであろうし、また学歴にとらわれることの少ない、海軍人事の公正さの証明ともなろう。

ところで、これを書くため調べているうちに、珍しい人を見つけた。兵学校を卒業しただけの履歴ではどうしようもないはずの、飛行機屋の社会にノーマーク士官がいたのだ。「車夫君こんどはキミが乗れ」に登場した海軍の大名士、O中佐である。

ここでその覆面をとってもらえば、彼は海兵四五期出身、知る人ぞ知る岡村徳長中佐だ。四〇期卒業生が飛行機乗りになるころから、航空術学生の制度は確立されている。なのに、その卒業生名簿のどこにも岡村中佐の名前は見あたらない。もちろん、士官名簿の名前右端もカラッポだ。

あの、鳥の物真似をする、特殊技術の必要な航空界へ、〝鑑札〟もなしに彼はどのようにして飛びこんだのだろうか？

龍之介、缶室に驚く

砲術士官は自らも、また他人もテッポー屋とよんだが、機関科士官を周囲の人々が表だって「カマ焚き」ということは、あまりなかった。口に出せば、語感にどこそこ彼らを蔑視する響きがまつわったからだ。

しぜん、彼ら自身が使うときも、機関科員の〝誇り〟と同居する、言いようのない自嘲がどうしてもちらつきがちだった。

「……眼の前には恐ろしく大きな罐が幾つも、噴火山の様な音を立てて並んでいる。罐の前の通路は、甚だ狭い。その狭い所に、煤煙で真っ黒になった機関兵が色硝子をはめた眼鏡を頸へかけながら忙しそうに動いている。或る者はショヴルで、罐の中へ石炭を抛りこむ。或

る者は石炭枡へ石炭を積んで押してくる。それが皆罐の口からさす灼熱した光を浴びて、恐ろしいシルエットを描いている。……其の上暑い事も亦一通りではない。僕は半ば呆気にとられて、この人間とは思われない、すさまじい労働の光景を見渡した……」

芥川龍之介もよほどブッタマゲたらしい。大正のはじめ、戦艦のボイラー・ルームをかいまみて書いた『軍艦金剛航海記』の一節である。

だが、しだいに軍艦の内臓、機関部も進歩し、ディーゼル・エンジンができ、汽缶も石炭焚きから重油焚きにかわり、かつて文豪を驚かしたような機関兵たちの地獄の苦しみはかなり緩和されていった。

昭和一〇年代になると、艦隊の第一線から、石炭の煙をモーモーと吐き出す艦艇は急速に姿を隠しはじめた。とはいっても、水上艦の推進原動機の主流が蒸気機関であることに変わりはなく、〝カマ焚き〟の言葉が消えることはなかった。ディーゼルなど海軍でいう内火機械を扱う兵員も、電動機を回す兵員も、ポンプを動かす補機の下士官や兵も、みなひっくるめて機関科将兵はカマ焚き、だった。

しかし、カマといっても風呂屋の釜とはわけが違う。日清戦争の少し前までは、海水を使って蒸気をつくったこともあるらしいが、四〇〇度、四〇気圧ものスチームを発生させる近代艦艇用水管式ボイラーでは、純粋な真水が必要である。そのため塩分濃度が十万分の一五以下におさえられた蒸留水をわざわざつくって給水するのだ。できた蒸気はさらに過熱器を通し、完全にガス化させてタービンに送りこみ、推進器（プロペラ）を回して海水をけとばしていく。

目がくらみ、熱射病にかかりそうな暑さにたえ、噴燃器（バーナー）に細かく神経をつかいながら、焚火諸元を正しく設定しなければならない。それでも速力が急に変わったりして負荷のバランスがくずれると、蒸気圧力の調整が難しくなって、安全弁をふかしたり、煙を出したりする。

図体がでかく、馬力の強い一見鈍重そうに見えるボイラーは、あれでなかなかデリケートな、気むずかし屋の精密機械なのだ。新鋭艦の缶部員たるもの、ただ腕っぷしが強いだけではつとまらなかった。女性をいたわるような神経が必要だったのだ。

当時の軍艦では、石炭焚きの時代から、缶を焚いてもできるだけ煙を出さない焚火法が厳しく要求されていた。モーモーたる黒煙を吐くと、肝心なときに信号が見えなかったり、射撃の妨害になるからだ。またそれは、敵からの発見を防止するためにも、重要な意味をもっていた。

平時、毎年の戦技では、水上艦艇の淡煙焚火、潜水艦の淡煙運転が課題とされ、機関科将校たちの地道で真剣な研究工夫が続けられていた。「タバコは吸ってもいいが、煙は出すな」

というのに近い難しい注文である。だがやがて、油焚きのボイラーでは撒風器（さんぷう）に改良を加えることなどによって、難問も見事に解決された。それは、現場艦艇の機関室から汗とともに湧き出た発案が実った成果だった。

ちなみに、日本海軍でのボイラーの正式呼称は「罐（かま）」である。そして、多くの場合には略字を使って〝缶〟と書く。

「機関官」将校となる

そんな缶部員をはじめ、機関科下士官兵を引き具して艦に生命を吹きこみ、そして戦う士官を養成する学校が「海軍機関学校」だった。

江田島の海軍兵学校のことはよく知られ、なにかにつけて、現在でも話題にのぼることが多い。だが、どうも機関学校のほうは、いま一つパッとしない。知名度が下がるのだ。

〝海機〟は〝海兵〟とならぶ重要な存在で、その出身者はただの士官ではなく、同じく海軍将校である。いっぽうは兵科将校と呼ばれ、他方は機関科将校と称される違いがあるだけだった。と、カンタンには言いきれないあるものがあり、そう割りきっては誤りだったのだ。奥底をよ〜く覗くと、両者の間には越しがたい仕切り、解決の難しい問題が横たわっていたが、これについては、また後でのべることにしよう。

ともあれ、機関科将兵の職務は艦底にもぐり、縁の下の力持ち的仕事に終始する。

太平洋戦争中、獅子文六が岩田豊雄の本名で、真珠湾へ特殊潜航艇で突入した横山正治少佐を題材に小説『海軍』を書き、ベストセラーになった。その取材紀行の余話をまとめたものに『海軍随筆』があるが、そのなかで海機生徒のことを、

「……もし江田島の生徒を緋縅(ひおど)しの鎧の若武者に譬(たと)えるなら、ここの生徒は黒糸縅しを着ているような印象を受けた。……戦いとなっても艦の上へ出ないで、裏の働きをする。同じ危険と刻苦を頒ち合うにしても、そこに陰と陽のちがいがある。……そういうところから自然に、ここの生徒には、独特の面魂が生れるのではあるまいか。……」

と評した。

ところが、機関学校の卒業生が〝武者〟と認められるまでには、長い年月がかかっていたのだ。

はじめ海軍兵学寮機関科、ついで同校付属機関学校として生徒教育を開始し、海軍機関学校の名称で独立したのは明治一四年七月のことだった。しかしそれも六年あまり、二〇年七月に廃校となってしまった。理由はここでは省略するが、その後しばらくの間、機関官の補充は兵学校を卒業した少尉候補生から、転科させて充てていた。

そしてふたたび、明治二六年一一月、機関学校の復活となった。こんどは、太平洋戦争中までずっと存続することになる。そんな紆余曲折の路をたどってきた機関官の明治のその頃は、将校ではなく、軍医官、主計官たちと同じ〝将校相当官〟だった。明治五年、すでに軍医、秘書、主計、機関の四文官は武官にあらためられていたが、なおまだ、エンジニアは両

刀たばさんだサムライ、戦闘員とは認められていなかったのだ。階級の呼び名も大佐、少尉ではなく、機関大監、少機関士などと呼称されていた。最高階級も少将なみの機関総監でオシマイである。

だが、そんな数段下に見られていた間に、彼らは世界海戦史上はじめての機走軍艦による戦いを、日清戦争で見事に勝ち抜き、さらに日露戦争で機関科のパワーの大きさ、重要さをハッキリと顕示した。

一大決死行といえる旅順閉塞戦には、兵科、機関科合わせて、のべ三八三名の人員が参加している。そしてそのうち、半分をはるかにこえる約七〇パーセントが機関科将兵だったのである。はじめ、兵科将校だけが指揮官になっていけばよい、と考えられたようだが、いよいよとなってみたら、隊員のあらかたはカマタキが占めるので、その指揮には機関長も必要とされ、機関科士官が参加することになったらしい。

日本海軍で、機関学校卒業のかまたき士官から戦死者が出たのも、じつはこの閉塞戦が最初だった。戦闘能力を攻撃力、防御力、運動力、通信力に分けるとき、運動力のなかでの機関科の重さは、断然ゆるぎないものとなった。

「近代海戦において、俺たちエンジニアの存在はぜったい欠くことはできない」

彼ら自らの認識はますます深まっていった。

こんなことが原因でか、戦後の明治三九年、やっとそれまでの機関総監は機関中将と機関少将の二つに分けて改名され、機関大監、中機関士などの名称はそれぞれ、機関大佐、機関中尉と改められた。軍服の袖にも、兵科将校と同じ「蛇の目」の袖章がつき、徐徐にではあるが彼らの地位が見直されてきた。

しかしまだ、機関科士官は将校相当官のままである。「将校」と並んで「機関将校」の制度が設けられたのは、それから一〇年たった大正四年一二月だった。〝武者〟への仲間入りだった。戦士としての承認であった。

機関科のパート

大正一二年の関東大震災で校舎が焼失するまで、機関学校は横須賀市白浜におかれていた。生徒の卒業後の将来やら、職務の特異性から、そしてまた、それらの理由からばかりでなく、この学校の教育には、兵学校とはひと味ちがったユニークなものがあったようだ。特に古い時代はそうだったらしい。

東京に近かったせいもあろうが、芥川龍之介も英語の先生をやっていた。さきほどの『軍艦金剛航海記』はその時分、大正六年に横須賀から山口県油布まで行ったときの見聞だ。この彼が口入れして内田百閒がドイツ語を教え、豊島与志雄がフランス語の教官をやったのもこのころだった。

若かった芥川が昼食のとき、中将の校長サンと文学のことで議論をはじめ、「校長、そうおっしゃるけれど」とかいって、延々とやり出した。すると、校長がまたそれに反論を加えるので、食事をすましたほかの人たちは席を立ちたいのに、出るに出られず困ったことがあったそうだ。

彼ら文官教官の回想によれば、「機関学校というと、なにか特殊学校のように考えがちだが、実際われわれが教えた感じでは、特別な、軍の学校らしいギコチなさはぜんぜんなかった」という。そしてまた、「生徒がみんな、キレイな眼をして教官を待っていてくれる。その空気がじつに嬉しいんですよ」とも語っている。

海軍は大らかだったとよくいわれるが、大正のそのころは後年の海軍なんかくらべものにならないくらい、ゆったりした雰囲気があったにちがいない。数学などでも、まったくの基礎学として、応用面にこだわらず徹底的に教えたというはなしだ。

兵学校でも、数学、理化学を大事にしたであろうが、当時の機関学校では単にマリン・エンジニアの養成にとどまらず、デザイン・バイ・ユーザーの職務につけることも遠望して、基礎学力の涵養に重点をおいていたようである。

そしてまた、定期的な試験は行なわず、平常随時に実施する試験で成績をきめ、卒業のときまで席次を発表しなかったのも、海兵とはちがうきわだった特徴だった。ある時期には、艦が揺れているとき、立った姿勢で理解判断ができなければいけないというので、机を胸のあたりまで高くし、腰掛けなしで授業を受ける変わった教室をつくったこともあったそうだ。

卒業すると「機関少尉候補生」を命ぜられ、江田島出身のコレスポンドと一緒に遠洋練習航海を行なうのも、日華事変半ばまで続けられた慣習だった。

が、これは大正九年度から実施した方式で、それまでの機関科候補生は、単艦の練習艦に乗り、比較的、日本近海での実習を行なっていた。

それは海軍当局が、かなり低い次元で彼らを見、海外に出かけて見聞をひろめさせるよりも、機関部では頻繁に出入港をくりかえし、機関の運転操作要領を会得させたほうがよい、と考えていたからにほかならない。同じ将校のタマゴでありながら、青年の将来にあまりにも思いやりのないやり方ではあった。

さて、前にも記したように、第一期実務練習で遠洋航海を終わった兵科少尉候補生は、第二期実務練習から少尉、中尉の若年士官時代にかけて砲術、水雷、航海など、いろいろなパートをまわって勉強した。同じように機関科の若いエンジニアたちも、配置をぐるぐる変えて実務技能を身につけていった。

一口に機関科といっても、扱う機械、装置の範囲は広く、奥行きは深かった。たとえば、太平洋戦争のなかごろまで、戦艦の機関科は四コ分隊に編成されていた。

こういう大艦には艦を動かす推進軸は四本もあり、それぞれにおよそ二万馬力を発生するタービンが一基ずつ取りつけられている。「主機械（もときかい）」とよんでいたが、これらを取り扱う人間だけで、まず一コ分隊を編成した。

そしてこの主機械に送りこむ蒸気を発生させる、艦本式ロ号ボイラーが八缶ないし一二缶、機械室の前方にすえつけられており、これを焚く人員で一コ分隊がつくられた。

改装前の「金剛」型ではヤーロー式炭油混焼缶が三六基もあり、龍之介先生はこのボイラー・ルームで地獄の責苦にあえぐ兵員を見たというわけなのだ。昭和に入り二回目の改装で、ぜんぶ重油専焼ボイラー八缶に換装されてからは、およそ一六〇名の缶部員を減らすことができ、投炭作業や石炭積みこみの苦役から、辛うじて解放された。しかし、酷熱は相変らず、カマタキたちは汗みどろ、油だらけになって作業をする。当直を終え、涼しい風にあたろうとデッキに出ても、甲板を汚すといって他科の兵からはいい顔をされなかった。

また、いうまでもなく近代艦船ではいろいろなところに電気を使う。艦内照明装置、無線通信機、探照灯や信号灯、デリックとか揚錨機。そういった器具を動かすためには発電機や電動機を欠くことはできない。それに配電盤やら電路、あるいは蓄電池もある。電気設備は非常に多かった。

とりわけ大正末期をさかいにして、艦内の所要電力量は急増した。「山城」型戦艦では、建造当時、一二〇〇キロワットだったのが、昭和一〇年の改装で一三五〇キロワットに増大している。さらに昭和一六年完成の超大戦艦「大和」ではとてつもなく増え、四八〇〇キロワットにはね上がっているのだ。こうした電気関係を受け持つのも機関科で、戦艦や空母では電機分隊を一コ編成していた。

だが、これだけのパートの機関科員をもってしても、まだ艦は動かない。木の幹に枝が、枝には葉が必要なように、艦船に血液を行き渡らせるには補助機械を欠くことができなかった。それは大砲を動かす水圧ポンプ、弾火薬庫の温度を下げる冷却機、冷蔵庫を冷やしたり氷もつくる製氷機など、その種類も数も多かった。

しかも、このたぐいの機械は艦内のあちこちに散在しており、世話をするのもホネがおれる。その面倒をみるのが補機分隊だった。

戦艦「大和」では主砲の砲塔動力として、タービン駆動の五〇〇〇馬力水圧ポンプを開発し、四台をすえつけていた。

戦後、アメリカの調査団が来て調べてまわり、一八インチ砲にも船体にも別に感心しなかったが、この水圧ポンプだけは、

「こんなものを日本では造れるのか……」

と驚いたそうだ。

駆けあしで、機関科の各パートを回ってみた。こうした機械、缶、電機、補機分隊の分隊士や、機関長の直接補佐をする秘書役、〃機関長付〃の勤務を体験して腕をみがき、若い初級エンジニアはしだいに育っていった。そして、こういう艦底での勤務こそが、機関科士官ほんらいのスタート・コースだった。

〃頑張り〃と〃犠牲〃の精神

ところで、機関科魂（かたぎ）——などと大仰にいう人もいるが、テッポー屋にはテッポー屋の、水雷屋には水雷屋の気質があったように、機関科にも、いいにつけ悪いにつけそれなりの、特質的な気風ができあがってはいた。そして、それをよくよく見すえてみると、長所と思われる部分が昇華され、たしかにスピリットといってよいものになっていたようだ。

彼らは四〇度をこえるほどにクソ暑く、しかも湿度の高い缶室や機械室で、一直、四時間の忍苦の限りをつくす勤務をする。長年そんなヘヤで肉体労働に耐えていくには、だから、他科のパートの人間以上に〃頑張りズム〃をもたなければやっていけなかった。そんなド根性は他動的に自動的に、いつの間にか植えつけられ、育っていった。

だが、強烈な頑張り精神を支えるには、強固な体力が必要だった。幸い機関科の下士官兵には頼もしいのが多かった。石炭焚き以来の伝統をついで、おおかた体格は人なみすぐれて良い。海軍ではたんに体育としてだけではなく、敢闘精神を養う訓練として、ことのほか相撲が愛好されていた。各艦や部隊には、岩のような体をしたセミプロみたいな相撲部員がいたが、そのなかで機関兵にはとりわけ強い奴がいたのである。

そして戦闘時の艦底（ふなぞこ）は「諸管系戦闘区分となせ」の号令で、各主機械ごとに独立した系統に分かたれ、ボイラーもそのそれぞれに専属して張りつけられる。一つの区画が被害を受けても、他の区分に累をおよぼさないためだ。通路もぜんぶ閉めきられ、孤立した密室になって室温も極端にあがってしまう。

戦艦などでは厚い装甲（アーマー）にかこまれ、デッキの上より一見そこは安全そうに見えた。しかし、いったん上部に火災が起きれば蒸し焼きになってしまう場合もあるし、沈没時には脱出の機会を失い、とり残されてしまうおそれも多分にあった。

となると、そんな持ち場で自若として戦闘をつづけるには、ただの頑張り精神だけではなく、ときには全体のため捨て石となることに甘んじる犠牲的精神も必要だった。機関学校での精神教育は、必然的にこの二つに重点がおかれ、それには地味な堅実性が不屈さを裏うちするように要求された。さすがは岩田豊雄（獅子文六）、彼の観察は実相を見抜いていたのである。

長らく横須賀白浜にあった機関学校は、大正一二年九月の関東大震災で焼け出されたあと、しばらくの間、江田島の海軍兵学校に同居していた。だが、それも一年半ばかりで舞鶴に移転し、ついにそこを永住の地とした。明るい太平洋側とはうって変わった〝雪は晴天〟〝弁当は忘れても傘を忘れるな〟といわれる日本海側のその土地は、陰の性格を蔵していた。だからある意味では、こうした特別な心構えが必要な機関科将校の養成には、ふさわしい場所だったともいえるのだ。

労多く、しかも報われることの少ない任務に、彼らが持ち前のスピリットを発揮して、最後まで頑張り通した話はすこぶる多い。

ときは太平洋戦争中。駆逐艦「長波」は第三次ソロモン海戦に出撃したのだが、機関長付兼分隊士のY少尉は基地を抜錨してしばらくたつと腹が痛くなってきた。彼の戦闘配置は缶部指揮官だったが、痛みはますます激しくなるいっぽうだ。だが、絶対に口には出さなかった。

やがて戦闘に突入した。堪えがたいほどに苦しくなった。しかし、あくまでも平静をよそおい頑張りつづけ、ラバウルに帰るまで指揮所に立ち通した。そして、入港すると同時に倒れてしまった。虫垂炎だったのだ。切開してみるともうすっかり化膿しており、すでに手遅れであった。生徒時代のY少尉は細見の、一見ひ弱そうなタイプだったという。

同じ第三次ソロモン海戦で、戦艦「霧島」が沈没している。一弾が命中し、蒸気噴出、N少尉が配置についていた機械室の送風機が止まってしまった。これでは暑くて入っていることはできない。機関長の命令で、彼はその状況を艦橋へ報告に行った。

暑熱にやられ、ブリッジへたどりついたときはもう殆ど倒れんばかりだった。だが報告を終えると、彼はふたたび機械室へもどっていった。そして、とうとう送風機を修理し、しばらく機械の運転を続けていたが、ついに「霧島」の運命はつきた。

総員退去の命は出たが、深い覚悟があったのか、部下とともに艦にとどまり一緒に沈んでいった。そのとき通風孔を通して聞こえてきたのは、彼らが声を合わせて歌う「如何に強風」の軍歌だったという。

機関学校のとうじから、彼はどんなキツイ訓練にも、決して弱音をはかぬ男だったそうだ。Y少尉とN少尉は海機五一期（兵学校の七〇期に相当）の同期の桜、卒業してやっと一年たったばかりの若武者だった。
助かろうと思えば助かるこのような行為は、今日の眼から見るといろいろ批判はあろう。しかし、あの当時は戦闘にのぞんで、自己を完全に投げ出して任務に没入する実行と、迷うことなく逃げ道を断つ不退転の決意は、何ものにもまして尊いことと受けとめられていた。とりわけ海軍の機関科では、職掌がらそれは讃仰されたのである。
しかし将校として、多数の下士官兵を統率

し、海軍の中の日陰の分野でひとの目につかない努力をかさね、沈静した勇猛心を発揮しなければならない彼ら。そんな彼らは兵科の士官以上に、拠りどころとなる何らかの宗教的、あるいは哲学的な思想、信念をもつことが必要だったであろう。

横須賀に機関学校があった頃、近くに「陸海軍人伝道義会」と称するヤソの教会があった。そこは、ふつうの教会とは趣きを異にし、超教派で、いわば日本武士道的キリスト教主義とでもいえる聖書研究会だったという。

そんな関係でか、白浜育ちの機関科士官にはかなりの数のクリスチャンがいた。石油関係で著名になった榎本隆一郎中将、終戦時に大楠機関学校長をつとめ、戦後は幼稚園の園長サンに転身した山中朋二郎中将たちがそうだ。

舞鶴に移ってからは、しだいにその数は減っていった。が、そのキリスト教と入れかわるように、毎年、機関学校へ講演に訪れるようになったのが平泉澄東大教授だった。昭和のはじめ、当時の上田宗重少将の招きではじめられたらしい。

皇国史観をふりかざす学者として知られ、後にのべる身分制度の問題、軍令承行上の問題にかかわる煩悶をかかえた機関科将校の卵たちへの精神教育には、彼の説くところはもってこいの柱になると首脳部は考えたのではあるまいか。

はたせるかな、教授の楠公についての話は、若い純粋な生徒たちの胸にはかり知れない影響をあたえたようである。学校が休暇に入ると、生徒たちのなかには東京の平泉教授の私宅を訪ねる者もあり、ときには、そこは機関学校の生徒寮であるかのような観を呈することもあったらしい。

太平洋戦争が始まり、戦勢がふるわなくなったとき、自ら人間魚雷「回天」の設計図をひき、兵器採用を嘆願した黒木博司大尉もそんな生徒の一人だった。彼も海機第五一期の卒業生だが、回天搭乗員として訓練中、無念にも殉職し、敵艦轟沈の悲願をはたすことはできなかった。

工機学校高等科学生

艦底(ふなぞこ)にもぐり、酷熱に耐えて働いた機関科士官や兵員の苦労はさこそとしのばれる。だから、入港のときなど艦長サンの操艦が上手だと、機関科は大いに助かるのだ。彼らは、頭にくるような蒸し暑さのそこから、一刻もはやく脱け出してさわやかな海気を胸いっぱい吸いたい。

「錨場（いかりば）まで五マイル」

待っていた知らせがはいり、やがて速力通信器（テレグラフ）は微速、停止。フネは静かに係留浮標（ブイ）へ近づいていく。そしてたった一回、艦長が後進微速の号令をかけただけで、ブイの真上に艦首の錨孔が頬をよせる。ただちに、

「機械よろし」

こんな艦長にぶつかれば、機関科は小おどりしてヨロコブ。停止の号令がきたとき、よくのみこんだ缶室では消火の準備にかかり、後進の知らせと同時にその手はずを終えてしまう。だが、その逆だったら、そう早手まわしの仕事はできない。後進、停止、前進、停止……。機関科兵員のイライラはつのるばかりとなる。

編隊航行中でもそうだった。キチンときめられた距離を保って、前の艦について航（はし）るのは、新前当直将校にはなかなか難しい。ふつう戦艦では六〇〇メートル、駆逐艦では三〇〇メートルから四〇〇メートル。

「……近寄りまあす」

「……離れまあす」

測距手は親切に、かつ無遠慮に報告してくる。

馴れない当直将校はすぐ機械の回転数を減らしたり、ふやしたりするが、それにひんぱんに応接させられる機関科はたまらない。

「誰だい、当直将校は？　まったく下手クソだな」

機械室から声なき、不満、軽蔑の声があがる。

しかし、どんなに辛いこと、腹だたしいことがあっても、艦底の将兵は表だってブーブー言うわけにはいかない。だからこそ、部下の苦労を和らげてやりたい機関長や分隊長は、艦橋で上手に操り、機関科に理解のある運転の号令をかけてくれると、じつに嬉しいのだ。

その機関科分隊長、さらに機関長になるまえに、初級士官時代、ボイラーやメイン・エンジンなどの各パートをめぐり歩いて分隊士をし、あるいは機関長付をやって勉強することはもう前に書いた。

そして、兵科将校の行く砲術学校や水雷学校に高等科学生があったように、彼らのためには、機関科の術科学校である「海軍工機学校」に高等科学生が設けられていた。

「高等科学生ハ身体強健実務ノ成績優等ニシテ高等ノ機関術及工術ヲ修習セシムルニ適当ナル才学識量ヲ有スル海軍機関大尉又ハ機関中尉ニ就キ機関長ノ素養ニ必要ナル機関術及工術ヲ修習セシムル為海軍大臣銓衡ノ上之ヲ命ズ」

それはテッポー屋や水雷屋の養成と同じで、砲術、水雷の文字が機関に入れかわっていただけだ。

だがどういうわけか、この制度ができたのは昭和九年だった。艦底にもぐるエンジン屋には、そんな必要なしとでも考えていたのだろうか。それまでの昭和ひとケタ時代は、機関中尉か機関少尉に初級機関科将校として実地勤務に必要な機関術、工作術の両方を「普通科学生」として約半年間、勉強させるだけだった。

それもじっさいには、ガンルームでもだいぶヒネてきた、機関中尉になってから学生に行くことが多かったようだ。高等科制度がなかったので、再教育時期を多少うしろにずらしたのだろうか、同期の江田島出身者が〝術科講習〟へ行くのより、二年か二年半、あとだった。

昭和九年の高等科学生開設時に、いったんこの普通科学生は廃止になったのだが、その後も制度の改定がたびたびあり、昭和一五年、ふたたび復活されている。そして翌一六年に「海軍工作学校」が設立されると、ここにも普通科学生がおかれ、舞鶴育ちの新しい若年士官は工機、工作の両校で、短期間、基礎的な実務勉強をすることになった。

正規には、四ヵ月ずつ、計八ヵ月だったが、戦争中はその半分ぐらいに短縮されていたらしい。魚雷用酸素の製造法を習い、小型ディーゼル・エンジンをおぼつかない手つきで組み立て、それが動くのに彼らは喜んだ。そしてまた、ボイラーの汽醸や工作要務を覚え、新しい兵器の知識も仕入れ、間もなくやってくる分隊長の配置にそなえて勉強した。すでに一応の海上経験はある。そこは、生徒時代とは一味ちがう、真剣さの中にも気楽さにつつまれた学びの場であったようだ。

「工作術」も機関科の領分

商船でもそうなのだが、艦船はみなある程度の工作能力をもち、ちょっとした修繕は自分たち自身で処理していた。商船の場合、甲板部(こうはん)に属する船匠(カーペンター)が木工をつかさどり、金工方面は機関部の船員が副業的にこなすのがならわしだった。

そこはどちらも艦と船。海軍でも、創設このかた似たような経過をたどってきたのだが、軍艦では戦闘時の応急修理、戦闘能力の維持が重要な課題なので、工作にかかる比重は、昭和の御代になってから、かつてよりはるかに大きくなっていた。

それまでは工業部として、機関科に所属していたが、昭和三年一二月から艦内では、「工作科」として独立した。科長である「工作長」には機関科将校があてがわれたが、それはルーツからいっても当然のことだった。昭和一三年から、特務士官以下の金工、木工関係員たちの兵種は工作科として分離、独立することになったが、士官は機関科士官であることに変わりはなかった。

だから、駆逐艦や潜水艦などの小艦艇や、そのほか編制上、工作科がおかれない艦船では、工作兵曹や工作兵たちは昔のまま機関科の分隊に籍を置いていた。つまり、機関・工作は終始親戚関係だった。下士官兵が右腕につける兵種識別マークの色は、両科とも紫である。

大きい軍艦になると、高性能の旋盤から仕上機械、鍛冶場まで、そんじょそこらの町工場など顔まけする設備をもっていた。それから木工兵には潜水作業という大事な仕事も課されていた。艦底に損傷を生じた場合、もぐっていって水中熔接という特殊技術に腕をふるう。また出港時に、水兵員が、解いたもやいを海に流し、推進器(プロペラ)にからませるようなヘマをしでかせば、それをはずしてくるのも彼らでなければ出来ない芸当だ。被害調査などで、兵員では状況がはっきりつかめない場合、工作分隊長みずから潜水具をつけ、海中に入ることもあった。

昭和一二年の艦隊でのある日、空母「鳳翔」が戦闘運転のため出港しようとした。その試運転のとき、タービン・ケースの中で何かチャリンと音がした。さっそく開いてみると、ブレードの一枚が抜け、一列の羽根ぜんぶがぐらぐらしている。とても艦内で応急修理のできる故障ではない。それが直せる工員は、横須賀工廠にさえ幾人もいないという。

同艦の機関長は海機二九期をトップで卒業し、アメリカのMITに留学した電気を専門とする長嶺公固機関中佐だった。彼は、そのMITの三年間のコースを、外国人でありながら一年で卒えた超々秀才だ。シャープで、しかも行き足のある長嶺さんは、こんなクリティカルなときにがぜん本領を発揮する。タービンは機関長が主管する最重要な兵器だ。彼は乗り出した。

「できるかどうか分かりませんが、とにかく艦内でやってみましょう」

艦長にそう返事をすると、工業員たちはその難題に挑戦することになった。艦内の工場で、長嶺中佐のアイディアによる二十数種ものタガネをつくり、三〇センチあまりの羽根を一枚一枚切っていった。ついに切断成功。最後にゆるみを締めつけて修理を終わり、ぶじ、「鳳翔」は戦闘運転に参加することができた。これには連合艦隊の士官一同、舌を巻いたそうである。工作兵の腕の良さと、機関科士官の知識、技能のハバ広さを物語る話でもあった。

前に「ノーマークの海軍中将」のところで内務科の話を書いたが、その科ができる以前は、工作科にもう一つきわめて重要な任務が託されていた。損傷を受け浸水で艦が傾いたとき、復原させる注排水作業がそれだ。工業員が兼務配置で戦闘のとき従事し、指揮官には工作長か工作分隊長があたったが、応急防御に関する日本海軍の認識不足は前にも書いたとおり、沈まなくてすむはずの艦がたくさん沈んでしまった。

艦内編制令のなかに、注排水の言葉が初めて出てきたのは昭和九年一一月改正時で、さらにキチンとした形で工作科の編制中に、〃注排水部〃としてうたわれたのは、昭和一二年四月の改正からだった。太平洋戦争開戦のたった四年前である。

ところで、昭和九年の工機学校高等科学生新設時には、彼らは「機関長ノ素養ニ必要ナル機関術及工術」を学んだわけだった。工術とは後に改称される工作術のことだ。が、一六年に工作学校が独立すると、彼らの専修術科も分離された。工機学校では「……海軍機関大尉又ハ機関中尉ニ就キ機関長ノ素養ニ必要ナル機関術」を、工作学校高等科学生は「……海軍機関大尉又ハ機関中尉ニ就キ工作関係主要職員ノ素養ニ必要ナル工作術」を勉強させることになったのだ。したがって、以後この段階でマリン・エンジニアは機関か工作、いずれかを専門として選んだのである。

どんがめ機関長

商船には「何にもセンチョー（船長）、言うことキカンチョー（機関長）」などといった駄ジャレがある。

軍艦の機関長も、ヒマそうに見えて責任はじつに重い。いつなんどきでも全力を発揮し、航(はし)ることができなければ、とにかく戦(いくさ)にならないのだから。

たとえば潜水艦では、だいたい機関長は当直に立たない。昼間、長時間潜航するときはベッドにひっくり返っている。でも、艦がコンパクトにできているから、すべての音が耳に入ってくる。それもゴッチャになった騒音としてでなく、彼にはひとつひとつに分析された明快な音として聞こえてくるのだ。ポンプ音、操舵機を動かす電動機音、プロペラを回すメイン・モーターの音というようにである。そして、そのリズムとトーンとノイズによって、運転状態の良否がぜんぶ分かる。

どんな艦種でもそうだが、それは経験と学理によって養われた、科学的な根拠にもとづく勘によるのだ。

この域にまで達しなければ優秀な機関長とはいえなかった。ゴロゴロ、ベッドにひっくり返っている資格はなかったのだ。

その潜水艦だが、ご承知のとおり蒸気機関ではなく、水上はディーゼル・エンジンで航走し、そのとき直流電動機を発電機として使用、回転させて電池に充電しておく。そして潜航時には、この電池を使い、こんどは発電機能を停止させた主電動機に電流を送り、推進器(プロペラ)をまわして艦をはしらせる。ここのところのからくりは、現在の海上自衛隊の潜水艦とはちがうようだ。

いまは、ディーゼルは発電機を回転させるだけ、その発電機も電動機とは別個になっており、兼用ではない。米国海軍方式だ。

そういえば、昭和のはじめ頃の潜水艦ディーゼル・エンジンには、まことに恐ろしい奴があったらしい。その名は「ズルザー式二号内火機械」。低速運転が難しく、しかも起動時には筒外(とうがい)爆発を起こし、モノスゴイ爆音と煙を発生する。だから、試運転のときには機関長みずからハンドルを握り、ほかの当直員は陰にかくれた。用意ができ、空気起動から燃料運転にハンドルを引くと、シリンダーの安全弁がポンポン火を吹き、機械室は煤煙で真っ暗、ゲージもメーターも見えなくなってしまうのだそうだ。

だが、その暗闇のなかから、エンジンの音がコトコト聞こえてくると、燃料運転がうま

くいっている証拠なので、やっと機関長は胸をなでおろすのだった。そのときの彼は、あたかも決死隊の隊長になった気分だったという。

そんなブッソーな配置につかせるのはかわいそう、というわけでもあるまいが、昭和ひとけた時代、機関少尉を潜水艦に乗せることはしなかったし、機関中尉になってからもたてまえとしては、「潜水学校機関学生」の課程を卒えてからだった。
一、二年目の機関中尉で、すでに工機学校普通科学生の勉強をすませた者を採用し、「潜水艦乗組機関科将校トシテ其ノ職務ヲ遂行スルニ必要ナル事項ヲ修得」させて、もぐり屋エンジニアを養成したのだ。修業期間はほぼ半年ほど。ここを卒業すると、士官名簿には「潜機」の二文字が打たれた。
ただし、そうではなく、いきなり水上艦艇から潜水艦へ頭を突っ込まされてくる機関中尉ドノも、いることはいた。

このマークで、彼のおおかたの将来はきまったことになる。機関大尉・少佐時代は潜水艦機関長、機関少佐・中佐になると潜水隊機関長の配置をあるくことが多かった。といって、もう水上艦にはゼンゼン行かないというわけではなく、たとえばミッドウェー海戦で沈んだ航空母艦「飛龍」の機関長も、マークは潜機だった。

そして、工機学校に高等科学生がつくられてからは、主としてその卒業生のなかから潜校機関学生を採用し、どんがめの機関長を養成する制度にかわった。ちょうど水雷長養成の乙種学生を、高水卒業者のなかからとったようにである。

〝エンジニア〟搭乗員

航空用語に〝整備〟という言葉があるが、あれは大正末期から使われだした用語だとのはなしだ。

その一四年七月に「整備学生」制度がつくられたのだが、前身の「航空術機関学生」いらい、この部門にはしごく当たりまえのように機関学校出身のオフィサーが進んでいった。「艦も飛行機もどちらもヴィークル。そのエンジンの〝保存手入れ〟には機関科がよかろう」

そんな発想だったのかもしれない。

飛行機を搭載する空母などの軍艦に「整備長」がおかれたのは昭和三年一二月であり、陸上航空隊にそれが設けられたのは少し遅れて五年六月だ。それまでは、軍艦での飛行機整備員は航空科の中に含まれており、航空隊では機関科を編成し、機関長の指揮下に機体整備分隊、発動機整備分隊をおいていた。航空という斬新な分野が拓かれても、またまた彼らの任務は地上での縁の下の力持ち的役割、大空を飛びまわることはなかったのだ。

航空術学生の教育開始は大正五年だったが、そのなかの機関科学生にたいして、「航空機関ノ計画、造修、検査及ビ整備上必要ナル程度ノ飛行機操法及ビ飛行」を手ほどきし、空を自分の手で飛んでみることも、一応は規定されていた。が、それは条文からも明らかなように、搭乗員養成を目的とするものではなかった。

その後一時、彼らの任務遂行上、そうした最低限必要と考えられる操縦教育すら中止したことがあった。が、のちに復活し、太平洋戦争中の整備学生には「練習機操縦法（基本飛行、基本特殊飛行の一部）、射撃法、爆撃法及ビ航法ノ大要」が基礎教程のなかに入っていた。

とはいえ、彼らの主要教科目はあくまでも航空工学、飛行機整備術だったのだ。また、下士官兵の整備術練習生には終始、操縦は教えなかった。

同じ海軍将校生徒でありながら、兵学校出身者だけが華やかに戦える搭乗員、空中指揮官になれ、機関学校出身士官は整備のみを担当しなければならなかったのは、若い彼らにとってまことに残念だったにちがいない。

長らくそういう状態が続いたが、ようやく大戦中に解決され、カマタキ士官も搭乗員になって、空中を縦横に飛びまわれるように改められた。

このことについては、もう一度あとで触れなおすことにする。

ところで飛行学生には、兵学校を出て艦船勤務をし、中尉か二年目少尉のときに行くのが平時のしきたりだったように、練習航空隊「整備学生」も、海上で缶、機械、電機、補機、工作など各パートを渡り歩き、工機学校普通科学生を卒え、一通り船乗り修業をつんだ機関中尉か機関少尉のときに命ぜられるのが普通だった。兵科だけでなく機関科系統も、将校はすべて海上が原点、艦船が基本、という海軍の考え方がうかがえるではないか。時期的には、どんがめ乗りになる士官が、潜校機関学生になるのとほぼ同じころが多かったようだ。

はじめ、「整備屋」士官の養成は霞ヶ浦航空隊で実施していたが、昭和九年から横須賀航空隊に移していた。期間は一年、卒業すると航空隊や空母の整備分隊分隊士や整備士になって、各地へ散って行った。

だが、太平洋戦争で彼らの大量養成が必要になると、隣りに追浜海軍航空隊を開隊し、昭和一七年末からはそこへ移った。ところが、戦局の急迫は昭和一九年暮れ、追浜空を解隊に追いこんでしまい、整備学生の教育は一時中止となった。戦争の推移を見て再興する計画だったらしいが、ついにそのまま敗戦になってしまった。

「マリン・エンジニアにあったように、整備屋へ進んだ士官には、高等科学生はなかったのか?」

と聞かれることがある。ここにもその制度はあった。整備学生教程だけでは、艦艇乗組の機関科将校に多少色をつけた程度なので、日進月歩する航空界では、それではどうも不十分と考えられたわけだ。そこで、二年以上飛行機整備にたずさわってきた機関大尉か機関中尉から選抜して、整備長としての素養に必要な教育をしようと案がまとまった。

昭和一五年一二月から開始、と予定されたが、日華事変は泥沼、太平洋戦争開始の一年前だった。

すでに飛行科の高等科学生教育も中止されており、とてもそれどころではないと判断されたためだろうか、ついに終戦まで実施されずにおわってしまった。

さて、機関科士官から飛行機乗りへの進出だが、これは大戦に突入した直後の昭和一七年二月からはじまった。まず第一回は二人の士官によって口火がきられた。

坂口昌三・海機四七期。平野竜雄・海機四七期。ともに整備学生の出身、飛行機についてまったくのシロートではなかった。

機関学校を卒業して三年数ヵ月がたっていた。コレスポンドの海兵出身者は、二年も前に飛行学生となってすでに一人前のパイロットに育っており、なかには真珠湾空襲に参加した士官もいた。

なのに、何でいまさら、それも大尉五分前のエンジニアがたった二人、特修科学生として一年間の操縦訓練をはじめたのか？　勉強不足で、筆者にはその理由がよく分からない。当時、軍令承行令は改正の方向に向かって進んではいたが、その時点では旧態のまま、機関科将校は兵科将校の後塵を拝さなければならなかった。

つぎに機関学校卒業士官が、パイロット訓練を開始したのは五〇期、五一期出身の一四名が、第三九期飛行学生としてであった。昭和一八年一月から向こう一年間の訓練である。江田島、舞鶴出身士官がともに机をならべ、機首をそろえて修業する、これはまさに画期的な出来ごとだった。

だが、このときは、改正された軍令承行令にさらに特例がつき、軍隊指揮の問題でも、飛行機隊内での海兵、海機出身者の相互関係はかなり改善され、規則上のゴタゴタは消えていた。

それに何よりも、ミッドウェーの敗戦、ソロモン方面での消耗戦により、将校パイロットは、一人でも多く人員を確保したかったので、舞鶴出身士官の採用に踏みきったのだろう。

さらに彼らの第三弾、第四弾がつづいた。五二期出身一九名が、まったく同期の、海兵七一期出の士官と一緒に第四〇期飛行学生として学びはじめた。昭和一八年六月からだった。ついで五三期出身一九名も、第四一期飛行学生として一八年九月から、江田島七二期生とともに飛行訓練を受けたのだ。例の艦船勤務を経験しないで航空隊へ直行したクラスである。

そして昭和一九年四月には、また、特修科学生として三名の海機出身大尉が転身教育を受けはじめたが、今回はそれまでのようにパイロットではなく、偵察将校への転換だった。

こうして、合計五七名の若いエンジニアが太平洋戦争中、飛行将校になっていった。

そして、その先陣をきった坂口昌三大尉は、昭和二〇年三月二〇日、神風特別攻撃隊菊水部隊銀河隊を指揮して戦死。二階級特進により海軍中佐、勲四等功三級の栄誉に輝いた。

遂に大将になれず

では、黒糸縅しの武者、機関科将校は尉官から佐官、将官と階級が上がっていくと、海上や陸上でどんなポジションについたのだろう。兵学校出身者ならば、「俺は将来、連合艦隊司令長官だ」「俺は海軍大臣になりたい」どんな夢をえがくのも、望みをもつのも勝手だった。

だがしかし、機関科将校の社会はいささか様子がちがっていた。同じ将校なのに太平洋戦争が始まるまでの長い間、ベタ金になっても、マストの頂上高く将旗を掲げる職務につくことは制度上できなかったのだ。それより何より、将官になってからは、実質的に海上での勤務につくことはなかった。

いや、そこまで行く以前、戦艦や巡洋艦の艦長になって一国一城の主として君臨できるのは海兵出身者に限られていたし、軍艦の副長にすら彼らはなれなかった。ということは、機関学校出身将校の、艦艇の固有乗員としての最高配置は、なんと機関長が行き止まりだったのである。その階級は戦艦、空母などの大艦でも機関中佐だ。

機関大佐に進級してからの海上では、わずかに連合艦隊をはじめとするいくつかの艦隊の艦隊機関長(カタキ)と、各種戦隊の戦隊機関長(センキ)になれるだけだった。それは艦船部隊の指揮官ではなく、陰の存在、たんなる幕僚に過ぎない。そんな「カタキ」「センキ」の人数は、昭和六年

度で調べてみると、兵学校出身の大佐艦長や駆逐隊司令、潜水隊司令のおよそ六分の一ほどだった。

そういう海軍の制度、人事上の構造（からくり）もぜんぜん知らず、「これで僕も海軍将校になれる！」と喜び勇んで機関学校へ入校した中学生たちは、やがてことの実相を知るようになる。愕然とし、失望する少年が多かった。オフィサーとなり士官社会で暮らしはじめると、その失望の輪は輪をよんで、しだいに憤懣の炎が燃えさかっていった。

ご承知のように、兵学校出身の将校のなかでもエリヌキが入る、海軍大学校甲種学生という課程があった。それとならんで機関科将校の進路には、同様に「海軍大学校機関学生」の制度がつくられていた。これも、エンジニアの誰もが熱望するエリートコースだった。

ところで、海軍大学校令のうたい文句によると、甲種学生には「枢要職員又ハ高級指揮官ノ素養ニ必要ナル高等兵学」を教授することになっていたが、機関学生には「要職ニ充ツルニ適スル素養ニ必要ナル高等ノ機関術」を勉強させることになっていた。一方は〝枢要職員〟といい、片方は〝要職〟。ほんらい、同意語ではないのか。それを使いわけると、似ているように聞こえながら、なにかひっかかるところがないでもない。

たとえ海大機関学生出身者でも、軍令系統での将来に高級指揮官のポストはない。幕僚配置でも、艦隊・戦隊の機関長、機関参謀にはなれても、参謀長、先任参謀の職にはつけなかったのだ。それかあらぬか、甲種学生の入校資格は少佐または大尉とされていたのに、機関学生のほうは、機関大尉または機関中尉と一ランク下がっていた。

こうして、機関科将校の海上での活動分野は、高級士官になるとガクッと減ってしまった。

もともと彼らの場合、若いうちから、どんな艦に乗り組んでも、艦内配置は兵科士官にくらべてずっと少ない。昭和一二年度の戦艦「長門」を例にとると、兵科が艦長以下、三一名の定員になっているのに、機関科は三分の一の一一名だ。それは全海軍を通じても似たような比率で、昭和一三年当時、兵科将校は約三二〇〇名、機関科将校は約一二〇〇名の人数だった。

ということは、元来少ないカマタキ士官だったが、だんだんエラクなるにしたがい、船乗り稼業の足を洗い、陸上でお役所づとめをしなければならない、ということでもあった。

22表は、彼らが青年士官時代いらい歩んだコースの実例をあげてみたものだ。三人とも昭和のごく初期に機関学校を卒業したクラス仲間。A中佐はノーマーク、船乗り生活の長かった士官であり、例の艦内編制改正による産物「内務長」をつとめている。B中佐は整備屋の典型、C中佐は大学校選科学生をおえてから、陸上勤務の多かった一例だ。

この「海軍大学校選科学生」というのは、甲種学生と機関学生を正規の〝フルコース〟にたとえれば、自分の好みによって食べる〝一品料理〟といってもよかった。しなかずは豊富で、さきほどのべたように海上勤務の先細りの理由から、機関科士官にはこのコースを選択する人が多かったのだ。

昭和一一年度、大尉以上大佐までの兵科士官は二二〇三名おり、そのうち六・六パーセント、一四五名が選科学生を卒業していたが、機関科士官では、同じ階級範囲八八七名中、一二・一パーセントの一〇七名が「選」マークをつけていた。

機関系統特有のものとしては、内火機械、タービン、補機などそれぞれについて、海大のなかで一年間、自学自習に近い研究生的学生生活を送るものもあったが、部外の帝国大学に入学してシャバの学生と一緒に勉強するコースもあった。そこでは聴講生の場合もあったし、正規の大学生として三年間、学部に通学し〝学士〟様になる課程もあった。

籍を置く学科は物理学、機械工学あるいは冶金（やきん）とか応用化学とか採鉱学とかまであり、「え～っ、何でマリン・エンジニアがこんな学問を？」とビックリするほど、そのメニューはバラエティーに富んでいた。

なお、選科学生には、別に東京外語（現・東京外語大）へ通う〝語学コース〟もあり、22

22表　カマタキ士官の勤務

年月（昭和）	A　中　佐	B　中　佐	C　中　佐
5年	対馬・乗組／磯風・乗組	工機校・普通科／対馬・乗組	工機校・普通科／八雲・乗組
6年	汐風・乗組	練空・整備学生	八雲・乗組
7年	東雲・乗組	大村空付	海大選科学生（東京外語）
8年	阿武隈・乗組	〃	〃
9年	二見・乗組	霞空付	川内・分隊長
10年	妙高・分隊長	〃	愛宕・分隊長
11年	〃	加古・乗組	海大選科学生（東京帝大）
12年	如月・機関長	横空・分隊長／大村空・分隊長	選学（東帝大）／軍需局
13年	迅鯨・分隊長	13空・分隊長／館空・分隊長	呉鎮付
14年	阿武隈・分隊長	館空・分隊長	ドイツ駐在
15年	夕立・機関長	父島空・整備長	〃
16年	浦風・機関長／工機校・教官	美幌空・整備長	〃
17年	長門・工作長	〃	軍需局局員
18年	長門・工作長／多摩・機関長	宇佐空・整備長	〃
19年	羽黒・内務長	翔鶴・整備長／601空付	軍需局局員／足柄・機関長
20年	〃	951航戦・参謀	足柄・機関長／1南遣司令部付

表のC中佐は、ご覧のように両方の選科コースのテーブルについて御馳走を食べた士官だった。

こうして選科学生を修了した機関科将校は、もうたんなる船乗りではなかった。といって、造船、造機、造兵の技術科士官に転ずるわけでもない。強いて言えば、用兵と技術の橋渡しをする〃技術系将校〃といえた。そして彼らは、陸上の技術行政の枢要なポジションへのぼっていくのであった。こういう教育をするところが海軍の見識の高さ、視野の広さを示すところといえようか。

工廠、航空廠、燃料廠、技術研究所……陸上がりした、そんな彼らの腕のふるい場所はいくらもあった。さらに赤煉瓦の中央に入れば、艦政本部や航空本部、軍需局など。艦本第五部は機関の計画や造修の元締めだったが、その部員の半数は機関科将校で占められていた。

ただし、こういう技術行政方面に進むのは、選科学生出身者だけとは限らなかった。大学校機関学生出身者も、工機学校高等科学生を出ただけの士官も配員されていった。機関科将校は生徒時代から頑張り精神、犠牲的精神をとことんたたきこまれていたが、同時に、物事を冷静にみつめ、緻密に計画、処理できることも彼らの特質でなければならなかったのだ。

古い話だが、日露戦争のとき、あの旅順閉塞隊に杉政人少機関士(機関少尉の旧称)は二回も参加した。ふつうの人間だったら、ああいう決死行に出発するときは興奮し、大言壮語したりするのだが、彼はちがっていた。出かける直前まで「常磐」艦内の機関科事務室で、職務である機関日誌の整理をし、死地から帰還すると、またふたたび、事業服に着がえて日誌の整理をつづけたという。こういう人物は冷静沈着というのだろうか、それとも底なしの豪胆というのだろうか。

杉さんは後に中将となり、艦政本部長に栄進した。機関科将校の海上でのポストは前にのべた通りで、陸上ですわれる最高の椅子は、艦政本部長だった。といってもそれは、機関科だけのものではなく、兵科出身将官が多くすわった。

エンジニア出身では、この杉中将と、上田宗重中将、終戦時、最後の本部長をつとめた渋谷隆太郎中将の三人だけだった。この三人は、機関科出身の大将候補だったといわれるが、現実には、彼らからついに海軍大将は生まれなかった。

桜花のかわりに羅針儀(コンパス)マーク

「オイ、いまのは予備士官だったぜ」

すれちがった水兵が、仲間にそうささやくのが、M予備中尉の耳にチラッと入ってきた。なんだか、本気で敬礼したのが損したみたいな言いっぷりで、M君、非常にイヤーな感じがしたそうだ。このときばかりでなく、ふだんでも兵員が何となく自分をバカにしているような態度が見えるのだ。こんなことでは統率もうまくいかないし、結局は士気にもかかわる、と思ったと彼は言う。


あのころの、それは、太平洋戦争中でも戦争前でもいいのだが、海軍の官職階表、ひらたくいえば階級表をパッと開いてみると、おかしな欄があった。右側から将校、将校相当官……ときて、左のほうに「予備員」と表題がつけられているそこは一ワク別になっていて、さらに予備将校とか、予備准士官……予備兵というように、上下の階級がつくられていたのだ。こんなのは、陸軍にはない。


では、そんな海軍独特ともいえる「海軍予備員」とは、いったいどんな存在だったのか？

予備士官とは何ものだったのか？

話はもどるが、同じ短剣を吊り肩章のついた軍服を着た士官なのに、なぜ水兵サンたちから、「予備士官だ！」と言われたのだろう。この話は日華事変のなかごろ、ある軍港地でのことなのだが、とりあえず、「海軍予備士官」というものの定義は後まわしにして話をすめていく。

当時、彼ら予備士官の服装は、微細なところで、正規の、いわゆる本チャンの「海軍士官」とは違えてあった。

まず軍帽の前章。〝抱き茗荷（みょうが）〟といわれる金繡（きんしゅう）の大ブリなやつの上部に、士官のは、銀色打ち出し金属の桜の花がついていた。ところが、予備士官の場合、これが桜ではなく、やはり銀色金属だが、１図(イ)に示したような〝羅針儀（コンパス）マーク〟がのっていたのだ。これは径が二センチもない、小さなしるしである。

それから、軍服の肩章にも襟章にも、桜花（チェリー）のかわりにこのコンパスマークがついていた。そして冬の士官軍服には、階級をあらわす〝蛇の目〟の袖章がついていたが、これも予備士官のは、２図に描いたように〝山形〟になっていた。

とにかく、細かいところでいろいろ標識（しるし）に区別をつけていたのだが、さすがに帝国海軍の水兵、眼は鋭い。ふつうの人なら気がつかないところだが、夕闇せまる日暮れどき、すれちがいざま、サッと見抜いてしまったというわけだ。

大勢の、そんな予備士官が充員召集で戦地や艦隊に勤務するようになったのは、日華事変が始まってからなのだが、ことにまだ若い予備士官連中は、服装には悩んだようだ。

１図（イ）
予備員徽章

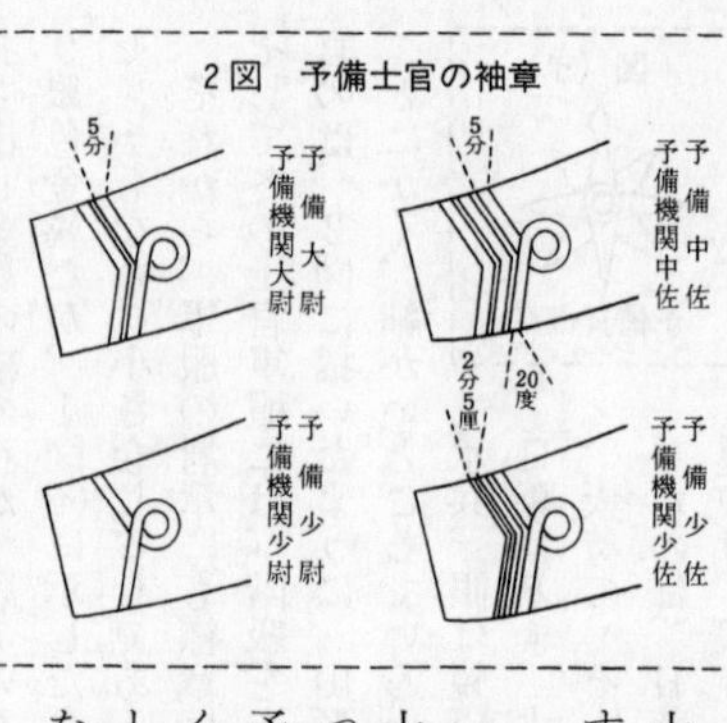

2図　予備士官の袖章

「ウンザリなんですよ。あの〝山形〟を平らにして、現役士官と同じにしてもらわなければ、兵員から軽く見られます」

と先輩の予備中佐、予備少佐たちに向かってうったえた。

こんなあんばいに、服装の細部で相違のあった彼ら予備士官というのは、じつは、正規の海軍士官とは出身がちがっていたのである。兵学校や機関学校を卒業した士官が、予備役に編入されてなる士官ではなかったのだ。ここがよく誤解されるところだ。彼ら正規士官は、現役をリタイヤーしても〝予備役海軍士官〟になるのであり、予備士官になるのではなかった。

そしてそれは、服装だけの相違ではなく、いままで黙って書いてきたが、階級の呼び方でもちがっていた。本チャンなら「海軍大佐」「海軍機関中尉」、予備役に入ってもそのままであり、より正確に言う必要がある場合には、〝予備役海軍大佐〟……だった。が、同一ランクの予備士官のほうは、「海軍予備大佐」「海軍予備機関中尉」とよばれたのだ。ずいぶん間違いやすく、わずらわしい呼称区別だが、昭和一三年に予備特務士官制度が廃止されるまでは、「海軍予備航空特務少尉」などと、名刺からハミ出すほど長い階級名もあったのだ。

23表は、そんな名刺の印刷に困るような階級が整理された、太平洋戦争中、昭和一七年一一月一日から翌一八年六月二九日までの海軍予備員官職階表だ。

召集なしでも進級

さて、正規の海軍将校には、兵学校や機関学校を卒業した少尉候補生、機関少尉候補生から任用されることは、これまでサンザン書いてきたところだ。いよいよ本論だが、予備士官にはどういう人がなったのだろう。だがその前に「海軍予備員制度」とは何か？について、述べておく必要がある。それは、「海軍と密接な関連をもつ官民の業務従事者に海軍教育をほどこし、平時より予備役海軍軍人として保有し、戦時その他必要の場合、召集して軍務に服させることを目的とする制度」まあ、簡単にいえばこんなことになる。

区分					
予備佐官	海軍予備大佐				
	海軍予備中佐				
	海軍予備少佐				
予備尉官	海軍予備大尉				
	海軍予備中尉				
	海軍予備少尉				
予備准士官	海軍予備兵曹長	海軍予備飛行兵曹長	海軍予備整備兵曹長	海軍予備機関兵曹長	海軍予備工作兵曹長
予備下士官	海軍予備上等兵曹	海軍予備上等飛行兵曹	海軍予備上等整備兵曹	海軍予備上等機関兵曹	海軍予備上等工作兵曹
	海軍予備一等兵曹	海軍予備一等飛行兵曹	海軍予備一等整備兵曹	海軍予備一等機関兵曹	海軍予備一等工作兵曹
	海軍予備二等兵曹	海軍予備二等飛行兵曹	海軍予備二等整備兵曹	海軍予備二等機関兵曹	海軍予備二等工作兵曹
予備兵	海軍予備水兵長			海軍予備機関兵長	海軍予備工作兵長
	海軍予備上等水兵			海軍予備上等機関兵	海軍予備上等工作兵
	海軍予備一等水兵			海軍予備一等機関兵	海軍予備一等工作兵

(昭和17.11.1～18.6.29)

23表　海軍予備士官・下士官・兵の官職階表

そのそもそもは、明治一六年七月、西郷隆盛の弟、西郷従道農商務卿が川村純義海軍卿へ、

「英国のマネをして、商船学校の生徒に軍事のことも少々勉強させ、有事のさいには予備士官として働かせたらいかがでござろう。それについては、幾許(いくばく)かの教育に要する経費(かね)を支出して下さらぬか」

と公文書(てがみ)を送ったのが事の起こりだった。

したがって、制度の歴史はかなり古い。

そのころ、〝海軍に密接な関連を持つ業種〟といえば、海運しかなかったから、高級船員のタマゴたち、東京商船学校の生徒を予備士官養成のソースとしたのは当然だった。この学校は後に東京高等商船学校と改称され、戦後の現在も東京海洋大学として、隅田川のほとりに存続している。すなわち、ここ、東京商船学校がわが海軍予備員制度の源流となり、予備士官を供給しはじめたのであった。

しかし、日清戦争の一〇年も前のこと、母体である現役軍人のシステムでさえ、小学生に近かった。当然、つくられた予備員制度のほうもヨチヨチ歩きの幼児である。階級制もなく、たとえば、

「海雄(うみお)　渉(わたる)

海軍予備員ヲ命ズ

但シ　身分ハ海軍少尉補ニ準シ　軍務局ノ管轄トス

明治一九年七月三〇日」

こんな辞令が渡されたらしい。少尉補とはのちの少尉候補生であり、驚くなかれ、彼らにはその身分一つしかなかったのだ。年をとり、たとえ頭のはげたロートルになっても、〝候補生ニ準ズル〟身分だったのである。

階級制度ができ、予備員の任用、進級、召集などもろもろの規則が規定されたのは、明治三七年六月、日露戦争のまっ最中だった。その法令の名は「海軍予備員条例」。日本海軍の予備員制度が確立されたのは、このときだったといってよい。

まず、兵科には海軍予備中佐から、下は海軍予備三等兵曹まで、機関科には予備機関少監（後年の予備機関少佐）以下、予備三等機関兵曹まで。これでやっと、彼らも海軍軍人としての市民権を得たといえた。

だが、このとき定められた「予備員徽章」は、さきほどのべたコンパスマークではなく、1図(ロ)のようにヨヒと丸く型どった、はばかりなく言ってしまえば、どこか二流会社のバッジみたいにパッとしないものだった。これがコンパスマークに変わったのは、大正八年六月だった。このとき、海軍予備員条例はさらに内容が整備されて「海軍予備員令」と改められ、機関科にも、兵科と同じように中佐のランク、予備機関中佐が設けられた。

1図（ロ）

予備員徽章

それは、ちょうど第一次世界大戦が終結して間もないころだ。この戦争では、日本海軍のお師匠サン、イギリス海軍では予備員が軍艦乗組で、また掃海艇や哨戒艇で大いに活躍し、その存在価値を輝かせていた。だが日本では、日露戦争でも世界大戦でも、そんな必要に迫られなかったせいもあろうが、予備員制度は紙の上で着々と整っていくばかりで、実動、とりもなおさず召集をかけて、海軍軍人として働かすことはまったくなかった。

その後も戦いのない大正は数年間続き、予備員は無視され、教育や訓練のための召集さえなかった。そうこうするうちに大正がおわり、昭和になったその二年、とうとうデスク・プランでは「海軍予備大佐」と「海軍予備機関大佐」の最高官階がつくられた。

それは、制度の上ではエライ出来ごとだったのだが、じっさいに大佐ランクまで昇進した予備員は、昭和二〇年日本海軍滅亡の日まで、ついに皆無だった。ただ、予備中佐、予備機関中佐になった人はかなりの数にのぼっている。ここまでは履歴による〝抜擢〟で進級できたのだが、大佐になるには、予備員令のなかに、

「第二十一条　予備中佐又ハ予備機関中佐ハ特選ニヨリ之ヲ進級セシムルコトヲ得」

と、跳びこすのに骨の折れる高いバーが、一本置かれていたからだ。

ところで、こう書いてくると、「何か変だな？」と思われないだろうか。「召集による海軍勤務もないのに、海軍での階級が上がっていくのか？」と思われたにちがいない。

が、じつはそうなので、ここが予備員制度の一大特徴でもあった。進級には各階級での実役停年が必要なことは現役軍人と同様で、それには一応、召集中の勤務日数が大きなウェイトを占めると、規定されていたのはもちろんだった。

しかし、それだけでなく、「船舶職員トシテノ勤務日数」がマルマル計算され、また商船学校の教官や水先人（パイロット）として働いた日数なども、その何分の一かが勘定される仕組みになっていたのだ。

そんなわけで、戦前、欧州航路や北米航路などの大きな汽船の船長サンには、商船学校卒業いらい、ぜんぜんグンカンとは無縁だったのに、いつの間にか、海軍予備少佐、海軍予備大尉の肩書をもった人がたくさんいたのだ。船底のボス、〝いうこと機関長〟のほうも同様である。

昭和一六年一二月八日、太平洋戦争が勃発したその日、上海沖を航行中の東亜海運「長崎丸」は、海軍哨戒機から通信筒の投下を受けた。それには「米商船一隻を発見。これに停船を命ずると同時に、艦艇の急航を要求している。貴船は艦艇の到着まで、米船の監視に当たられたい」との指令が書かれていた。

菅源三郎船長は自船が無武装なのにもかかわらず、勇躍、米船の捜索を開始し、遂に発見した。「プレジデント・ハリソン号」一万五〇〇〇トンだった。彼は追躡、触接をはじめ、さらにハリソン号が逃走を企てているのを察知すると、機敏にまわりこんでは彼女の航路をふさぎ、とうとう停船させ、来着したわが駆逐艦への引き渡しに成功した。

菅船長はこの適切、勇敢な協力により、海軍大臣から表彰され、金杯を贈られた。しかし、不幸にもその数ヵ月後、長崎丸は長崎入港の直前、敷設機雷に触れ沈没してしまった。そして、その責を負い、彼は三日後の五月二〇日、割腹自刃して果てた。

家族にのこした遺書には、「父のとるべき道はただ一死あるのみ。お前たちのために生きていてやりたいのは山々だが、それではわが日本帝国の海員道がたたぬ」とあったそうだ。こんな事件があったなどということ、もうまったく知らない人が多いのではなかろうか。彼もマーチャント・ネービー一筋に生きた、海軍勤務経歴のない海軍予備少佐だった。

「予備員制度」始動

だが、やがてそんなペーパー・プラン的な予備員制度も、ようやく動き出す日がやってきた。昭和三年の秋、小演習にはじめて海軍予備員に演習召集が下令されたのだ。

この年は二人の予備一等下士官にたいしてだけだったが、翌四年からは、予備士官、予備準士官にも召集令状がとぶようになる。が、一回の人数は五人から十数名ていどと少なく、兵科、機関科ともオフィサーは予備尉官だけで、はじめのうち予備佐官は召集対象にならなかった。

第一次大戦が終わってほぼ一〇年だ。その当時の英海軍の戦訓を見、また海上戦闘の今後をツラツラ予測してみるとき、

「日本にもせっかく予備員がいるのだから、生かさぬ手はあるまい。試しに召集して使ってみようではないか」

と、海軍のおエラ方が考えたのであろう。

艦隊決戦での勝利、それが海軍の最大眼目であることに変わりはなかったが、それを軸とする周辺、すなわち補給戦などの重要性に目ざめなければいけない時期にすでに入っていたのだ。海軍首脳部がそれをどの程度認識していたかは別として、そんな支流戦闘にも関心をもった証拠ではなかったろうか。

ともあれ、初めての召集で、まさかと思っていた令状を受けとった彼らはあわてたらしい。軍服を急いでつくり、短剣は船会社に備えつけられているものを拝借におよんで、出発する予備士官(リザーブオフィサー)もある始末だった。

とにかく、それまでの当局は、コンパスマークにほとんど期待していなかった。それは予備員教育の元締め、海軍砲術学校の教育綱領に明らかなのだ。

「第十二条　商船学校学生、海軍予備員、海軍予備員志願者ノ教育ハ海軍軍事一般及砲術ニ

関シ軍事上ノ秘密ニ渉ラサル範囲内ニ於テ海軍徴用船舶ニ勤務スルニ当リ必要ト認ムル事項ヲ習得セシムルヲ以テ目的トス……」

しかし、彼らを召集して軍艦に乗せ、特設艦船に乗せて配置につけてみると、じつによくやるのだ。

それは航海、運用の技術にも、機関の取り扱いにも、海軍とでは共通するところがあるのだから、当然といえば当然だった。ただ平時の商船は単船で歩くので、発光、旗旒、手旗による艦相互の信号の発受信には、最初とまどったらしい。

予備士官だからといって、仕事に割引きはない。艦内では正規士官と同じ配置につき、失敗があればビシビシ叱られる。が、なかには「兵学校出の士官でも及ばないほど、よく出来る」と艦長からほめられるリザーブ・オフィサーもいた。

とくに、昭和五年度大演習で、特設巡洋艦「伊豫丸」(日本郵船)に乗艦した予備士官の活躍ぶりは見事だったらしい。講評に曰く、

「(イ) 勤務　航海長山下有鄰予備大尉以下七名、イズレモ熱心ニ軍務ニ服シ、ソノ当直ブリノ謹直ナルコト想像以上ナリ。演習中ホトンド艦橋ヲ離レズ、各上官ヲ補佐シ、カタガタ実務ノ研究ニ努力、終始セリ。

(ロ) 技能　航海、運用ニ関シテハ、直チニ間ニ合ウ優秀ナル技能ヲ有ス」

その第二期演習で、伊豫丸が哨戒配備についたとき、敵潜水艦をまっ先に発見したのは、山下航海長だった。わずか二〇日間に満たない演習召集だったが、コンパスマークたちはサ

クサクたる好評を得たのだ。

そして、この動きは海軍省首脳部に、「予備員ニ対スル認識、取扱ヒ方針ヲ一変スル必要アリ」とまで言わせた。彼らへの召集員数は年をおって増えていき、昭和七年には従来にくらべて、若手オフィサーへの令状発送がグンと多かった。高等商船を卒業して、まだ船会社に就職していない者四人をふくめて、予備中尉一名、予備少尉一〇名、予備兵曹長二名、予備機関少尉四名、合計一七名に白紙（しろがみ）の令状がとんだ。

この年は主に夜戦部隊系統のホンモノの巡洋艦、駆逐艦に一三日間ていど配乗されているが、船乗りとしてはかなりベテランになっている、予備中尉と予備兵曹長の計三名は、徴用船をつかった特設掃海艇艇長を命ぜられた。

さらに翌八年の特別大演習には、いままで

にない多人数のリザーブ・オフィサーが召集された。全員、ヤングの予備少尉と予備機関少尉あわせて四四名。七名と三七名の二回に分け、短い者でも約一月、長い者では三月におよぶこれまでに例のない長期間召集だった。配員先は対抗演習で敵方になる各艦だ。

こうして、明治一七年に「錨を上げ」た予備員制度は、昭和三年にようやく「前進微速」の号令がかかり、しだいに「半速」から「原速」へとスピードを高めていった。

空のリザーブ・オフィサー

ふだん海軍のことになど、あまり関心をもたない人でも、〝予備学生〟といえば、「ああ、戦争中、あの学徒出陣でかり出されて、海軍の将校になった連中か」とお分かりいただけるのではあるまいか。

戦後、彼らの手記、遺稿をあつめた『きけわだつみの声』とか『雲ながるる果てに』などで有名になったこの予備学生出身のオフィサーも、じつはコンパスマークの士官だった。しからば、予備学生とはそもそも何か？

今でこそ、男も女も、老いも若きも自分でクルマを運転し、たいていの家庭に自動車の一台や二台あるのはふつうになっている。とはいえ、飛行機の操縦ができ、自家用パイロットの免許をもっている人となると、さすがに少ない。

話が半世紀も昔の、昭和一〇年前後にさかのぼればなおのことだ。そのころ一般の民間人は、お客として乗ることすら珍しかった。

「こんど、タダで飛行機の練習ができて、将来は一年間、海軍へ行くだけで少尉になれるウマイ制度がつくられるらしいぜ」

そんな話が都下の大学や高等専門学校の学生の間に流れたのは、昭和九年の半ばごろだった。当時、飛行機はまだまだアブナッカしい代物と思われていたが、それにチャレンジするのもできるのも、時代の先端をゆく若人である。これはいつの世にもかわりはない。

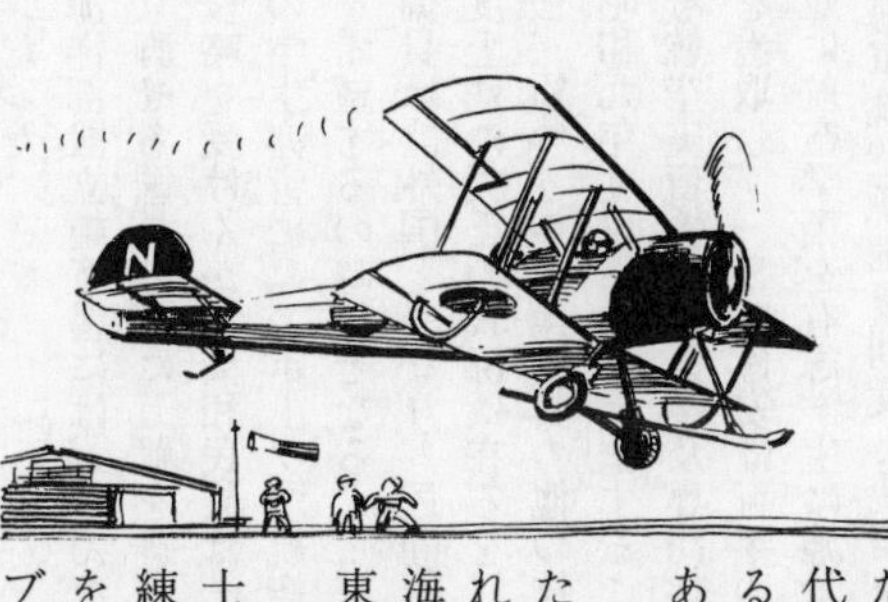

さっそく〝ヒコーキ野郎〟志願者が集まった。百数十名が応募し、四〇名が入会を許された。その組織の名称は「日本学生航空連盟海洋部」。発足は昭和九年の夏、七月十日、東京羽田飛行場においてだった。
彼らを教える先生は予備役の海軍士官と下士官、いうまでもなく飛行機乗りの出身だ。練習に使用した飛行機は、エンジン自体が油をとび散らしながらグルングルン回転するアブロ式五〇四型陸上初歩練習機で、海軍から

払い下げのセコハンだった。

そのときの連盟海洋部設立趣意書には、こんなふうに書かれていた。

「……今や正義に立脚せる国是の下に万難を排して一路邁進するの非常時に直面し、一朝他国の阻止脅威又は侵略を受けんか我大和民族は一致協力渾然一体となりて祖国防衛に当るべきの秋なり、銃後の学生亦啻に『スポーツ』航空に満足せず、空軍第二線として軍隊予備訓練の意義を加うるを希望するの時代となる……。

帝国国軍航空予備員は諸外国と異なり、民間航空の発達遅々として進まざる為其の数尠く、特に海軍は其の制度上殊に欠乏の状況に在るを以て最近之が対策の一手段として毎年特定資格者若干名を採用し、約一ヶ年間操縦其の他の技術を授け、修業の暁航空予備初級士官に任ずるの制を建て、昭和九年度以降之を実施することとなり、之が候補者として適当の体格竝に適性を具え、然も航空実習希望の大学及専門学校卒業者を要求するの機運に際会せり。

吾人は前記の事を看取し、一日の偸安は百年の悔を残すものなることを認め……。秩序的飛行訓練竝に航空学術を有志学生に施し、空に憧るる若人年来の希望を達成せしむると同時に、前記海軍航空予備員制度と連絡をとり、時局上緊急の対策を実現せんとす……」

そして、趣意書にもあったように、その九年一一月から「海軍航空予備学生」制度が発足し、第一期生が霞ヶ浦航空隊へ入隊している。最初の二ヵ月は横須賀航空隊へ行って、海軍軍人としての基礎教育を受け、それから一〇ヵ月間、霞空へもどって飛行訓練に打ちこむシステムになっていた。

この操縦訓練で一応のパイロットにはなれるが、これだけでは飛行時間が十分とはいえない。といって、在隊期間を延ばすことは就職などの関係から無理だった。そこで、在学中、彼らの学業を妨げない範囲で飛行機操縦やその他の教育訓練を行なって、二等飛行機操縦士の免状がもらえる程度の前段的予習を実施しておく。そうすれば、海軍航空隊へ入ってからの教育は一層進歩をとげ、卒業と同時に立派な航空予備将校になれるであろう、というのが学連海洋部設立の目的だった。

しかし、おわかりのように昭和九年一一月では、まだこれらの面々は羽田で訓練に入ったばかりだったので、第一期予備学生はまったくのシロートから募集し、飛行経験のない青年学徒が航空隊へとびこむハメになった。人数はたった六名だったが、それだけ海軍では、航空予備員の一日も早い充足を願っていたということだろうか。それにしてもたったの六人とは！

翌一〇年の春、海洋部第一回の修了生一三名が第二期航空予備学生として霞空へ入隊した。このときも、海洋部出身者以外から、操縦無経験者二名が合流し、計一五名が学生になっている。

このころの学連海洋部の連中は、

「学生時代から無性に飛行機が好き、無条件に好き、学校で勉強するよりは飛行機に乗っていたほうがいい。飯より好き。

土曜、日曜に羽田へ行き、海軍の飛行機で訓練を受けたんだが、親からもらう小遣銭が足代になった。弁当は一五銭ぐらいのライスカレーを食ったり、ひどいときは飯も食わずに飛びに行った」

こんな状態だったらしい。五期航空予備学生出身O大尉の話だ。

設立趣意書にいかめしいことは謳っても、初めのうち、学連海洋部には学生の〝スポーツ航空クラブ〟的雰囲気が多分にあったようだ。

が、しだいに海軍航空科予備員の準備教育機関としての色彩が強められていった。昭和一一年七月、「学生海洋飛行団」として学連から独立し、さらに日華事変の始まった直後、一二年九月からは「海軍予備航空団」と名を改めた。

それに、たった一年そこそこの教育だけでは、海軍当局の航空予備兵力を保有しようとする意図に十分そえるものではない。「航空関係海軍予備士官ノ補習教育ヲ併セ行フコトトス」、つまり霞ヶ浦の教程終了後、民間へもどった連中に、技量保持、向上のため飛行訓練の場をあたえるという事業も、予備航空団への改称理由の一つになっていた。

さて、第一期から第三期までの航空予備学生出身オフィサーは、「任海軍予備少尉」の辞令をもらうと、いったん約束どおりシャバへ帰った。

が、第四期学生からは、任官、予備役編入、即日充員召集の三段跳びをし、軍服をぬぐ暇はなかった。それは、すでに昭和一二年七月七日に日華事変が勃発していたからだ。そして事変の拡大は、一期、二期、三期の出身者たちにも赤紙の召集令状を飛ばすことになっていった。

しかし、昭和一六年六月、海軍はせっかく育て上げた予備航空団を閉鎖してしまった。それは太平洋の波が急激に高くなり、海軍自体の航空正面軍備を優先するのに忙しくなったからであった。結局、全員がそろって準備教育を受け、航空予備学生になったクラスは第三期から第九期まで、ということになる。そして一二期以降は、予備航空団に在籍した飛行経験者は皆無となった。

「予備学生」制度拡張

ざっとこういったところが海軍予備学生のルーツだが、それは御覧の通り、飛行機搭乗士官養成オンリーの制度だった。が、やがて、その「航空予備学生」のなかに整備科が設けられることになった。

ただし、こちらの方は、空中で操縦桿を握りフット・バーを蹴る操縦員とちがい、エンジンや精密な計器を扱うので、技術的な知識、理数的な素養がはるかに必要だった。

昭和一三年に第一回学生が募集されたが、そういうわけで大学の工学部卒業者と工業専門学校卒業者に資格が限られていた。未来の文豪や画伯を目ざす書生は募集対象になっていなかったのだ。教育場所は横須賀海軍航空隊で、約一年間だった。

ところで、この「整備科航空予備学生」にはちょっと不思議なところがある。一期生、四〇名の「海軍予備機関少尉」任官は昭和一四年四月二〇日、ときは日華事変のまっただ中だった。コレスポンドの飛行科の連中は即日召集を受けていた。なのに、彼らは軍服をぬぎ帰郷しているのだ。これは昭和一六年四月任官の三期生までつづく。

どうも事変中は、彼らを航空隊現場での戦力として使う意図を、海軍ではもっていなかったらしい。

そのころ、陸軍への現役入隊、補充兵の応召は激しくなるばかりだった。一方、海軍では航空威力をきわめて重視しだしており、対米戦にそなえるためにも、飛行機生産はゆるがせにできないことと考えていた。したがって、そこに勤務する若い優秀な技術者に海軍の兵籍をもたせておけば、陸軍へ連れていかれる心配はない。学生たちにしても、新制度の整備予備学生になれば、それまで学んだ学業を生かせるし、大陸の戦野をテッポーかついで走りまわらなくてすむ。一挙両得、優秀な学生も応募するだろう、こんなふうに海軍当局ではねらったのではなかろうか？

だから、彼らを軍人として使うための召集は、太平洋戦争開始少し前の昭和一六年六月、二期卒業生の一部に下令されたほかは、大戦が始まってからだった。そして、四期生以後は原則として、飛行科同様、任官即日召集のパターンをふむことになった。

なお、ちょっとつけ加えておくと、はじめ応募資格は工科系だけだったが、戦争の後期になって、数学とか物理とか化学、そういった理系の学生にも範囲がひろげられた。ただし、文科系は相変わらず募集対象にならなかった。

太平洋戦争が始まる直前の昭和一六年一〇月、全国各地の大学キャンパスに一枚の掲示が張り出された。

「海軍省告示第三十四号
　海軍予備学生（兵科）左ノ通募集ス
　　昭和十六年十月二十五日
　　　海軍大臣　嶋田繁太郎
一、志願者ノ資格
イ……」

そのほか出願手続きや期日だけを示し、〝詳細ハ海軍省人事局宛照会ノコト〟と書いてある。まわりに集まった学生たちも、

「予備学生って何だ？」

「海軍の幹候らしいな」

その程度より深く知っている者はいなかった。それまでの航空予備学生などは、ごく限られた一部の学生のものに過ぎなかったからだ。

「兵科って、軍艦に乗るのか？」

ともあれ、新種のリザーブ・オフィサー候補者の募集案内だった。対米国戦をはっきり意識した準備計画の一環に間違いない。

このときから、航空予備学生という名称はなくなり、「海軍予備学生」という後世まで語り伝えられるであろう一本の呼称のもとに、それは兵科、飛行科、整備科の三種に分かれることになった。

こうして、はじめて募られた第一期兵科予備学生は約五〇〇人近いといわれている。そのうち、昭和一七年一月二〇日、横須賀第一海兵団へ入った三七八名のなかから、すぐ一〇〇名が第一〇期飛行科予備学生にかわり、岩国航空隊へ移っていった。

すでに太平洋戦争が始まり、ハワイ、マレー沖海戦で開幕された戦況はわが軍に有利、景気のよいまっ盛りであり、航空軍備最重視の路線が決定的となったからだった。

一期予備学生採用試験の口答試問が行なわれたのは、もう開戦後であり、そのとき、「飛行機へ廻されてもよいか?」と、みな尋ねられたという。入団後も航空の重要性を説かれたらしい。

こんな場合、男として「応」と返事をしないのはかえって勇気がいるものだ。二五〇名ほどが搭乗員適性検査を受け、一〇〇名が飛行機乗りに転科したというわけだった。

その他の兵科学生は、陸戦、対空、通信、特信、気象、対潜、施設、教育、心理、技術、航空兵器の各班に分かれて修業し、「海軍予備少尉」に任官したのは、一年後の昭和一八年一月二〇日だった。

だが、この専修別のなかで、「何だ、これは？　いかに予備将校とはいえ、戦闘兵科の士官らしくない〝専門〟だな」と思われるのがないだろうか？　たとえば教育とか心理とか施設とか。海兵団での六ヵ月の基礎教育が終わると、みな砲術、通信、機雷などの術科学校へ進んだのだが、彼らだけはいささか違ったコースを歩んだ。

教育班の連中は、すぐ海兵団練習部や土浦航空隊、兵学校などへ「教官」として配属されたのだ。

「海軍へ入ってたったの半年、専門術科ももたずに何を教えようというのか？」

疑問はもっともで、彼らは大学時代に修めた学問を生かし、特年兵や予科練習生、海兵生徒たちに普通学や体育、武道を教えたのだ。はやい話が、海軍の急膨張で国語とか数学、英語などを教える文官教授が足りなくなり、その穴埋めに予備学生を使ったわけだ。

といっても彼らは武官である。〝先生〟をやるかたがた、団内や隊内で副直将校や甲板士官の勤務について、海軍士官らしい生活もしたのだ。心理班というのは、航空心理学の要員となり、航空隊で飛行兵の適性検査なんかをやったらしい。

それにしても、あまり軍人らしからぬ、こんな思いもよらなかった分野にまで兵科予備学生を使ったと知って、「海軍とは、まったく大きく、広かったんだなあ」とつくづく感じ入らされた次第だ。

ところで、そんな彼ら海軍予備学生の身分は、「各科少尉候補生ニ準ズ」ということで、士官服に短剣を吊り、金スジ一本の肩章、軍帽の前章も〝抱き茗荷(みょうが)〟桜に錨のカッコいいものだった。兵、下士官を飛び越し、海軍へ入って即この身分、スタイルである。それは「どうせ軍隊へ行くならば」と、彼らの志願動機に多大の影響を及ぼしたはずである。

だが、最初からそうではなかったのだ。この点ご存知ない方が多いようだ。昭和九年、航空予備学生がはじめてつくられたときは、

「……其ノ身分ハ海軍生徒ニ準ズ」

と定められていた。下士官の上には位置されていたが、兵学校や機関学校の生徒には、先に敬礼しなければならない立場だった。したがって服装も、帽章は海兵生徒たちのシングル・アンカーの錨幹にコンパスマークをつけたもの、肩章も襟章もアンカーに羅針儀マークである。士官と同じ軍帽をかぶり、少尉候補生待遇になったのは、兵科ができ、名称が海軍予備学生に統合されたときからだった。

〝短現将校〟

昭和一八年一二月。それは戦(いくさ)の見通しがかなり暗くなっていた時期だった。

その年二月にガダルカナル島から撤退、四月、山本GF司令長官戦死、そして敵はソロモン群島沿いにヒタヒタと攻め上ってきていた。完全に尻に火がついている。ついに、「戦える男子はすべて戦場へ!!」という掛け声がかけられた。大学、高専の文科系学生たちはペンを捨てさせられ、戦争に参加したのだ。

臨時徴兵検査を受け、その中から海軍へまわされた青年は約一万八〇〇〇名といわれている。彼らははじめジョンベラの二等水兵として海兵団へ入り、あらためて試験のうえ、翌一九年の二月、海軍予備学生になった。

だから、彼らいわゆる〝学徒出陣〟組は真冬のカラス暮らしにいったんは泣き、それから、士官服を着て短剣を吊るす身分へ一気に跳び上がる珍しい体験をしたわけだった。

すでに深刻な事態に立ちいたっていた海軍は、本チャンの現役士官ではまかないきれない分、前年一八年秋に志願者から大量採用した予備学生とあわせ、大急ぎで、速成のきく予備士官で補なおうという算段をたてたのだ。

数字の上では一応そのもくろみは達成された。一六〇万人ととてつもなくベラボーにふくれ上がった敗戦時の日本海軍のなかで、オフィサーの数は約五万四〇〇〇名、およそ三・三パーセントをかろうじて保つことができた。それも、その士官のうち、コンパスマークが半数以上の五四パーセント、約二万九〇〇〇名を占めたからだ。

これは喧嘩の相手だったアメリカやイギリスでも同様で、海軍士官のほぼ半分はリザーブのオフィサーでまかなっていたらしい。

ところで、大わらわでかき集めたそういう学生士官が海軍へ入ってきたころには、「予備員」も、服装は長年商船学校出のオフィサーたちが望んでいたような、正規海軍軍人とまったく変わらないものに改正されていた。

それは彼らの存在の重要度が高まるにしたがって、改正せざるを得なかったといったほうが正しいかもしれない。コンパスマークはチェリーに変わり、袖章の山形も平らになった。そして、「海軍予備大尉」、「海軍予備機関兵曹長」といった階級名からも、〝予備〟がとれて「海軍大尉」、「海軍機関兵曹長」など、正規軍人と同じ呼び方に改まったのだ。

時期は戦争がいよいよ苦しくなり出した、昭和一八年七月からである。やっとこれで、コンパスマークをつけないコンパスマーク士官ができたわけだが、ただ「予備学生」冬服の袖章だけは、それまで通り〝山形〟のままとされた。

といっても、海軍予備員制度そのものがなくなってしまったわけでは決してない。必要がある場合には、「予備員たる海軍少佐」、「予備士官たる海軍中尉」というような言い方をして、公式には、正規軍人とはっきり区別していた。

それは「軍令承行令」と称する、軍隊の指揮継承順位を定めたきわめて重要性は高いが、同時にそのため、戦闘にもさしつかえを生じかねない、はなはだ面倒な法令が足もとにからんでくるからだった。これについては、近く別のセクションであらためて書き記すことにする。

学徒出陣組の彼らがなった予備学生は、一般兵科では第四期、飛行科では第一四期だったが、そのとき、またもや〝海軍予備生徒〟という新種が誕生した。

いや、新種というと語弊がある。この制度は古くからあり、例の予備員養成のしにせ高等商船学校の生徒が、入校の日から「海軍予備生徒」を命じられていたのだ。学校で座学の勉強をしている時代も、練習船や汽船へ、あるいは機関科生徒なら工場へ実習で派遣されている、すなわち袖に三ツボタンのついた学校の制服を着ているときから、予備生徒だったのだ。軍服を着て、海軍砲術学校でいわゆる〝砲練〟と称する教育を受けている時期はいうまでもない。

そして平時なら、通計五年半の高等商船学校生徒兼海軍予備生徒の教育を終わって、航海科なら海軍予備少尉、機関科なら海軍予備機関少尉に任官していたのだ。

ではなぜ、そんな伝統ある〝海軍予備生徒〟とは別に、それも並立する同名称の「海軍予備生徒」制度をつくったのか？　一言でいえば、一人でも多くのオフィサーを一刻も早く欲しかったから、というほかあるまい。

そもそも、学徒出陣とは昭和一八年一〇月、勅令第七五五号で、理工系を除いた大学、高専に在学する満二〇歳以上の学生、生徒の徴兵猶予が停止され、該当者が陸海軍に入営、入団したものだった。

したがって中には、高等学校や専門学校（もちろん、いずれも旧制）に在学中にこの徴集にひっかかった者もいるわけである。だが、予備学生は高専卒業以上が採用条件だったので、学歴上、彼らに応募資格はない。

そこで、海軍省では、昭和一九年一月三一日、（未卒業の青年を対象に）「海軍予備員任用臨時特例ニ依ル海軍予備生徒規則」というものを別に公布した次第なのだ。

「もう、そんなうるさい細かいこと面倒くさくなった」でしょうが、行きがかり上、もう少しおつきあい願いたい。

さきほども言ったように、一人でも士官が欲しい海軍は、そんな彼らを予備生徒とし、約一年間、必要な基礎軍事教育を施してから、「予備員たる海軍少尉候補生」を命じ、さらに六ヵ月以上の実務訓練を課したのち、「予備員である海軍少尉」に任用することにしたのだ。

この点が、高等商船生徒の、「予備生徒」からただちに「予備員たる海軍少尉」へのコースとちがうところだった。

そしてじっさいには、第一期飛行専修の彼らを例にとってみると、予備生徒一〇ヵ月、候補生六ヵ月で少尉に任官させていたようだ。

しかも、基礎教育のはずの生徒時代からどんどん飛行機に乗せていたらしい。まったくこの制度は、士官補充に悩んでいた海軍の苦慮ぶりを如実に示すものだった。

大戦中の各科予備学生出身士官の活躍ぶりは、いろいろな本やマスコミを通じてよく知られている通りだ。

が、それにしてもわずか六名の採用から出発した制度が、一〇年後には、一回の募集が五〇〇〇名をこえている。

あまりの急膨張ぶりに、目をむかざるを得ない。そんなマスプロ養成で、はたして得心のいく十分な教育訓練ができたのか？

このこと自体すでに悲劇だったが、戦争の嵐は彼らの運命の上に凄まじい爪あとを残して通り過ぎていった。

そして、太平洋戦争開戦後に養成された、予備学生出身リザーブ・オフィサーの万単位の量、陸戦、対空、対潜などといった専修術科の内容をみるとき、それは戦前養成の予備士官とは異質のものになっていた。

「平時は、海軍と密接な関連をもつ業務に従事する」本来の「海軍予備員」ではなく、「短期現役海軍将校」とよんだほうがふさわしい性格をもつ士官に変貌していたのであった。

勤務召集から充員召集へ

話は戦前にもどる。その〝本来の予備員〟である商船学校出のオフィサーたちには、第一次上海事変が終わってからしばらくたった昭和九年度から、こんどは「勤務召集」というのがかかり出した。

それまでのような短期間の「演習召集」ではない。

東京、神戸の両高等商船学校を卒業してまだ日の浅い、若いピチピチした予備少尉、予備機関少尉クラスを、連合艦隊の戦艦とか重巡に乗せて、徹底的にシゴこうという六ヵ月の長い召集だった。

何回かの演習召集で、「これは使える。使う必要がある。それには」と、海軍当局が考えを新たにしたからではなかったろうか。

機関科では勤務の体制に多少の相違はあるものの、エンジンやボイラーの本質には、商船と軍艦とでそれほど隔たりがあるわけではない。しかし、航海科卒業の兵科予備将校は、いささか見当ちがいの砲術科や水雷科へ配置される場合もあった。そこの分隊士や砲術士、水雷士の職務をとらされて、はじめはめんくらう者もあったようだ。

彼らも生徒時代に半年間、横須賀の砲術学校でテッポーや水雷の初歩を教わり、霞ヶ浦航空隊にもちょっとの間派遣されて、一通りの兵術はかじっている。

そして、昭和一三年、前に書いた砲術学校の教育綱領は改正されて、

「第一二条　海軍予備員又ハ海軍予備員候補者ノ教育ハ軍人精神ヲ涵養シ軍紀ニ慣熟セシメ海軍予備員タルニ必要ト認ムル事項ヲ習得セシムルヲ目的トス校長ハ其ノ階級ニ応ジ随時適当ノ教程ヲ設ケ海軍大臣ノ認可ヲ経テ之ヲ実施スベシ」

となった。

なんとも抽象的な表現だが、かつてのように「軍事上ノ機密ニ渉ラサル範囲ニ於テ教育」せよ、などという文句は消されている。それは予備士官の有用性が認められ、海軍での必要性がグッと高まってきた証拠でもあった。

24表　「海軍予備士官」の人員数

階　級	総人員数	応召人員数	応召人員比率
海軍中佐	31	1	3.2%
海軍少佐	375	151	40.3%
海軍大尉	1750	784	44.8%
海軍中尉	1359	282	20.8%
海軍少尉	1323	77	5.8%
	4838	1295	26.8%

（S 19.7.1調「海軍予備士官名簿」による）

とはいっても、彼らは、軍事学に関しては広く浅く勉強しただけなので、航海科や運用科以外の職務につけられれば、最初はとまどうのもムリはなかった。

だが、それも少しの間、すぐそんな勤務も身につけ、なんとかこなしていった。しかし、航海士の配置につけられればそれはお手のもの、天測でも航路計画でも、兵学校出の初級士官にまさるとも劣らない腕前を発揮した。

マーチャント・シップ出身のオフィサーを戦列に組みこむ、本

格的な召集、「充員召集」は日華事変初期すでに始まっていたが、昭和一五年ごろからがぜん強められ出した。そして、それに先立ち、一二年四月からは水産講習所（現・東京海洋大学）遠洋漁業科の学生も、入学の日から海軍予備生徒とすることになったのだ。商船乗りだけでなく、捕鯨船で南氷洋へ鯨とりに出かけるであろう漁船乗りも、海軍軍人になったわけだ。彼らへの充員召集もどしどしかけられた。

昭和一六年一二月、太平洋戦争開戦。

では、彼らはいったいどんな軍艦に乗って戦ったのか。

戦争がヤマ場を迎えていた一九年半ばの、デッキ士官の配置状況を見てみよう。

少尉クラスは重巡、軽巡の乗組が断然多い。これはまず、比較的大きい作戦用艦艇に乗せ、海軍の実地勉強をさせるためであったろう。平時の「勤務召集」の性格をもっていたと思われる。

中尉では、駆逐艦、海防艦、輸送艦などをはじめあらゆる艦艇に配乗されていた。なかには潜水学校の特修科学生を卒業して、「波号」潜水艦の乗組になった珍しい士官もいる。この潜水艦は〝潜輸小〟とも略称され、物資を積んで前線基地へ海の底から送り届けようという、基準排水量三七〇トンばかりの小さいサブマリンだった。

大尉になると第一線艦隊駆逐艦の航海長をやらされる士官がふえた。

さらに古参大尉から少佐クラスでは、海防艦長、輸送艦長、掃海艇長、駆潜艇長、哨戒艇長などの配置が圧倒的に多くなっていた。

25表 予備士官の専修別種類

班呼称	専修科目
航海班	商船学校航海科及ビ水産講習出身者
飛行班	操縦偵察専修者
艦艇班	航海学校，水雷学校，対潜学校ニ於テ艦艇乗員ノ教育ヲ受ケタル者
陸戦班	陸戦専修者
対空班	陸上対空専修者
化兵班	化兵専修者
衛所班	防備衛所専修者
通信班	通信専修者
電測班	電測専修者
飛行要務班	飛行要務専修者
特信班	通信諜報関係専修者
機関班	商船学校機関科出身者
整備班	飛行機整備術専修者及ビ工機学校ニ於ケル機関専修者
兵器整備班	航空兵器整備術専修者
技術班	測量術専修者
気象班	気象専修者
教育班	普通学教官，通訳

これらのフネはどれも海上護衛戦には欠くことのできない艦種、同じ釜の飯を食べて育ち、暮らした彼らは、お互いに護り護られて戦ったのだ。

こういう商船、漁船出身の予備士官は、機関関係を除いて昭和一九年七月一日現在、四八三八名いたが、そのうち、三割近い一二九五名が召集されて海軍に勤務していた。階級別に見ると、その内訳は24表にようになる。

予備士官は現役の連中から、「スペア」だのなんだのといわれ、とかくバカにされることも多かった。

しかし、なんのかんのとい

っても、コンパスマーク士官の存在がなくては、日本海軍は、太平洋戦争をあれだけ戦い抜けなかったことは確かであろう。彼らの活躍分野は、戦争後半には25表に示したようにひろがっていたのだ。

商船士官が大空へ

その昔、「海軍高等武官任用条例」が明治二一年七月に公布されていらい、長年にわたって海軍将校は、兵学校と機関学校卒業者のみから任用されてきた。ただし、機関科の将校仲間入りは大正四年からではあったが。

ところで、海軍には兵員から累進したオフィサーだけを別わくに組む、「特務士官」とよぶ制度が設けられていた。

そして、その最高階級のうち、特務大尉、機関特務大尉、主計特務大尉から、〝特選〟によってそれぞれ少佐、機関少佐、主計少佐に任用される途が開かれた。大正九年四月のはなしである。

この新制度制定によって、とくに兵科、機関科の下士官兵には、「これで、俺たちも将校になれる」と、一縷の光明がさした、かに見えた。だが、じっさいには日華事変が始まるまで、兵科だけに関していえば、その多くは死去による特進か、でなかったら予備役編入直前の特進だった。

「現役海軍士官名簿」に特選者として名前を連ねるようになったのは、じつに昭和一二年度になってからだった。したがってそれまでは、実役に服する〝兵隊出身の将校〟、すなわち特務士官からの特進将校は事実上ゼロだったのだ。

日本海軍では、明治の草創期は別として、「現役の将校」と呼ばれる集団は、だから純血種としての誇りの極めて高い、伝統あるグループだったといえよう。

そんなころの昭和九年六月、「海軍予備士官ヨリ海軍士官ニ任用等ニ関スル件」として一つの勅令（第一七三号）が公布された。

「海軍少尉又ハ海軍機関少尉ハ配置上必要アル場合ニ限リ海軍武官任用令第十三条ノ規定ニ拘ラズ勤務ノ為召集中ノ海軍予備少尉又ハ海軍予備機関少尉ニシテ志願スルモノヨリ海軍武官任用委員ノ銓衡ヲ経テ各科別ニ従ヒ特ニ之ヲ任用スルコトヲ得……」

といった内容のものだ。

もうお分かりのように、マーチャント・ネービーのリザーブ・オフィサーを正規士官にしようというわけである。この勅令をトリガーとして、東京、神戸両高等商船学校を卒業して間もない、若手予備士官の中から現役の士官が、およそ半世紀ぶりに誕生することになったのだ。

というのは、明治一九年より二一年にかけて、当時の東京商船学校を卒業した海軍予備員中から、一四名の現役士官任用者があったからだ。そしてそのうち、真野巌次郎、北野勝也の二名が少将まで進級している。あとにもさきにも、商船出の将官はこの二人きりだった。

26表　兵学校出身飛行将校養成の推移

卒業期	卒業年	卒業者数（A）	修業期	修業者数（B）	B/A（%）
51	T・12	255	14～17・5偵・6偵	54	21
52	13	236	18・19・6偵・7偵	55	23
53	14	62	20	11	18
54	15	68	20	13	19
55	S・2	120	21・22	27	23
56	3	111	22・23	24	22
57	4	122	23・24	29	24
58	5	113	24・25	32	28
59	6	123	25・26	33	27
60	7	127	26・27	35	28
61	8	116	27・28	33	28
62	9	125	28・29・30	39	31
63	11	124	29・30・31	40	32
64	12	160	31	57	36
65	13	187	32	64	34
66	13	220	33・34	77	35
67	14	248	35・36	80	32
68	15	288	37・38	106	37

話をもどすが、ではなぜ、昭和になったこの時期に、長い伝統としきたりを破って予備士官からの現役転換をはかったのだろうか？

ワシントン、そしてロンドンの軍縮会議の結果、わが国の主力艦、補助艦の保有量は大きく制限された。その劣勢をカバーするため航空兵力の飛躍的強化が、昭和六、七年ごろからはかられはじめる。飛行機隊数、機材等の増備は当然、搭乗員、整備員の量的強化を要求することになった。

航空草創期には飛行機乗りは士官搭乗員に限るとされていたが、人事上からも経費上からもそれは許されることではなく、早くも大正五年から下士官兵搭乗員も養成されはじめた。しかし海軍機には、士官の望ましいことは論をまたないところ、この欠を補う方法として、優秀な特務士官搭乗員養成を遠望する予科練習生制度を、昭和五年から発足させた。だが、た。

この制度出身者が、尉官代用の地位につくためには、少なくとも一〇年はかかると予想された。

いっぽう、正当的な手段として、数の少ない兵学校卒業者のなかからはかられる航空関係への配員も漸増したので、五八期生以降、各クラスの飛行学生修業者比率は26表のように二五パーセントをこえはじめた。そして、その絶対数も、ようやく各期三〇名を超えるようになっていた。

さらに補助的な手段として、当時は、皆無だった海軍予備員たる士官搭乗員の養成に着眼し、創設したのが、まえに書いた〝空のリザーブ・オフィサー〟制度だった。

しかし、もっと必要である。

この航空予備学生制度の制定とほぼ同じころ、海軍当局はいま一つの発想をもっていた。すでに艦船勤務要員としては、何回かの演習召集で良好な実績をおさめている、高等商船出身の若手予備士官に目を向けたのだ。

「航空要員としても使えるのではないか？」と。

それには、当時、海運界は不況のドン底にあったという事情も考慮されたようだ。もっともひどかった昭和六年には、全国で千トン以上の船舶八六隻、三二万トンが係船され、多くの船員が職を失う状況だった。高度な教育をうけた越中島（東京高船）や深江（神戸高船）出身の優秀な高級船員たちも例外ではなかった。

「計画が成功すれば、海軍のためにも、商船界にとっても喜ばしいことであろう」

当局はこう考えたのだ。

特別任用海軍士官

そこで海軍省は、なるべく任官後日の浅い彼ら予備少尉、予備機関少尉のなかから航空勤務を希望する者を募集し、三五名の講習員を決定した。そして操縦と整備要員は霞ヶ浦航空隊へ、偵察要員は横須賀航空隊へ入隊させた。これが「第一期召集予備将校航空術講習員」、召集月日は昭和八年五月二八日だった。

この召集の目的は「召集予備将校ニ航空術ニ関スル技術ヲ修得サセ、航空関係幹部予備員トスルニアル」とされていた。その年一一月、教育は順調に進んで操縦一〇名、偵察一三名、整備一〇名の講習がおわった。

が、当局には何か深謀遠慮があったのだろう、講習終了者の中から希望者三〇名に対し、召集期間を三年以上に延長する予定として翌九年一月まで延長教育を行なった。そして教育後は、各地の航空隊に配員しておいた。

おそらく、すでに彼らの現役任用の可能性があったのだろうし、もしその計画がうまく運ばなかった場合でも、ふつうでは考えられない長期召集で、十分に航空予備将校としての能力を涵養でき、かつまた彼らの失業救済にも役立つと判断していたのではあるまいか。

はたして、さきほど述べた勅令第一七三号の公布となり、召集中の予備将校から現役将校への画期的転換のルートが開かれたのだった。

当時、実施部隊である航空隊で訓練を受けていた講習終了者たちに対して選抜試験を行ない、昭和九年八月一日、明治いらい約五〇年ぶりに商船学校出身の現役海軍士官が誕生したのだ。内訳は搭乗員士官一七名、整備士官六名である。

さて、前にも記したように、昭和九年度からは高等商船新卒者を目標に勤務召集が課されることになっていた。そこで「第二期召集予備将校航空術講習員」は、この中から希望する適任者を選出することとされた。

この回では航海、機関科合わせて七七名の少尉クラスが昭和九年一月二三日に召集されている。

そのうち適任者とされた操縦、偵察要員計一二名、整備関係五名に対し、四月五日から八ヵ月間、霞空での講習が開始された。このなかからも、選抜の結果、操縦五名、偵察一名、整備五名の人々が、第一期講習員と同日の九年八月一日付で、チェリー・マークの海軍少尉、海軍機関少尉に任じられた。

つぎの勤務召集は九年七月・八月の二回に分かれて、航・機計六二名に下令された。そして艦船乗組としての実務訓練も末期に近いころ、希望者を募り銓衡のうえ一〇年一月一〇日に、現役士官への任用が発令されたのだ。その数は計二〇名であった。

ところで、彼ら予備士官から現役士官へ転換させるには、さきほどちょっとふれたが選抜試験が行なわれた。

文、航海科を例にとると、数学、英文和訳、作文、航海術、海洋気象学、運用術、軍事学一般について、高等商船席上課程終了程度でなされたらしい。

しかし、これに合格したからといって、兵学校卒業者とまったく同一能力があると考えるのは誤りであろう。基本的に船乗りの育成という点で共通性があっても、カリキュラムの中での比重の置き方に相違がある。

商船出身者は航海、運用の面で優れていたとしても、軍事学の素養では兵学校出に数歩をゆずり、彼らに伍して海軍現役の舞台で働くためには、そのままでは十分でない面が多分にあった。

そのため、昭和一〇年二月から約九ヵ月間、本チャン士官たるにふさわしい勉強をすることになった。

それは、前月の一月にきめられた「特別任

用海軍士官講習規程」によるもので、

「本講習ハ講習員タル海軍少尉及海軍機関少尉ヲシテ専ラ軍人精神ヲ涵養セシムルト共ニ初級士官タルニ必要ナル兵学及勤務一般ヲ修習セシメ以テ海軍兵科又ハ機関科将校トシテ軍務ヲ遂行スルニ必要ナル基礎的素養ヲ確実ニ修得セシムルヲ以テ目的トス」

とされていた。

この講習は、兵科については砲術学校、水雷学校、通信学校、航海学校をぐるぐるっとまわって行なわれ、機関科は工機学校で実施された。これを終わって、はじめて、彼らは名実ともに備わった現役初級将校に生まれかわったのだ。

さて、一回目、二回目に続いて第三回目の航空関係要員の選抜が行なわれることになり、さっき書いた昭和一〇年一月一〇日任用の少尉が主対象とされた。今回の彼らはすでに、特別任用講習もおえ現役士官になっていたので、予備将校航空術講習員としての養成ではなかった。

九年一月二三日に勤務召集されて現役にかわった中尉三名を含め、計八名が高等商船出身者として初めて飛行学生を命じられた。一〇年一一月から一年間、二七期飛行学生として、六〇期、六一期の海兵出身者と肩をならべて飛行機乗り教育を受けたのだ。しかし、最終的に卒業できたのは五名だけだった。

さらに昭和一〇年一月二一日には三八名が勤務召集を下令され、二月一日から連合艦隊所属の艦艇へ乗って実務訓練を受けた。

このうち九名がその年八月一日付で少尉、機関少尉に任用され、約一一ヵ月の艦船勤務をおえた後、特別任用講習を受けるため各学校をまわった。今回は一ヵ月の練習航空隊講習も追加されたので、期間は一〇ヵ月に延長されている。

しかし、全員が航空を志望したものの、大部分が適性不良で、一名だけが搭乗員に選ばれ、一一年一二月から二八期飛行学生として修業したにとどまった。

そして、このときで、高等商船出身者の現役飛行将校への転換は終わった。適性の関係で航空へ進めなかった者、また航空を希望しなかった者は艦船勤務についたわけだが、こうした人たちを含め、昭和一一年一月一〇日現在、〃商船出の現役士官〃は、中尉三〇名、少尉一九名、機関中尉一五名、機関少尉二一名、計八五名におよんでいる。

このうち飛行将校になったのは二九名だったが、その養成打ち切りと同時に、昭和八年から一〇年まで続いた彼らの現役転換も中止された。

なぜ止めたか？　理由はいくつか考えられるが、書いているとあまりに長くなるので、それは止めておこう。

しかし、いったんは中止した制度だったが、太平洋戦争が始まるとふたたび復活された。海軍は一人でも多くの現役将校が、それも手っ取り早く欲しかったのだ。高等商船出身者は整備、艦艇の方面で現役士官にかわり、搭乗員士官には飛行予備学生出身のリザーブ・オフィサーが転換されていったのだ。したがって大戦中は、〃商船士官が大空へ〃という現象は起きなかった。

士官にして「士官」にあらず

士官、予備士官と話が進んできたが、このへんで特務士官のことにもふれずばなるまい。和製英語でいえば〝スペシャル・サーヴィス・オフィサー〟というオフィサーであり、特務という文字がつくものの〝シカン〟であり、制度上、見過ごすことのできない重要な人々であった。

しかし、兵から立身し、栄達したこの彼らについては、前著『海軍ジョンベラ軍制物語』にかなり詳しくのべたので、ここではなるべく簡単に記そう。

さて、日本海軍では、兵隊は将校になれなかった、というと、

「そんなことあるもんか。俺の兄貴は水兵から海軍中尉になって、戦艦『長門』に乗っていた」

などとムキになって言い張るお方があるかもしれない。だが、こういったジョンベラ出身のシカンは厳密に言うと、海軍では「士官」とか「将校」ではなかったのだ。

たしかにこの人のお兄さんのように、新兵として海兵団に入り、下士官、准士官と進級した優秀な努力家は、平時約二〇年前後を精勤すると、海軍少尉とか海軍主計少尉とかに昇進し、士官服を着ることができた。

が、そういう、まったく士官と変わらない階級名になったのは大戦中、昭和一七年一一月

からで、それまでの彼らには「海軍特務少尉」あるいは「海軍主計特務少尉」など、トクムなんて変な文字のつく官階名を与えられていたのだ。そして服装でも、士官と多少違うところがあった。冬軍服と礼服の袖先に、3図に示したような金色をした金属製の桜花章を三個ならべてつけ、特務士官、准士官のしるしにしていたのだ。夏の白服の方は、肩章の金スジの幅を士官の半分に細めてあった。

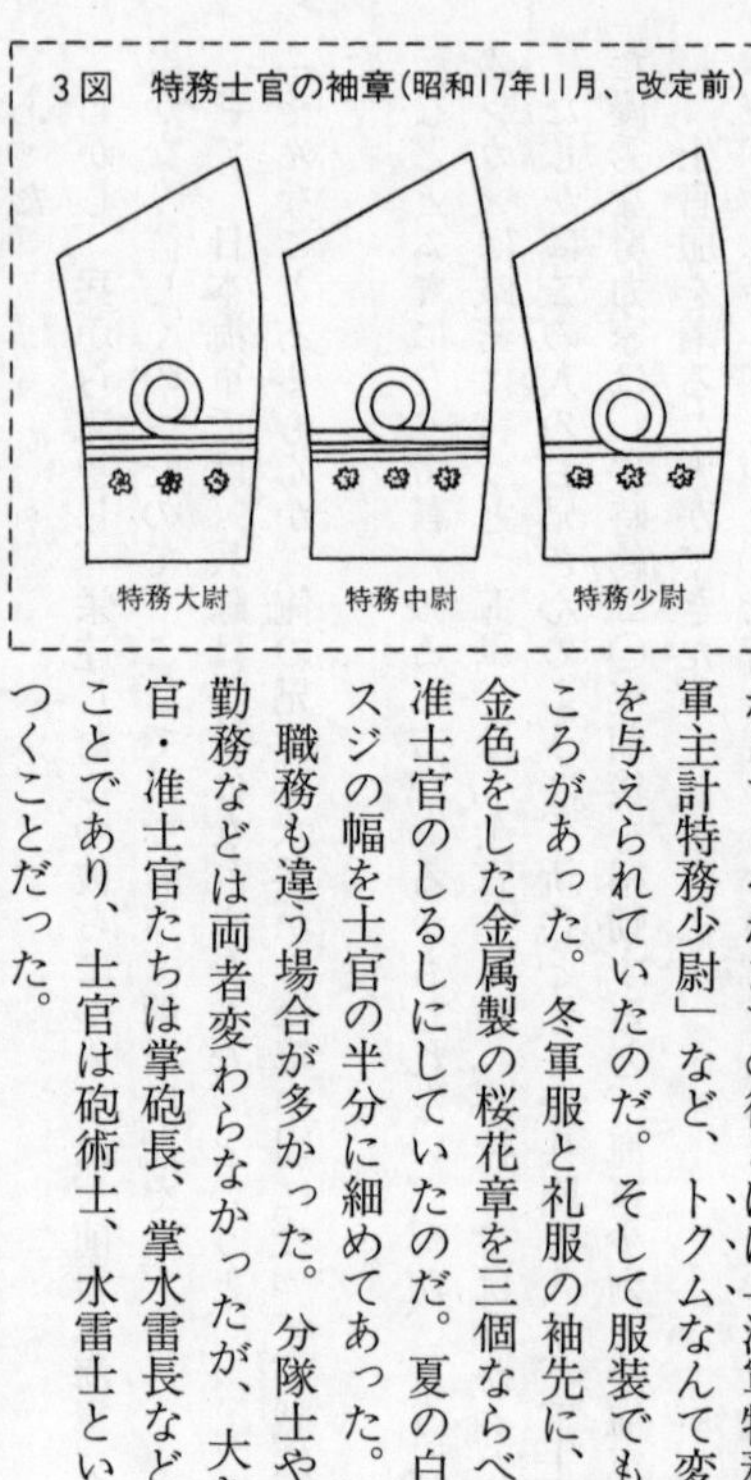

3図　特務士官の袖章(昭和17年11月、改定前)

職務も違う場合が多かった。分隊士や甲板士官、副直将校勤務などは両者変わらなかったが、大きな相違は、特務士官・准士官たちは掌砲長、掌水雷長など〝掌長〟配置につくことであり、士官は砲術士、水雷士といった〝士〟の配置につくことだった。

たとえば、砲術長の仕事を直接、補佐する「砲術士」。彼は砲術要誌とか弾薬庫日誌、砲術長通達簿など大事な書類を整理し、完備しておく。また艦砲射撃を行なうときには諸元を計算したり、終われば射撃経過図をこしらえたりするのだ。

そういう業務はどちらかというと、経験は浅くても学理的知識があればつとまり、むしろその方が必要だった。それでこの配置には、兵学校出の中尉、少尉があてられていた。

それからもう一人、砲術長には「掌砲長」という重要な補佐役がいた。砲塔を構成する砲室、動力室、給弾室、給薬室などや弾庫、火薬庫、それから砲術科に関係する艤装品や兵器、要具の整備、保管、修理にかかわる一切の事務的仕事が彼の肩にかかっていた。

弾薬も、大砲の砲身手入れに使う生木綿も、射撃報告用紙も、どんなに小さい物でもすべての備品、消耗品を、完全に充実しておくことが掌砲長の任務になっていた。

入港が近づけば、壊れた兵器の修理請求書、消耗品の報告書なんかもすぐ提出できるように作成しておかなければならない。それは、ちょうど官庁や大会社にいる、自分の課のことならスミからスミまで何でも知っている、古参の物品出納役兼課長補佐みたいな役目だった。

「掌砲長、こんどウチで、こんな訓練をやってみたいんだが、要具の方を頼むぞ」

と砲術長から言われれば、「なんとかしましょう」と、軍需部や工廠を駆けまわり、ない物でもどこからかヒネリ出す、〃打ち出の小槌〃みたいなヨイ腕とヨイ顔を持っていることも彼には必要だった。

そんなわけで、掌砲長役はとても若い学校出たてのヒヨッコ士官には無理な仕事。必ず特務士官か准士官をあてることに、「艦内編制令」という法規できめられていたのだ。それも、とくに古手の特務少尉あたりにまかせるのが普通だった。

そして掌砲長だけでなく、艦内各科とも似たような実務配置の長には、特務士官や准士官が配されていた。兵からたたき上げの彼らは、それぞれの道のオーソリティーといってよい。各パートの下士官兵を専門技術面で直接、指導、監督して戦闘術力を最高度に発揮する組織になっていたのだ。

戦艦や重巡の主砲方位盤射手の任務は理屈ではない。徹底的に鍛えこんだ熟練が物を言う。長年経験をつんだ特務士官、准士官分隊士の独占配置だった。こういうポジションは、艦内を見渡せばかぞえきれない。信号長、掌航海長、電信長、掌通信長、掌水雷長、掌飛行長……。掌がつくのもつかないのも、種類はすこぶる多かった。

ただし、兵学校や機関学校の「選修学生」コースをおえた人たちは、〃掌〃配置、〃士〃配置のどちらにもつくことができた。

選修学生というのは、准士官のなかからごく優秀な少数の者を選抜して、生徒教育に準じ一年八ヵ月の教育をほどこす特別な課程だった。いわば、将官をめざす兵科将校にとっての海軍大学校甲種学生に匹敵しよう。ジョンベラ出身者の最高学府だった。

それだけに、特務士官、さらに少佐への累進をねらう下士官、准士官たちは、だれもが入校を熱望した。

だから、士官とまったく同様な勤務につくことができるよう教育したわけだが、といって、卒業後の身分が士官にかわるわけでは決してなかったのだ。

やがて特務中尉から一ランク上がって特務大尉になると、艦内での配置も変わってくる。分隊士や掌長はもう卒業、いよいよ分隊長だ。

艦によっては、ことに小さい艦や特設艦船では砲術長、水雷長あるいは通信長、主計長など、科長サンになる人もでてくる。ただし、軍医長にだけは絶対になれない。これはお分か

りいただけるだろう。

日華事変が始まってからは、特務中尉のうちから分隊長におさまるケースもあったが、とくに陸上部隊や学校でそんな例が多かったようだ。

分隊長になると、住みなれた第二士官次室を出て、士官室へ移る。士官たちと一緒に暮らすのだ。

兵科では、輪番で交代する当直勤務も、副直将校ではなくその上の当直将校になる。艦長、副長になりかわって、直接、日常の課業や生活をきりまわし、一艦の保安について責任をもつのだ。それは重大な任務だった。

ただし、航海中の当直将校には、その艦にたっぷり将校がいる場合、選修学生出身以外の特務士官は立直させないのがふつうだった。

それは、テッポーとかデンシンとかの練習生学歴しか彼にない場合、どうしても航海や運用の知識に乏しかったからだ。

さて、この階級までくると、特務士官と士官の間には、服装や階級呼称は別として、分隊長職といい科長職といい、職務上の差異は一見なにもないように見えた。ことに、さきほど記した階級名の改正があってからは、すべて平等になったように見えたはずだ。

ここのところをもう少し詳しくいうと、昭和一七年の一一月に彼らの階級呼称から、〃科名〃と〃特務〃の文字をとってしまい、海軍特務中尉、海軍飛行特務中尉、海軍機関特務中尉などは、みな一様に「海軍中尉」となり、士官と変わらない呼び方になったのだ。

ただし兵科以外では、特務だけがとれて、海軍軍楽大尉、海軍主計中尉などと科名は残り、看護科ではカンゴをやめて衛生大尉、衛生少尉といった官名に変更された。

そして服装も、軍服の袖先から例のチェリー・マークをとってしまい、肩章の金スジも士官と同じ太さになったのである。

しかし、特務士官制度そのものが廃止されたわけではない。必要があれば「特務士官たる海軍大尉」「特務士官たる海軍主計少尉」といった言い方がされ、士官とははっきりした区別がいぜん残されたのだ。

「では、なぜそんなややこしい区別をするのか？　どこがどう違うのだ？」

と思われるだろう。じつは海軍という組織の奥深いところで、特務中尉も特務少尉も含め、特務士官と士官の間に大きく深い相違が隠されていたのだ。

別にモッタイをつけるわけではないが、それは、もう少し先のセクションでわかっていただけるはずである。

艦長戦死、さあどうする

大正の末ごろ、一人の中学生が海軍機関学校の試験を受けた。みごと合格し、欣喜雀躍していると、父親の友人である海軍士官からこんな忠告を受けたそうだ。

「機関学校かぁ。きっとあとで後悔することになるから、来年もう一度、兵学校を受けなおしたほうがいいよ」

そのころ海軍将校になるためには二通りの道すじがあった。兵学校を卒えれば大砲や魚雷で戦う兵科将校になり、機関学校を出れば軍艦のエンジンを動かす機関科将校になる。そんなていどの知識は未来のオフィサーを志す者、みな一応はもっていた。

そして、機関学校の学校案内を見れば、卒業するとまず海軍機関少尉候補生を命ぜられる。ついで機関少尉から機関大佐までの階級があり、少将以上にのぼるとき機関の文字がとれて、兵科と一緒の「海軍少将」、中将、大将の呼称になると説明されていた。

だから、海軍の内部事情にウトい中学生たちが、

「どっちの学校へ進んだって同じ『将校』、いつかはアドミラルになって連合艦隊司令長官か、海軍大臣だ」

と思いこんでも無理はなかった。とくに理数や技術に強い興味をもつ少年が、機関学校を

選んだとしてもそれは当然だった。

では、機関科将校になったら、なぜ後悔のホゾをかむことになるのだろうか？

さきほどの志願案内には、機関大佐になっても艦長にはなれない、ベタ金の将官になっても艦隊の司令長官にはなれない、まして海軍大将にはなれません、なんていうことは一言も書かれていなかった。また、いるはずもなかった。が、問題は、やはりそういった将校街道の遠い行く手にあったのだ。

この〝物語〟では、おもに昭和海軍の話題について書いてきたのだが、これからしばらくの話は、大げさにいえば海軍将校制度をゆさぶった、根の深いことがらにかかわるので、ルーツをたどってはるか明治の昔にさかのぼってみたい。

日清戦争のとき、それは明治二七年夏のことだったが、艦隊を出征させるにあたって、樺山資紀海軍軍令部長から一つの提案が出された。

「陸軍でやっているように、海軍でも部下将兵の進級や職務の任免権を、伊東連合艦隊司令長官に委任してはどうか」

という案だった。

が、これには、さっそく山本権兵衛大佐がかみついた。彼は樺山中将と同じ薩摩の出身で、当時、海軍省官房主事の地位にあったが、のちに日本海軍建設の父とよばれる思慮シューミツ、しかも決断と実行の人物だ。

「海軍ではその必要はまったくありません。万一、司令長官に故障が生じたときは司令官が

これにかわり、艦長が戦死した場合には副長が代理し、副長がいなくなれば先任将校がかわって指揮をとること、これはすでに実行されつつあります。進級任免等は戦地の一局面にとらわれず、海軍全般を見て実施する必要があります」

と、筋のとおった反対意見をまくしたてた。

これにはさすがの猛将樺山軍令部長も、提案を引っこめざるを得なかったという。

戦闘が起これば、それが激烈になればなるほど将士に多くの犠牲が発生するのは避けられない。そして戦闘をとどこおりなく継続するためには、もし指揮官に死傷が生じた場合、彼にかわってただちに澱みなく命令を発しうる者の手だてをあらかじめ定めておくことが、是非とも必要なことだった。

しかし海軍では、そんな心配を戦場でする必要はない、と山本権兵衛大佐は言いきったのだ。

それは明治二二年七月、すでに制定されていた「軍艦条例」で、

「……艦長事故アルトキハ副長其代理ヲ為ス。

又副長ヲ置カレサル艦ニ在テハ先任将校其代理ヲ為ス」

「副長事故アルトキハ先任将校其代理ヲ為シ、副長ヲ置カサル艦ニ在テハ先任将校副長ノ職務ヲ担任ス」

さらにもう一条つけ加えて、

「航海長事故アルトキハ航海士其代理ヲ為シ、分隊長事故アルトキハ分隊士其代理ヲ為シ、機関長事故アルトキハ機関士其代理ヲ為シ、軍医長事故アルトキハ軍医其代理ヲ為ス」

とも定めており、山本大佐の発言はそういう規程にもとづいての答えだった。

そして、さらに、日清戦争が今にもはじまろうとする明治二七年六月、それまでの「艦隊条例」が改正され、

「司令官（司令官ヲ置カサルトキハ先任順序ニ依リ先任艦長若ハ参謀長）ハ司令長官死亡シ後任者未タ定マラサルトキ、若クハ事故ニ依リ職務ヲ執ルコト能ハサルトキハ其職務ヲ摂行スヘシ」

こういう条文もつくられていた。これで、艦隊内あるいは艦内の、完全とはいえないが一応の指揮継承順位が定められたわけだ。

間もなく戦争勃発。わが連合艦隊の圧勝に終わった「黄海海戦」が起きたのは、〝雲もなく、風も起こらず波も立た〟ない明治二七年九月一七日の昼間である。日本軍、沈没艦皆無の大勝利。だが、たった六〇〇トンの砲艦「赤城」や、明治一〇年製の古い低速艦「比叡」はエライ苦戦を強いられた。

この日、「赤城」は小さな船体に三〇発もの命中弾をこうむり、戦死傷者二八名、艦長坂元八郎太少佐までが戦死するありさまだった。ちなみに、日清戦争でわが海軍の艦長戦死は坂元少佐一人だけである。

それは、さっそく「軍艦条例」の規程が適用されなければならない場面だ。なのに、じっさいは規程通りにいかなかった。『大日本海戦史談』によると、

「……是より先、赤城一番分隊長佐々木広勝は、砲煙の為艦外を展望し能はざる状況となったので、艦橋に上り戦況を視察せんとしたのであるが、敵の弾片右腕にあたり負傷し、そのまま艦橋に倒れていたのである。そこで吾輩は佐々木大尉に艦長の戦死を報じ、代って立つべきを勧告したのであるが、大尉は少し喪神の気味で『航海長頼む、頼む』と言うのである。吾輩はやむを得ず『そんなら私が代ります』と言って直ちに艦長に代って戦を督することになったのである」

という実況だったそうだ。この本を書いた「吾輩」とは、のちに『帝国国防史論』の著述で有名になり、海軍大学校の校長もやった佐藤鉄太郎中将の「赤城」航海長時代である。本来ならば、ここでは規定により、佐藤の七期先輩、先任将校佐々木大尉が多少の負傷にめげず、奮励一番、艦長にかわって全艦の指揮をとるべきすじあいだった。それができないほどの、重傷ではどうもなかったらしい。

ところで、ここで問題になることが出てくる。なるほど「軍艦条例」では、〈艦長──→副長──→先任将校〉あるいは〈艦長──→先任将校〉と、指揮権移行の線が引かれていた。

しかし、このはなしのように、先任将校に故障が起きた場合はどうするか。そのさきまでの取りきめが、まだつくられていなかったのだ。

軍令承行令

「赤城」では佐藤航海長が臨機に、艦長代理をつとめて急場をしのいだ。しかし、こういう場合、全海軍艦船部隊どこへ行っても、端末まで通用するきちんとオーソライズされた規定が欲しいではないか。

おそらくこの件は、戦争後、反省検討すべき課題になったであろう。四年後の明治三二年三月、「軍令承行ニ関スル件」という内令が発布された。「内令」とは官報などには公示されない、海軍部内にだけ知らされる秘密扱いの法令である。

「軍令ハ将校、官階ノ上下、任官ノ先後ニ依リ順次之ヲ承行ス……他ノ条例規制又ハ特別ノ命令アルモノハ本令ヲ適用スヘキ限リニアラス」

という内容だった。

どうも、この〝物語〟は、法令やら規定の羅列が多過ぎて恐縮だ。まことに申しわけない。が、それも本書の一つの特徴だし、これから記すことは〝とても大事な〟内容(だと思う)なので今しばらく、ごシンボー願いたい。

海軍での、士官と将校の意味の違いは、もうすでに書いたのでここでは省略する。「軍令」

という用語には、二通りの本質的な意義があったが、ここにきめられているのは「海軍将校が艦船部隊、すなわち軍隊を指揮統率する権限」といった意味だ。

したがって、たとえば先ほどの砲艦「赤城」で、佐々木先任将校がどうしても負傷で立てなく、もしも、佐藤航海長より階級が上、あるいは同階級でも先任の将校がいたとすれば、自動的にその人が全艦隊の指揮をとることを、この規定で新たに定めたわけである。まあ、たまたま「赤城」のときは、佐藤航海長が佐々木分隊長の次席ではあった。

これで、艦隊司令長官以下、一艦の内部まで、戦闘や演習、訓練のどんなときにもまごつかずにすむ、一本の筋金が通ることになった。

砲艦〝赤城〟

そして一面それは、海軍での「軍隊指揮権」は、まさに海軍将校のためだけのものであることを、認識させる役目もはたすことになった。
そういう重要な規則ではあったが、当時は、もし戦闘が惨烈の極に達し、艦長以下全部の将校が戦死してしまったらどうするか？　日清戦争ではそんな状況は現出しなかったし、そこまでは、海軍のおエラ方も考えなかったようだ。

そのころはまだ、機関科のオフィサーは将校の部類には入れてもらえず、「相当官」で、最高の階級は中将、少将なみの「機関総監」、大佐に相当するのが「機関大監」、少尉と同ランクが「少機関士」とよばれていた。

五年後にはじまる日露戦争を、日本海軍はこの完全とはいえない「軍令承行ニ関スル件」の規定にしたがって、戦ったのだった。

幕末や明治初年の、帆主汽従の海軍ではたしかに、デッキの将兵が戦闘の主兵だった。しかし、日清の近代海戦を戦い、さらに日露戦争で一万五〇〇〇トンをこす戦艦を操り、三〇ノットの駆逐艦をとばしてみると、機関部はじつに重要な戦闘要素であることを、誰しも認めざるを得なかった。

とりわけ、エンジン・ルーム、ボイラー・ルームのパワーの強さを知らせることになったのが、例の「旅順閉塞隊」だった。

敵ロシア艦隊が港から出てこられないよう、ボロ汽船を運転していって浅い港口に沈め、封鎖してしまおうという計画だった。

それは、雨飛する弾丸をおかして突入する文字どおりの決死隊だったが、港の入口までは沈める汽船のカマを焚き、スクリューを回して航って行くより方法はない。三回、この作戦は実施され、のべ三八八名の勇士が参加したが、そのうち約七〇パーセントが機関科将兵だったのだ。

「兵科が〝腕力〟ならば、機関科は〝脚力〟に相当する、近代軍艦には欠くことのできない戦闘力だ」という意識が、がぜんエンジニア・オフィサーの間に高まりだしたのは当然だろう。

そういう自他の認識の変化は、日露戦争の翌年、明治三九年一月になって、機関官の階級名を機関大佐、機関少尉などと改める改正の一因となった。最高位には「海軍機関中将」がつくられた。

これで一見、彼らも将校の仲間入りをしたかに見えたが、相変わらず内容は相当官のままだった。改革はまだホンモノとはいえない。「軍令承行ニ関スル件」が発布された明治三二年、すでにアメリカ海軍では兵科、機関科士官の統合が行なわれていた。

それを知って日本海軍もそうあるべきだ、俺たちにも軍隊指揮権が欲しいと機関官たちが願ったのも、ごく自然ななりゆきだったろう。日露戦争での実績はその勢いを加速したはずだ。

そして、そんな根本的な差別のほかに、相当官に対しては軍艦の出入りのとき、サイド・パイプによる礼式もないし、短艇に乗ったときの毛氈の敷き方など、さまざまな点でデッキの将校とは差がついていた。小さなことといってしまえばそれまでだが、差別をつけられるほうの身にとっては、決して愉快なことではない。

機関官が相当官のわくから抜け出て、ようやく将校になったのは大正四年一二月のことだった。

といっても、兵学校卒業者と同じ「将校」ではなく、「機関将校」とよばれる別わくの将校だった。そしてこのとき初めて、「軍令承行令」と称するイカめしい法令がつくられた。原型の「軍令承行ニ関スル件」でさえ内令だったのだから、こんども、もちろん内令で発布された。したがって、海軍部外には知らされていない。

「第一条 軍令ハ将校官階ノ上下、任官ノ先後ニ依リ順次之ヲ承行ス」

ここまでは、前の〃承行ノ権〃と同じだったが、つづいて、

「第二条 将校在ラサルトキハ機関将校軍令ヲ承行ス其ノ順位ハ第一条ニ準ス」

と新たにつけ加えられたのだ。

これでやっと機関科の士官も、別わくとはいえ、長年望んでいた将校の仲間入りができ、軍隊指揮権を受けつぐ立場に立つことになった。

だが、第二条をジックリ見ると、それは彼らにとって手ばなしで喜べる内容にはなっていなかった。兵科将校の〃われこそが嫡流〃の考えにいぜん変わりはない。

先ほど書いた〃戦闘惨烈の極、デッキの将校がぜんぶいなくなって〃はじめて、エンジン

の将校に一艦の指揮権がまわってくる手続きになっていたからだ。

だから極端な仮定をすれば、軍艦で艦長、副長はじめ兵科将校がバタバタと戦死し、ガンルームの少尉一人が生き残ったとすると、機関長である機関中佐は、数階級も下の彼の指揮を受けて戦わなければならない、そんな場面も理屈からいえばあり得る規定になっていたのだ。これは、それでなくても何かにつけ、被圧迫感を感じさせられているエンジニア・オフィサーたちにとって、がまんのならないことであったようだ。

こう書いてくると、もう、かの中学生が機関学校に入ろうとしたとき、一年待っても兵学校を受験しなおすよう、なぜ勧められたか、おおかたその理由がお分かりいただけたであろう。

兵・機一系運動おこる

こうして、もやもやする不満をもっていた機関将校たちは、ぜひとも兵科、機関科の区別を撤廃して欲しいと望んだ。それにはまず、海軍将校生徒教育を兵学校一本で行くことが先決と考え、いろいろ請願運動もした。

しかし、だからといって、彼らの運動は暴発するようなことはなかった。海軍全体の団結を崩しかねない行為はさけ、自分たち本来の軍務を怠るようなことも決してしなかった。

このあたり、われわれシャバの労働運動などとは様子のちがうところだ。

そんな大正八年九月、それまでの「機関将校」は「機関科将校」と呼び名が改められた。さらに大正一三年一二月、機関中将、機関少将の〃機関〃の二文字がとれて、兵科、機関科出身者とも、将官は押しなべて海軍中将、海軍少将と呼ばれることに変わった。

ただし機関大佐以下の士官呼称はそのままだったし、肝心の軍令承行令の実質にはなんにも変化はなかった。だからこんな改正は、彼らにとっては子供だましのアメ玉に等しかった。とはいえ、将官の官階表に関する限り、機関科からも海軍大将に昇り得ることになったはずだった。もしかすると……と、彼らも期待をいだいたのではなかったろうか。

機関科将校たちの〃兵・機一系運動〃は、地道に静かに続けられていたのだが、兵科将校でこの問題に理解を示してくれる人はきわめて少なかった。それはそうだろう。誰しも〃特権〃の牙城を築けば、崩したくはないのがふつうだ。兵科の某クラス会では一系反対の決議をした、あるいは某クラスの誰それは「体を張ってでも、絶対に反対する!」と大見得を切ったそうだ……そんなうわさも流れた。問題解決は前途多難だったようだ。大正、昭和と、その動きは士官社会の暗流となった。

昭和一〇年ごろになっても、それに対する海軍上層部の意見は賛否両論に分かれていた。兵科、機関科両方になっとくのいく、うまい解決法が見つからないまま、無理やり重い蓋をのせて、押さえつけているようなあんばいだった。

太平洋戦争敗戦時の軍令部第一部長(作戦部長)富岡定俊・元少将は、そんな軍令承行令をつかまえて、

「自縄自縛を画にかいたようなのが、海軍の軍令承行令だった……」

と戦後、言っている。

しかし、承行令そのものは敏活な指揮権継承の上から、必要で重要な規定だった。問題はそのなかみなのだ。ところが、それが奇妙な方向から見直さざるを得ないハメになってきた。

昭和一二年、日華事変がはじまり、コンパスマークの予備士官が大勢、充員召集されるようになったことは前にもふれたので、たぶん読者の皆さんも覚えておられるだろう。彼ら予備士官は、言い方を変えれば、いずれも「兵科予備将校」か「機関科予備将校」と、かりにも〝将校〟と名のつく存在であった。

なのに、当時の軍令承行令には、コンパスマーク士官の指揮権についてなにも規定がしてなかった。昭和三年以後、演習召集や勤務召集で彼らを実際に使い出してからもそのままだった。久しい間、それほど無視してきた証拠ともいえる。
承行令第一条の後半には「但シ召集中ノ予備役後備役将校ハ同官階ノ現役将校ニ次テ之ヲ承行スルモノトス」と規定してあり、のちに、機関将校が機関科将校に改正されたとき、

その〝将校〟は〝兵科将校〟に改められた。そしてまた、第三条では、「軍令ヲ承行シ得べキ各部ノ長」が必要と認めたときに限って、部下の兵科特務士官、兵曹長、兵曹に順次指揮をまかせ得ることがきめられていた。つまり、現役を終わった予後備役の軍人だけで戦うシステムになっていたのだ。

が、事変が大きくなるにつれ、そうはいかなくなってきた。充員召集された予備士官は、掃海艇や水雷艇の砲術長配置などにもつき、特設砲艦や特設掃海艇やらの艇長を命ぜられるようにもなった。

そこで困ったのが、現役将校や特務士官と彼ら指揮承行権をもたないコンパスマーク士官の組み合わせだった。はからずも、いままでの軍令承行令が、戦時には人的に急膨張せざるを得ない〝近代海軍〟向きにできていないことが暴露されてしまったわけである。

兵科将校が〝われこそ嫡流なり〟とハバをきかしていたのは、機関科将校に対してだけでなく、予備将校にも、エンジニア・オフィサーに対する以上に差をつけていたのだ。

だが、「これでは実戦にさしつかえる」と海軍首脳部は気づき、日華事変中、

「軍令ヲ承行シ得へキ海軍各部ノ長必要アリト認ムルトキハ召集中ノ兵科予備将校ヲシテ軍令ヲ承行セシムルコトヲ得

兵科予備将校軍令ヲ承行スル場合其ノ順位ハ同官階ノ兵科及航空科特務士官ノ次トス」

と「特例」を設けて当座をきりぬけることにしたのである。これを見ると艦船だけでなく、航空部隊にも同様な問題のあったことがわかる。航空予備学生出身のリザーブ・オフィサー

も召集されていたからだ。しかしそれは、苦しまぎれにたてた一時しのぎの策に過ぎなかった。

ところで、くり返して書くようだが、この規定は軍隊を指揮すること、兵力を行使することに関する命令権の承行をとりきめたものだった。したがって、軍令承行令は海軍ならどこでも通用するという、一般性のある法規ではない。

兵学校とか経理学校、工機学校といったもろもろの学校、あるいは海軍省、艦政本部、海軍工廠、それに海軍病院などの軍政官庁、ひらたくいえば〝お役所〟に適用されないのはもちろんだった。

だから、軍隊指揮権のない将校相当官である技術中将が海軍工廠長になった場合、兵科将校の大佐や中佐が部下として配属されても一向にさしつかえなかった。そこは兵力を使う軍隊ではないので、将校が相当官のさしずを受けるスジアイはない、などというすじあいは毛頭なかったのだ。

似たようなことは軍艦の中でもいえた。兵科、機関科、軍医科、主計科の士官たちが、狭い士官室やガンルームで一緒に暮らすとき、平素の生活でこんなブッソーな法規を振りまわされたら、それはたまらない。

が、ときとして、少数の人間だったが、兵学校出の、それも若い士官のなかに軍令承行令を誤解釈し、「俺は兵科将校だ。タダの士官とはわけが違う」――そんな鼻もちならないニオイをまきちらし、周囲のヒンシュクを買う人物もいたらしい。

この規定には、ふだんの艦内ぐらしでの上下関係、左右関係をかってに変動させる根拠はぜんぜんなかったのである。

たったの四ヵ条からなる軍令承行令は、いかにも簡単、しかも明瞭に思われた。しかし、それがかえって実際問題に当面したとき、誤解を生じやすく、無用なトラブルの種になったこともあったようだ。

複雑な指揮権の運用

とかく、法律とか法令の解釈、運用は難しい。軍令承行令についても、そうだ。指揮権の継承をめぐって、「さあ、どっちが正当なのだろう?」と、首をひねらざるを得ない場合もたくさんあった。

たとえばこんな際、どうしたらよかったのだろう。

時期は太平洋戦争第一年目、例の階級名や服装は大改正前の昭和一七年なかごろと仮定する。

(艦船から陸戦隊を編成、派遣したいが、中隊長に特務大尉をあて、その部下である小隊長に兵学校出身の中尉を配置することが、承行令上、可能であるか?)

まずこの場合、陸戦隊規程では特務大尉、特務中尉を中隊長に充当するようにはきめられていなかった。だから、原則としてこういう中隊編制そのものが成り立たない。単艦からの

揚陸では、艦長の指揮掌握をぬけ出し独立指揮官の立場に立つので、当然、軍令承行令により兵科将校が中隊長に任命されなければならなかった。

しかし艦長は、必要の場合、第三条により「部下特務士官ヲシテ軍令ヲ承行セシムルコトヲ得」ることができたから、こういう編制をとってもよい、という理屈も成りたつ。だがこのときは、その中隊長の下には兵科将校を小隊長として配置しないことが前提となった。

（陸戦隊中隊のなかに、年とった先任の特務中尉と若い兵学校出の少尉がいた。敵弾により中隊長が戦死したが、どちらの小隊長が指揮を受けつぐか？）

この場合、たとえ特務士官のほうが先任であっても、兵科将校である少尉が当然のこととして中隊長代理をつとめたのである。

（よんどころない用事で、艦長、副長ともに上陸し、在艦士官は特務大尉と中尉の二人になった。いずれが先任将校となるか？）

「艦船令」という別の法規によると、「艦長ハ副長ヲ置カサルトキ又ハ欠員中若ハ事故アリテ其ノ職務ヲ執ルコト能ハサルトキハ部下将校ヲシテ軍令承行ノ順序ニ従ヒ其ノ職務ヲ執行又ハ代理セシムヘシ」となっていた。したがって、中尉が在艦しているときに、階級が上だからといって特務大尉を先任将校にすることは、軍令承行違反になってしまうのだった。これは戦前、現実に重巡「鳥海」で起こり、問題になったことがあるらしい。

また、こんな例も考えられる。

（ある鎮守府司令長官某大将が公務出張で不在中、参謀長は兵科出身の少将だったが、その海軍工廠長に機関科出身の中将がいた。留守の間、どちらが長官代理となるか？）

この場合、工廠長が参謀長より先任であり、しかも将官になれば兵・機の区別はないので、工廠長が代理になってさしつかえなかった。

最後にもう一つ仮の例をあげてみよう。

（艦隊司令長官が戦死したら、その幕僚が指揮をとってかまわないか？）

これは、艦隊のなかの戦隊司令官に、参謀長より先任の兵科将校がいればそちらに移り、幕僚には艦隊指揮の権能はなかった。しかし、そのとき合戦たけなわで、長官の戦死を部下に知らせることが士気低下につながり、不利と考えられるような状況だったとする。こんな場合は、幕僚が長官の名において指揮し、戦闘を続けたほうがベターだという臨機の処置も認められていたようだ。

いや、なんともややこしい話ではある。自縄自縛とはよく言ったものだ。

もっとも裁判所だって、一つの事件にたいして異なった判決を下すことがいくらもある。

この軍令承行令にしても、兵科将校、機関科将校、それぞれの予備役将校、兵科特務士官、兵科予備将校と何種ものオフィサーがからまってくるのだから、運用は複雑になり、コンガラがってくるのも無理はなかった。

これはなんとかしなければならなるまい、という気運は高まってきた。

宿願達成さる？

そして機関科将校たちの、ぜひ兵科将校と同等でありたい、というよりも、同質のものでありたいと望む強い願いは相変わらずであった。が、かつては夢のように思っていたそんな希望が、ようやく達せられる日がやってきた。

昭和一七年一一月一日——日華事変はどうしようもなく泥沼化し、すでに太平洋戦争が始まって一年近くがたとうとしていたときだった。

長年の懸案だった兵科、機関科将校の区別が撤廃され、兵学校出身者も機関学校出身者も一様に、海軍将校あるいは海軍兵科将校と呼ばれることになったのだ。階級名も服装も同じになった。機関大佐、機関中尉といわれていた名称は、たんに大佐、中尉になった。肩章、襟章それから軍帽の鉢巻についていた「紫色」の識別線もはずされ、外見はぜんぜん海兵出の将校と変わらなくなった。

それと同時に、軍令承行令にも改正が加えられた。

事変いらい、コンパスマーク士官の召集増大や特務士官の陸戦隊や飛行機隊での小隊長配置の増加で、指揮関係がかなり混みいってきていた。その不具合やこのたびの兵・機一系の措置がとられたことで、新たに生じた指揮関係を調整するためだった。

それまでの「現役海軍士官名簿」では兵科将校、機関科将校それぞれ別わくの中で、階級順、任官の先後順にならんでいた。が、このときからわくがなくなったため、同一階級の中で、旧兵科、旧機関科将校が入りくんでならぶようになったのだ。ことに中佐以上になるとそうだった。そして、機関科出身の少将と大佐から一人ずつ、航空隊司令が生まれたが、これは、エンジニア・オフィサーでは初めての部隊長であったはずだ。彼らにとって喜ばしいことだったろう。

あんな大戦争のまっ最中に、統率の根底にかかわる制度をイジリまわすことは好ましくなかった。しかしそれも、海軍を良くするためとあってはやむを得ない。

だが、何分にも大しごとだ。一回ではすまなかった。途中手なおしをし、二年後の昭和一九年八月に最後の改正が実施された。

「第一条　軍令ハ将校官階ノ上下、任官ノ先後ニ依リ順次之ヲ承行ス　但シ召集中ノ予備役将校ハ同官階ノ現役将校ニ次デ之ヲ承行スルモノトス

第二条　将校在ラザルトキハ特務士官（兵）准士官（兵）下士官（兵）及召集中ノ予備将校（兵）ヲシテ軍令ヲ承行セシムルコトヲ得　其ノ順位ハ前条ノ規定ニ準ズ但シ任官同時ナルトキハ現役特務士官（兵）ハ召集中ノ予備将校（兵）ニ次デ之ヲ承行セシムルモノトシ召集中ノ予備役特務士官（兵）ハ同官階ノ召集中ノ予備将校（兵）及現役特務士官（兵）ニ次デ之ヲ承行セシムルモノトス

第三条　（略）

第四条　本令中（兵）トアルハ昭和一七年一〇月三一日以前ノ規定ニ於テ兵科及飛行科ノ特務士官、准士官及下士官又ハ兵科予備将校ニ該当スルモノヲ謂フ」

ようやく、かつての機関科将校が待ち望んでいた姿の軍令承行令ができあがったのだった。だがそれは、日本帝国海軍が永遠に消え去ってしまう一年前である。あまりにも、彼らにとって遅すぎた。

しかも、海軍七〇年の歴史、海軍士官五万人のもつイナーシャは大きい。一片の法令を書きかえたからといって、それまでの軍令承行の流れを急変させることはむずかしかった。

現実の問題としても、艦底のエンジン・ル

ームで一〇年、一五年と勤務してきた機関科の大尉、少佐に、こんど兵科将校になったんだから、ブリッジに立って操艦をやれ、砲戦の指揮をとれ、といっても所詮それは無理なはなしだった。

そこで、艦首に菊の御紋章をいただく戦艦、空母、巡洋艦などの「軍艦」、それから駆逐艦、潜水艦といった、主として艦隊決戦で働く艦艇に限っては、まったく昔のままの軍令承行方式で継承することに、あらためて「特例」で規定されたのだ。

そして、その特例の中にもう一つ別規定を設け、海防艦、輸送艦、水雷艇、掃海艇などの艦艇では、承行令の第一条、第二条に関係なく、〝将校絶対優位〟といういままでの線を崩したのである。将校、予備将校（兵）、特務士官（兵）、准士官（兵）、下士官（兵）が階級順、同階級ならば任官の古い者順に指揮権を受け継いでいくことにきめられたのだ。もちろん、ここでの〝将校〟には、旧兵科、旧機関科の区別はない。

軍艦、駆逐艦、潜水艦で旧兵科将校優先の特例をつくったのは、過渡期としてはやむを得ない手段だったと思われる。根本的に兵科、機関科の差別をなくそうとしたら、生徒教育からやり直すしか方法はなかった。

海軍機関学校が廃止され、海軍兵学校一本に統合されたのは、昭和一九年一〇月一日からであった。この日から、明治いらいの長い伝統をもっていた機関学校は、「海軍兵学校舞鶴分校」と改称された。だが、そうしたからといって、その日から、江田島も舞鶴も同じカリキュラムで教育ができるわけもない。

「当分ノ間海軍兵学校舞鶴分校ニ於テハ従前ノ海軍機関学校ノ教育綱領ニ準ジ機関、工作及整備専修生徒ノ教育ヲ行フベシ」

と定められたのだ。

こうして、完全な兵・機の一系統合がなしとげられないまま、またそういう、新しく実施しはじめた施策がはたして良かったか、悪かったか、判明しないうちに、日本海軍そのものが潰えてしまったのである。

「特務大尉」から「大尉」へ

軍令承行令が改正になって、喜んだのは機関科将校だけでなく、リザーブの予備将校もスペさんの特務士官も、そうだったと思う。

最初の改正があったすぐあと、昭和一七年一二月に次のような「特例」が出された。

「大東亜戦争中、軍令ヲ承行シ得ベキ海軍各部ノ長、必要アリト認ムルトキハ左ノ各号ニツキ部下ノ将校、特務士官（兵）及予備将校ヲ通ジ官階ノ上下ニ依リ順次軍令ヲ承行セシムルコトヲ得　但シ同官階中ニ在リテハ軍令承行令第一条乃至第三条ノ規定ニ準ズ

(イ)　陸戦隊編制中ノ大隊以下及防空隊竝ニ警備隊及特別根拠地隊等ノ陸上警備科編制中ノ独立行動部隊

(ロ)　飛行機隊」

これで、部分的とはいえ、彼らも戦闘指揮がだいぶやりやすくなったはずだ。前にあげた、継承順位どちらが先か？　の例題でいうと、陸戦隊で中隊長が戦死した場合、特務士官の中尉が、兵科将校の少尉より優先して指揮がとれるように改められたからだ。

おそらく、こういう特務士官たちは、長い海軍勤務の間には、自分よりうんと若い士官の下でみじめな思い、くやしい思いをしたことがあるにちがいない。

だが、太平洋戦争前でも、そんな彼らに、非常に細くはあったが光明のさす道が開かれていた。例の〝特選〟少佐制度だ。大正九年制定の、軍楽科と看護科を除いた各科特務大尉から佐官へ進める制度である。

「ヘイタイからも、士官になれる！」

これは、じつは大変なことだった。兵科特務士官ならば、「将校」になることだ。いままで頭のハゲた特務大尉になっても、軍令承行令上、頭の上がらなかった兵学校出の士官を、こんどは逆に指揮することができる。革命的制度改正といってもよい。

最初にこの制度の適用を受けたのは、昭和二年、主計特務大尉の人だった。その後、兵科からも機関科からも該当者が出はじめた。

だが、うまく作ってあった。「海軍少佐」になったといっても、ほとんどの人が予備役編入の寸前に〝特進〟する、いわば〝名誉少佐〟だったのだ。「なれないよりはましだ」といわれるかもしれないし、たしかにそうだろう。ご本人は〝ただただ、聖恩の有難さに感泣するのみ〟だったのだから。が、とにかく現実に、平和な時代の艦船部隊では、兵出身の少佐が兵学校出の将校を指揮することはなかったのだ。

彼らが、じっさい現役に残って勤務するようになったのは、昭和一二年、日華事変が始まり、一人でも多くの手が欲しくなってからだった。実質的には、この年がジョンベラ出身の「将校誕生年」だったのである。

さらに、昭和一七年、制度大改正のさい、とりのこされていた軍楽科と看護科にも「士官」である少佐の階級がつくられ、軍楽少佐と、衛生少佐が新たに生まれた。東京軍楽隊隊長として当時有名だった内藤清五さんも、このとき軍楽少佐に進級した一人だったことは前に書いたとおりだ。

こういう努力家たちは、太平洋戦争開戦までに各科合計で約一八〇名、それ以後、約一一〇名が少佐に任用されている。

そして、さらに、さらにこの中から、昭和一九年、なんと三名の「海軍中佐」昇進者が出た。兵科二名、機関科一名、壇原袈裟由、酒井常十、三沢千一の三少佐だ。明治四〇年代に五等兵として海兵団入団いらい、営々三五年前後の精勤ののち、かち得た地位だった。兵学校出身者が元帥になった以上に、価値ある栄進といえるのではあるまいか。

特務士官、准士官、古参下士官のグループにとって、三人の中佐進級のニュースは大げさにいえば、事件といってよいトピックだったにちがいない。もっとも、太平洋戦争がなければ起きなかった〝事件〟ではあろうが。

しかし、この〝道〟は、かなりお年を召したジョンベラ出身者にしか、開かれていなかった。失礼ながら、戦闘の第一線で活躍していただくには、いささか無理な皆さんだった。

戦争三年目、相つぐ激戦で、海軍ではとくに、「空中部隊の指揮官として存分に腕をふるえる立場の士官」の不足に悩んでいた。言いかえれば、軍令承行令上、最優先の軍隊指揮権をもつ現役飛行将校を、多数欲しかったのである。そのへんのいきさつは、この本を読み進んできていただいた読者諸賢には、よくお分かりいただけるだろう。ことに、中隊長としてかなり大きな編隊を引っぱっていける、大尉級の人材が欲しかった。

予備学生出身のコンパスマーク士官のうち、古いクラスで、大尉級になっているオフィサーを現役将校に転換する方法は、すでにとっていた。しかし、さらに必要だ。

そこで、昭和一九年四月、飛行予科練習生出身者に限り、

「特務士官タル海軍大尉ヨリ、士官タル海軍大尉ニ特選ニヨリ任用スル」

という制度をつくったのだ。じっさいには、丙種予科練たちの先輩、操縦練習生、偵察練習生の出身者もこのなかに含まれていた。

この制度新設によって、ジョンベラ出身者から特務士官ではない、本チャンの「海軍大尉」が六人誕生したのだ。

大戦末期、本土に来襲するアメリカB-29爆撃機を迎え撃ち、撃墜王として勇名を馳せた飛行機乗りのなかに、遠藤幸男という海軍大尉がいた。その彼が、「特選大尉」の一人だった。乙種予科練第一期出身、昭和一九年一〇月一日、「特務士官たる大尉」に進級、同一二月二三日、「特務士官たる大尉」から「士官たる大尉」に任用されていた。

夜間戦闘機「月光」を駆り、搭載した〝斜銃〟を使って難攻といわれたB-29を一六機も撃墜破したが、それから間もなく、二〇年一月に彼は惜しくも戦死してしまった。

佐世保鎮守府司令長官からの感状をはじめ、いくつもの表彰を受けており、二階級特進によって、全予科練出身者中ただ一人、遠藤大尉が「海軍中佐」に進級した。弱冠満二九歳、セーラー服から躍進した中佐だった。

そして終戦直前の二〇年五月、この特選制度はさらに拡げられて、同じく飛行予科練出身の中尉、少尉にも適用されることになり、より若い彼らからも「士官たる」中尉、少尉が生まれることになった。いかに当時の海軍が、軍令承行令に制約されない飛行士官を欲していたかがうかがわれるではないか。

念を押すが、特務士官のうちに同階級の士官に移れるのは、飛行予科練出だけであり、水兵、機関兵など他の一般兵種では、ついにそのような措置はとられなかったのである。

さて、ここまでのいくつかのセクションにまたがるはなしで、海軍の特務士官が、士官、将校とちがうことがよくわかっていただけたであろう。

そして、ジョンベラからは士官、将校になれなかった、と言いきってしまうとそれも間違いであり、なるのが非常に難しかったとするのが、正確な表現である。

「赤」と「白」の海軍士官

ところで、太平洋戦争の始まるずっと以前から、開戦一年後ごろまで、海軍士官の階級を見分ける、冬の軍服なら襟章と袖章、夏服なら肩章に、特務士官、予備士官、准士官も含めてなのだが、兵科以外のオフィサーには「識別線」というスジがくっついていた。

その色で、「あ、この士官は造船科か」、「こちらは、法務科だな」とわかる寸法だったのだが、これからしばらくそれが「赤」と「白」の士官をテーマにとり上げてみよう。

そのころ、「赤」は軍医科、薬剤科、歯科医科、看護科の識別色、「白」は主計科のそれだった。医務衛生系統のカラーは血液、お金をあつかう主計の色は、銀貨(コイン)の白になぞらえたものだという。

大戦中、機関科将校が兵科将校に統合されるまでは彼らにも識別線がついており、エンジンに差すオイルの色に似せて、「紫」が与えられていた。

27表　軍医科士官対兵力比較
（東京医事新誌：S.35.12より）

年度	現役軍医科士官数	現役海軍軍人数	比率
昭和2年	432	69,000	1/159
6年	449	79,000	1/175
11年	537	103,000	1/191
13年	634	158,000	1/249
17年	1,960	364,000	1/185
20年（1月）	3,800	1,200,000	1/315

と言えば、もう察しがつくだろうが、この色分けは日本海軍独自のものではない。師と仰いだイギリス、それからアメリカでも同じ識別色を使っていて、むろんあちらからの輸入品、というわけなのだ。

だがこの識別線のとりつけ方には、さっきもちょっとふれたが、戦中、昭和一七年一一月に改定があり、軍服の袖章のそばからはとってしまった。そして、軍帽のハチ巻きにも巻かれていたのだが、これもはずしたので、以後オフィサーたちが何科に属するかがわかるのは、襟章と肩章の金スジの両側についている色だけになってしまった。

尉官の襟章の金スジは、CGS単位で正確にいうと、幅が七・五ミリ、そこへ、一・五ミリ幅の識別線が上下についた。ことにそれが白色の場合、光線のかげんによっては金と白とが照りはえて、サン然たる輝きを発することがあったらしい。その襟章があたかも将官のベタ金のように見えたのだろう。あるとき新品の主計中尉が、陸軍大佐から先に敬礼され、彼はおどろき、うろたえたというウソのようなホントの話が残っている。もしかすると、大佐殿、老眼でよく見えなかったのかも。

それはともかく、戦前、海軍の軍医官は、一般の大学医学部か医学専門学校の卒業者にいきなり士官の軍服を着せ、サージアン（surgeon）にしたてる方法をとっていた。大学出身者は海軍軍医中尉に、専門学校出は海軍軍医少尉の高等武官へと、シャバの青年が瞬間的に変わるのだ。

彼らは、士官仲間ではそれぞれ、略称、〝軍中〟とか〝軍少〟とかよばれていた。あまり、感じのいい言葉ではない。

主計科士官のほうは、経理学校で「海軍生徒」として兵学校や機関学校に類似した制度で教育し、主計少尉候補生を経て海軍主計少尉に〝任ずる〟方式をとっていた。

ほかに、軍医さんと同じように、一般大学や高等商業など専門学校出身者から本チャン士官である主計中尉や主計少尉候補生になる道も、制度としてはあった。けれどもそれは、大正一二年の採用を最後に、ずっと途絶えてしまった。

日華事変が始まってから、そういうシャバ大、シャバ専からの主計科士官直接採用がまたはじまったが、これは、例の「二年現役」といわれる士官なので、話を後にまわすことにする。

軍医官にしろ主計官にせよ、直接武器をとるわけではないが、部下の看護科や主計科下士官兵を指揮統率する海軍士官、武官である。だから、軍艦に乗って勤務をする。これが基本だった。身体の具合でも悪くない限り、若いうちはまず艦に乗る。

ところで、軍医官のほうには大正一四年から、短期間海軍で働く二年現役制度が設けられていたが、何といってもオーソドックスなのは、終生ネービーで御奉公しようという「永久服役」の士官だった。大学や医専に在学中から、将来、軍医になることを志した人たちである。

身体検査と口頭試問を受けて採用されると、大学なら「軍医学生」、専門学校なら「軍医生徒」と呼ばれる海軍からの「依託生」になって、しかるべき〝お手当〟をもらいながら勉強するのだ。大学の「学生」には月々四〇円、医専の「生徒」のほうは三五円だった。

昭和一七年当時、東京帝国大学の授業料が年額一二〇円だったというから、これは彼らにとって悪くない。

ただし、素行や学業などの点で「海軍士官タルニ不適当」と認められ、「罷免(ひめん)」された場合には、すでに支給された金額を六〇日以内に弁償しなければならないきまりになっていた。

ともあれ、依託学生・生徒出身軍医官は、兵学校や機関学校、経理学校の生徒出身者に匹敵する〝正規士官〟である。優遇された。

任官後、砲術学校と軍医学校での基礎教育を終えると、平時では、各科の少尉候補生たちと一緒に練習艦隊の乗組になった。「研究乗組軍医科士官」、略して〝研軍〟といわれ、ヨーロッパやアメリカ、オーストラリア方面を経めぐって歩くのだ。ジェット機が飛びかい、金のなる木を持った? 現在の日本とはちがう。当時としては、こんな〝洋行〟は青年たちにとって、一大特典だったのだ。

異国から帰り、いよいよ「艦隊」へ乗り組む段になると、まずは大型や中型艦、先輩サージアンの乗っている軍艦に行く例が多かった。

一本立ちはまだ心細い。「長門」「陸奥」級の戦艦だと、軍医長兼分隊長として軍医中佐か

28表　軍医科，主計科士官員数

（各年「現役海軍士官名簿」より）

年　度	各科合計士官数	兵　科	軍医科	主計科
昭和２年	4824	2814	432	407
６年	4811	2779	449	406
11年	5248	2826	537	412

少佐が一人、乗組として軍医少佐か尉官が二人配置されることになっていた。そんななかへ入るので、新前でも十分に監督が行きとどき、安心して勤務することができた。

現場二年目になると、駆逐隊や掃海隊などの「隊付士官」配置も増えてくる。駆逐艦みたいな小さな艦では、個艦乗組としての軍医官は配員されないのだ。

ふつう四隻で編成される駆逐隊に、軍医長として軍医大尉一人、隊付に軍医中尉か少尉が一人配置される。そして、この二人は別々のフネに乗るのだ。

だから、むろん軍医官のいない艦もできる。でも平時は戦死傷者が続出するわけではなく、これで、けっこうおさまっていた。

「軍医長」という正式辞令のでる配置につくのは、たいてい軍医大尉か、三年目軍中になってからだった。

ならば、帝国海軍に軍医科士官はどのくらいいたのだろうか？

それほど多くはなかった。27表に示したような数と比率になっていた。

昭和ひとけた時代は約一八〇人に一人の割合で配員されていたが、日華事変がはじまると不足しはじめ、二〇年、敗戦の年には、平和なころの二倍も一人の軍医官で面倒見なければならないほど不足してしまったのだ。

「赤」と「白」の高等科学生

銀貨色の士官のほうも、28表でわかるように、兵科あたりにくらべればその人数は非常にすくなかった。昭和に入ってからでも、大陸に事変がおきるまでの経理学校生徒卒業者は、一回がわずか一四名から一九名。全国中学校からツブよりの秀才をあつめ、磨きをかけたといってよかった。

そういう長所のある反面、あまりにも少数者への英才教育は、一歩誤ると独善的、天狗人間をつくり出す危険ももっていた。

それはそれとして、主計少尉に任官した最初は、たいてい「庶務主任」という役目をやらされた。

海軍士官は別な見方をすれば官吏であり、いまふうに言えば国家公務員だ。戦闘が目的の軍艦や航空隊、駆逐隊などでも、みんな官庁である。したがって、お役所の通例として、文書の出したり、来たりが多い。

たとえば、艦船で艦長または艦の名前で発出する文書中、純粋に砲術科、水雷科など各科に属するものを除いて、ほかの公文は全部、主計科の庶務で起案し、浄書する。

また、艦あて、艦長あてに来る文書もまず庶務で受け取り、規定にしたがってその責任者に渡したり、回覧したりして処理をした。

そんなことをとりまとめるのが庶務主任だ。

それから彼は、そこに乗っている准士官以上の、叙位叙勲申請のやっかいな計算もしなければならなかった。「従六位勲五等」とか「正七位勲六等」という勲章ガラミの申請だ。これは間違えると非常にウルさい。宮中関係事務は後で訂正がきかないことになっていたからだ。もしミスを仕出かすと、その時期を遅らせても早めても、扱った人間は「謹慎〇日」といった懲罰をくう。じっさいに、そんな例は時々あり、海軍公報に掲示されていた。

庶務とは〝モロモロの事務〟のこと、新前ペイマスターの勤務もなかなかシンが疲れるのであった。

やがて、主計中尉に進級すると、「補鳥羽乗組」「補二見乗組」なんていう辞令の出ることが多かった。いうまでもなく、これらの艦は中国大陸は揚子江に浮かんでいた砲艦。二五〇トン、二〇〇トンのちっぽけなフネだが、昭和一九年九月までは、艦首に菊のご紋章をいただくレッキとした「軍艦」だった。

だから主計科士官が正規に配員されたわけで、発令は「乗組」でも、艦内では周囲から「主計長」と呼ばれる存在になる。いわゆる「職務執行」だ。だがペイマスターは彼だけ、一切を一人で切りまわさなければならなかった。もっとデカイ軍艦の主計長になる下稽古ともいえた。

そして、軍医官の場合と同じように、「主計長」の正式辞令で艦船に乗り組むのは、主計大尉かやはり三年目中尉になってからだった。

ところで、29表を見ていただきたい。「赤」にせよ「白」にせよ、どちらの士官たちも、大尉になるとそろそろ海上配置が減りはじめ、佐官に進級すると見る見る少なくなっていく。軍医官の配員例はさきほど書いたが、主計官は戦艦で主計長兼分隊長として主計中・少佐が一名、乗組尉官が一名、一万トン重巡で主計長兼分隊長に主計少佐一名、庶務主任になる乗組主計中・少尉が一名だけだったのだ。

29表　軍医科，主計科士官中海上勤務者の数と比率

〈（　）は各階級ごとの人数に対するパーセント〉

年度	科	中将	少将	大佐	中佐	少佐	大尉	中尉	少尉
昭和2年	軍医	0	0	2 (6)	6 (13)	10 (15)	58 (39)	43 (57)	24 (62)
	主計	0	0	1 (5)	3 (6)	13 (18)	74 (49)	52 (79)	33 (87)
13年	軍医	0	1 (14)	5 (11)	12 (15)	26 (26)	119 (50)	62 (58)	16 (67)
	主計	0	0	4 (9)	11 (14)	28 (24)	56 (54)	34 (85)	15 (100)

ここまでで、「赤」と「白」のオフィサーたちの、艦固有乗員として勤務は終わる。軍医大佐になると連合艦隊をはじめとする各「艦隊軍医長」、主計大佐も同様に「艦隊主計長」のポジションで、ごく少数の士官が海上へ出るだけなのだ。司令部幕僚である。ただ、昭和一三年度からは、連合艦隊兼第一艦隊軍医長と第二艦隊軍医長に、軍医少将が補任されるようになっていた。

しかし、幕僚といっても、重要な作戦会議などには「ご遠慮願われ」てしまう。そこでこの人たちは「艦隊機関長」とともに、俗に〝三長〟といわれ、どちらかというとあまり用事のない閑職と考えられていたようだ。

さて、兵科将校に砲術学校や水雷学校の高等科学生があったように、軍医学校と経理学校にもそれがあった。

経理学校のほうはテッポー屋や水雷屋と同様に、

「海軍主計大尉又ハ主計中尉ニ就キ主計長ノ素養ニ必要ナル学術ヲ修習セシムル」

とうたっていたが、軍医学校の課程は、軍医長養成を目的とするなどとは看板を掲げていなかった。

「海軍軍医大尉ニ就キ要職ニ充ツルニ適スル素養ニ必要ナル医学ニ関スル高等ノ学術技能ヲ修習セシムル」

のが、設置理由になっていた。

ところが、主計科士官の場合、高等科学生にもまた後で書く選科学生へも行かず、ノーマークのままズーッと勤務する人が意外と多かった。昭和二年度の主計大佐・中佐のうち「肩書」のない士官がなんと四六パーセント、時代が進んだ一三年度でも、二四パーセントもいたのだ。

だから、経校の高等科学生が主計長養成を目的としていても、現実に船乗りをつづける主計官には、このノーマーク組が多かった。というのも、艦船の主計長勤務は彼らにとって、それほどむずかしい仕事ではなかったからだ。

めんどうな事務は庶務主任が処理してくれるし、経理や糧食の実務は、掌経理長と掌衣糧長という特務士官・准士官の優秀なベテランにまかしておけば万事安心。というわけで、いつの年度でも、戦艦や母艦、重巡などの大艦でさえ、主計長はノーマーク主計中佐・少佐が大部分だったのである。

いっぽう、赤スジの入った士官は、軍医少佐になるとあらかた高等科か選科学生出身の肩書がつき、軍医大佐・中佐にノーマーク士官はほとんどいなかった。それどころか、両方のコースを卒業している人もたくさんいた。

さきほども書いたように、サージアンとペイマスターは少佐になると、浪を枕のマドロス稼業から急速に足を洗い出す。海上には、それほど力量を要する、ふさわしい職務が少なかったばかりでなく、じつは、彼らには、他により重要な任務がたくさん待っていたからだ。

軍医官の最高ポストは、軍医中将が補任される医務局長。ことわるまでもなく、これは一つしかないが、横須賀をはじめ呉や佐世保海軍病院の院長センセーは少将クラス、そんな病院の各部長や工廠の医務部長には大佐クラス、病院の中堅になる部員や軍医学校の教官などには中佐、少佐が、というように多くの席があった。

主計官のトップは主計中将の経理局長である。主計少将が配されるポストには、経理学校長、横須賀や呉、佐世保、舞鶴の経理部長兼鎮守府主計長、それから軍需部長など。主計大佐がつく配置には、工廠会計部長や海軍経理部の課長の椅子がそろっていたのだ。

「赤」と「白」の士官には、陸上こそが腕のふるえる晴れの舞台だったわけである。

軍医官は〝何でも屋〟

シャバのお医者さんには、内科、外科それから泌尿器などといろいろ専門があったように、軍医さんもたいていの士官は専攻分野をもっていた。とはいっても、

30表　軍医官の中の医学博士　その数と比率

年度	昭和2	昭和6	昭和11	昭和13	昭和17
軍医中将	1 (100)	0	1 (100)	2 (67)	2 (50)
軍医少将	0	3 (60)	4 (50)	5 (71)	14 (70)
軍医大佐	8 (24)	8 (28)	19 (53)	24 (53)	51 (57)
軍医中佐	7 (15)	14 (26)	21 (34)	30 (38)	32 (35)
軍医少佐	9 (13)	7 (9)	7 (7)	7 (7)	21 (19)
軍医大尉	0	0	0	1 (0.4)	0

注：カッコ内はその階級の全人数にたいするパーセント

「俺は内科がショーバイだから、骨折のシュウリはできない」

「本官は耳鼻科専門だから、外科は御免こうむる」

なんていうのは、海軍では通用しなかった。太平洋のド真ん中を航海中、虫垂炎の患者が発生、腹膜炎まで併発して一刻も早く手術しなければならない、というようなとき、これでは困るではないか。

だからネービーの軍医官は、一応、それもかなりの程度に何でも屋であることが要求された。六カ月間、大尉時代に行く軍医学校「高等科学生」は、そんなことのための、全科にわたって一層の学術的な勉強をする補習教育だった。

そして、さらに細かく分かれて専攻するのは「選科学生」へ行ってからだった。自分のやりたいことを志望し、大部分の者は軍医学校のなかで二年間、特別教育を受けるのだが、なかには、出身大学へ大学院学生として外部での研究に出される人もいた。眼科などはとくにそのようだった。給料をもらいながら官費で勉強、研究。なんと有り難い制度ではなかったか。民間の、それも中小会社のサラリーマンがうらやむのも無理はなかった。

専攻科目には、内科、外科、整形外科、物理治療、皮膚、泌尿器、耳鼻咽喉、眼科、細菌、

病理とすべて一通りそろっていた。ただし、小児科と婦人科だけはなかった。だが、軍医学校の隣りにつくられていた東京市立（のち都立）築地病院で、学生たちはシャバの一般患者の診療にあたる取りきめになっていた。そこでは、外科の選科学生が産婦人科のクランケをみることになっていたのである。というわけで、終戦後、軍医上がりなのに産婦人科医を開業したツワモノがあったそうだ。

この築地病院、昭和五年までは東京市施療病院とよばれたところで、よそで手をあげられたような難病患者が多かったらしい。だから、それは学生たちの臨床医学の研修に大いに役立つことになったのだ。

そして、併行しながら研究も行なうので、毎年、数編の学位論文がまとまり、博士号が授与されていった。ついでに、医学博士の称号をもった現役軍医官の数をあげてみると、30表のようになる。海軍では技術官や驚くなかれ将校のなかにもドクターはいたが、人数の上でも比率でも、軍医科士官の博士が圧倒的に多かった。といって、軍医官は、ぜんぜん臨床を離れてしまっては役に立たなかった。

平時の艦隊はたいてい、作業地でも航海でも何隻かずつまとまって訓練した。もともと頑健な士官、兵員が乗り組んでいるのだが、ときには病気や大ケガの突発することがある。それにあのころは、しばしば赤痢というヤッカイな伝染病が流行した。この患者を出すと、その軍医長は事情のいかんにかかわらず、医務局からお叱りをうけたらしい。

太平洋戦争のまっ最中、こともあろうに、例の給糧艦「間宮」で、これの発生したことがあったそうだ。

「本艦赤痢発生。ただいまより酒保物品の配給を停止する」

さあ、艦隊内は上を下への大騒ぎになってしまった。なかには極端に神経質な艦長もいて、すでに受け取った生物(なまもの)の糧食だけでなく、酒、ビールから缶詰までトラック湾内に捨てさせた艦もあったという(『たてよこ奮戦記』)。兵隊さんたち、さぞ涙を流して残念がったであろう。

そんな不時のできごとに備え、艦隊ではあらかじめ「手術担任艦」とか「細菌担任艦」とかが指定してあって、そのフネには選科出の腕きき軍医が乗り、それなりの設備を備えていた。

だが多くは、手術を必要とする患者発生は、虫垂炎だったようだ。そういうわけから、海軍の軍医官は専門に関係なく、また経験の浅い若い士官でも、この手術だけは一人でやれる必要があったのだ。

同じように経理学校にも、主計科士官のための「選科学生」が置かれていた。これにも校内学生と校外派遣学生とがあった。極めつきは「生徒」教程卒業の各クラスから、片手の指に入る上位陣数名が行く、東京帝大派遣の校外学生だったろう。法学部と経済学部にふつう一人ずつ、三年間通って一般学生と一緒に勉強するのだ。

ところが東大では、正規の学生としては受け入れてくれず、聴講生には学士号をくれないので、のちに経済は東京商科大学（現・一橋大学）に変わったらしい（瀬間喬著『わが青春の海軍生活』）。ま、いずれにしても、主計科高級幹部を養成するエリートコースではあった。なかには、海経生徒一〇期卒業の田中東洋男氏のように、成績抜群で「東大助教授にどうか」と、声をかけられた士官もあったそうである。

なお主計科士官には、主計大尉以後に進むコースとして大きく分けると、工廠・工場経理系統と軍需経理系統とがあった。

歯医者の軍医サン誕生

海軍には軍医官とならんで、医療には欠くことのできない薬品を扱う薬剤官も、武官としておかれていた。

ただし、こちらのほうは最高ランクが低く、うんとむかしは薬剤大佐がいちばん上で、少将の階級ができたのは大正一五年七月からだった。

ついでに記すと、軍医科には海軍草創期から、少将相当の「軍医総監」があり、明治三三年に高等官一等、すなわち中将相当の「軍医総監」がもうけられていたが、あらためて軍医中将といわれるようになったのは、大正八年九月からだった。

そんな大正末年ころ、磯野周平というきわめて有能、腕のたつ薬剤大佐がいた。停年で海軍を退かれるのが惜しまれ、首脳部はわざわざ少将のランクをつくって進級させ、軍医学校教官の現職を続けさせることにしたのだという。磯野さん、よほどの人物だったのだろう。しかし、その後は、そのような人材はおらず、階級制度だけ残って大戦が起きるまでは、じっさいに現役薬剤少将として働く士官はいなかった。

が、それは、薬剤少将を配置するにふさわしいポストがないためでもあったのだ。事変から戦争に移り、ようやく海軍が忙しくなって治療品の生産や研究を行なう「海軍療品廠」がつくられた。これではじめて、独立「所轄」の長として薬剤科将官が大手を振って着任できることになったのだが、それは昭和一七年一〇月だった。

しかし彼らには、職掌からいっても海上勤務はなかった。軍艦に〝薬剤長〟なんていう職務があるわけもなく、日華事変、太平洋戦争になってから、病院船乗組がわずかにあるだけだった。民間の船を徴用したり、特務艦に海軍病院を開設すると、そこの調剤科長として勤務したのだ。

本来、海上で働く性質の任務をもった士官ではないのだから、当然であったろう。そういうわけで、薬剤官ぜんたいの人数も少なく、戦争前の平和な時代には、毎年一名か二名が依託学生として採用されるだけだった。

こうして軍医官や薬剤官制度は明治の昔からあったのだが、昭和になって一六年の六月から、「歯科医官」もできた。歯科医少尉からはじまり、テッペンは歯科医少将までの武官制度だ。

眼科や耳鼻や泌尿器の軍医がいるのだから、歯科の軍医がいても少しも不思議はないわけだ。しかしどうも、海軍ばかりでなく陸軍もそうだが、「歯医者は虫歯の治療だけでけっこう」ぐらいにしか考えていなかったようだ。いや、日本国民全体、歯に関する認識が浅かったといえよう。

だが、ともかく、軍隊にも歯医者さんがいなくては、生活上、勤務上、現実に困るのだ。ことに海の上の、艦船で暮らしている将兵は何かと不便、苦痛を感ずる。そこで海軍では、長年の間、民間の歯科医を嘱託として採用し、軍艦にも乗せて診療にあたらせていた。「部内限り奏任官待遇」、つまり俸給その他できるだけ士官に準じた処遇をしますよ、というわけだ。しかし、海軍文官ではない。あくまでも、嘱託である。給料は上がっていくが、何年つとめても恩給なんかの保障は何もない。まことに不安定な身分だった。

昭和一二年、日華事変が始まると、陸戦では鉄カブトをかぶったその下の、顔や顎の負傷が多く出たらしい。

こんなとき、治療や手術にはぜひとも歯科医の手が必要になるのだ。そこで陸軍が、まず昭和一五年に「歯科医部将校」制度をつくり、その翌一六年、海軍も「歯科医科士官」制度を発足させたというわけだった。

といっても、やはり人数は少なかった。一七年一月に初めて任官者が出たのだが、その当時、軍医科は四七五名の多数だったのに、歯科医科はたった三人だった。戦地前線には、まだ嘱託の身分のままで勤務している人もいたのだ。

ミッドウェー海戦で空母「赤城」が沈没したときも、そんな一人が乗艦していた。幸い、無事に脱出できたからよかったが。

こういった歯科医科士官は、軍医さんのように個艦の乗組になることはなかった。艦隊司令部付となり、戦艦、空母、巡洋艦戦隊の一艦、あるいは潜水戦隊の旗艦を「歯科担任艦」に指定して、そこで勤務したのだ。さっきの「赤城」の歯医者さんは、したがって、「第一航空艦隊司令部付」というわけだった。

だから、港や泊地へ入ると同じ戦隊の僚艦や、歯科医官のいない部隊などからも、内火艇にゆられながら患者が通院してくる。

看護婦さんならぬ衛生兵を助手に、停泊中、海上デンタル・オフィスはとりわけて繁盛した。

そして、彼ら歯科医官も、いったん戦闘がはじまれば負傷兵の救急処置に、軍医官を助けて奮闘するのであった。

反対された〝二年現役制度〟

かれこれ一〇年近くも前になろうか、戦争に敗けてン十年もたつというのに、「海軍は良かった。今の社会には見られない、素晴らしいシステムと雰囲気をもっていた」そんな声が、国内のあちこち、それも政界や官界、財界の、われら庶民の頭上よりかなり高いところから聞こえてきた。

よくよくその音源を探ってみると、いちばん声の高い発声部は元「二年現役主計科士官」といわれたグループらしかった。

もともと、彼らは官公私立大学の法学部や経済学部、商学部とか高等商業学校の出身、当時の自由主義的教育を受けた、誇り高い、いわばエリートである。軍隊など、もっとも嫌いそうな人々の間から、はて、どうしたわけか？ それは、一言でいえば、「海軍が、彼らを遇するに、ふさわしい以上の処遇をしたから」が、一番の理由ではなかったろうか。

この二年現役制度、ふつうには「短現（短期現役）」といわれ、こちらの言葉はご存知の方も多かろう。この士官たちは「海軍将校相当官現役期間特例」という規則により、二年のケイヤクで現役をつとめることになっていて、海軍士官名簿にも、(二年現役)と階級欄に書き込まれていた。しかし別に、徴兵のなかに「短現」というのがあったので、彼らシャバ大出身の短期士官は、正しくは「二年現役士官」といったほうがよいようだ。

もっとも、戦争がおきてからは服役延期で帰してもらえない人が多かったのだから、それもインチキ、ともいえる。が、まあそんなことは、どっちへころんでもどうということはない。ただ念のため書きそえておくだけだ。

ついでに書くと、徴兵の短現というのは師範学校出身の小学校の先生を、五ヵ月ちょっとの在役で下士官にして帰郷させる「短期現役兵」のことだ。彼らのは、兵籍番号にも「横短」「佐短」何番と書かれる、オーソライズされた名称だった。

さて、前にもどって二年現役主計科士官。海軍は、さっきまで学生服を着ていた大学生に、いきなり「主計中尉」、高商卒業生には「主計少尉候補生」の軍服を着せ、兵員の身分は素通りして士官か、士官のタマゴにしてしまったのだ。これがまず、彼らを喜ばせたと思える。

人間誰しも、できるだけいやなこと辛いことは避けたい。あの時代、健康な青年ならばみな兵営に入らなければならなかった。もし陸軍にとられれば、「二等兵」になり、たぶんテッポーをかついで汗まみれ泥まみれになって、行軍に苦しむ運命が待っていたことであろう。新兵につきものの、理不尽な制裁にも耐えねばなるまい。たとえ幹部候補生に採用されるにしても、一度はヘイタイ生活を味わわなければならなかった。

なのに短現へ来たおかげで、即士官さんである。当時、大陸では戦火がひろがっていたが、海軍なら鉄砲玉に撃たれる率も少なかろう。そして二年たったら、シャバへ帰してくれるという。

昭和一一年を最後に、無条約時代に入り、日華事変は海軍の膨張を加速していた。人員が急増すれば当然、主計科士官もたくさん必要となり、そこで応急養成をすることになったのだ。

第一期の彼らが採用されたのは昭和一三年七月一日、三五名が築地の経理学校へ「補修学生」として入校した。五ヵ月の速成教育を受けて、ほとんどの人がまず艦船へ出たのである。

そして、士官を急速養成する必要が起きた事情は他科も同じだった。そこで同時に、トビ色の識別線をつける造船科、造機科、エビ茶マークの造兵科にも二年現役士官の制度がつくられた。こんなわけで、「短現は彼らが初めて」と思っている人も多いようだが、そうではない。歴史は意外と古かった。すでに大正一四年四月から軍医科と薬剤科に設けられていたのである。ただ、薬剤科では制度化されただけで、じっさいに採用、募集するようになったのは、やはり昭和一三年になってからだった。こんなところにも、開設時期誤解のタネがあったかもしれない。

あのワシントン軍縮会議の結果、大正一一年から一三年にかけて、軍医官からも整理退職で百数十名がやめることになった。そんな時勢だから軍医志願者も減り、ついに大正一三年末の現役軍医官数は四百名近くに激減してしまった。

いっぽう今度は、補助艦艇の建造が増加したので、とりわけ尉官クラスのサージアンが不足しだした。そのため人数確保のテコ入れに、短期間、海軍に服役する二年現役士官を採用することになったものらしい。うまいシステムを考え出したものだ。

この制度は、なかなか好評だったようだ。戦争に敗けてからのはなしだが、福留繁・元中将たちはある集まりで、「戦時中だけでなく、敗戦後の海軍の処理も、短現士官がいなかったならばあれほどうまくはいかなかったろう」と持ち上げたらしい。

それは、とくに主計科短現をさしての言葉だったろう。彼らのなかからは、戦後、日本各界の指導的立場で活躍する人物が、数多く輩出したのだから、まんざらお世辞ばかりとはいえまい。

しかし、こういう評判のよい主計科士官速成制度も、創設の当時にはずいぶん反対の声もあったのだ。軍医官や技術官たちは永久服役にしろ短期現役にしろ、もともと育ったのは同じ民間の大学や専門学校だ。が、主計科士官のほうは、海兵に類似した、経理学校生徒教程を経て子飼いから養成する制度が、すでに二十数年来定着していた。

だから反対が出るとすれば、当然このあたりからであり、とくに若手士官の反撥が強かったようだ。そういう意見の一つは、こんなふうに言っていた。

「兵科、機関科、主計科の士官は、大なり小なり部下の指揮者にならなければならず、これは長年月の生徒教程、候補生教育によらなければ会得できないものである。

主計科士官の不足は、まず生徒の増員を行なうのが最良解決策であり、そのため将来、大佐、中佐クラスになって一部過剰となり、早期に予備役編入者が出てもやむを得ない。

次善の策は、経理学校選修学生の採用をふやし、その卒業者である特務士官、准士官を士官配置につけて補う。こうすれば下士官兵の士気もふるうであろう。もし、どうしても短期士官養成制度をつづけるならば、兵科、機関科の予備士官と同様に主計科予備士官とし、それも十分な海軍教育をほどこしてから任用せよ。命令の発令者がどんなに学問にひいで、社会常識に富んでいても、受令者より軍人として卓越したところがなければ、それは軍紀をみだすもとになる」

かなり強烈な内容を含む意見だった。具申された時期は主計短現の発足した翌年だったが、柔軟な思考をもった海軍上層部の考えは変わらなかったようだ。結局、基本的には、最初実施された方式の二年現役制度が、敗戦まで維持されたのだ。

こういう経緯をもち、大学出は軍医科以下の各科「中尉」に、医学、薬剤の専門学校出身者はそれぞれ軍医少尉、薬剤少尉、その他の専門学校出身者は各科の「少尉候補生」をへて「少尉」に任官するシステムになっていた。

が、太平洋戦争が始まって間もなくの昭和一七年四月、この任用制度に多少の手直しが行なわれた。

彼らを、たとえ大学出でも、学生服から中

尉の軍服に直行させないで、いったん「見習尉官」というジャンクションを通ってから、各科の中尉あるいは少尉に〝任ぜられる〟ことに改めたのだ。これは二年現役士官だけでなく、永久服役士官の場合にもあてはめられた。

だが、見習尉官の地位は、准士官の上、各科少尉候補生のつぎ。長裾の士官服に短剣を吊る、恵まれた身分であることに変わりはなかった。

どういう理由で、この改定をしたか勉強不足で私にはまだわかっていない。

ただ、さっきの主計科士官の提出した上申書にあった、指揮者である士官は、まず受令者より軍人として優れていなければならない、任用前にしかるべき段階での十分な教育が必要である、との意見も考慮されたというはなしだ。

〝そめもの屋〟技術士官となる

海軍——といえば、どなたの頭にもまっ先に浮かぶのは、あのグンカンではなかろうか。

「いや、俺は士官や水兵、そういう軍人のことをまず考える」

と、ちょっとヘソの曲がった方もおられよう。ま、それはどちらでもけっこう。ともかくそのオフィサーやジョンベラたちが乗って戦う艦船（フネ）とか、それに載せる大砲やら魚雷、それから飛行機などを造ったのが技術科士官だ。

これでは正確に言いきれていないのだが、大すじではこういえるだろう。

例の肩章や襟章につける識別線の色はエビ茶だった。しかし「技術科」という科名が士官の官階にできたのは比較的新しく、太平洋戦争が二年目に入ろうとする昭和一七年一一月一日からだった。それまでは、トビ色マークの造船科、造機科、エビ茶の識別線をつける造兵科、アオ色マークの水路科と、四つの科に技術系の士官は分科されていた。

明治の古い昔からズーッとこんなふうに分かれており、ただ、機関の造修にたずさわるエンジニアは、造船科に含まれていたのを、大正四年一二月から造機科として独立させたのだ。造機科のマークがトビ色だったのも、こんな来歴に由来しているかもしれない。だから「技術科士官」、「エビ茶の士官」と一まとめにいえる彼らの歴史は、わりと短いのである。

というわけだが、造船、造機、造兵、三つの職務については、ここであれこれ説明するほどの必要はあるまい。

造兵の「兵」は航空機関係を含む〝兵器〟の意味だった。しかし、なにしろ技術集団ともいわれた海軍のこと、使う兵器の種類も量もベラボーに多く、造兵科には大学理・工学部や高等工業学校の、ありとあらゆる科の学生、生徒から採用された。

機械工学、電気工学はいわずもがな、「航空材料」にはあのヤキモノを勉強する窯業学科や林学科、「航空火工兵器」の分科へは染料化学を学ぶ青年たちも志願できたのだ。

シロートが見ると、「こんな科の学生を採って、何をやらせ

31表 技術科士官の各年採用数
（二年現役士官を除く）

年＼科	造船	造機	造兵
S.2	2	2	5
S.5	3	2	6
S.8	3	2	8
S.11	5	3	10
S.14	15	27	138
S.16	12	54	62

るつもりなのだろう?」と首をかしげたくなるほど、それを要求する海軍技術の裾はひろかったといえた。

そのいっぽう、造船科は船舶工学科か造船学科の学徒だけ、造機も機械工学科、冶金学科のほか五学科のみを募集源にする、しごく明解、サッパリしたものだった。

海軍技術というと、これもたいていの人には、〝ゾーセン〟がまずピンとくるだろうが、いまいったようなわけで、技術士官のなかでは造兵科士官がいちばん数が多かったのだ。31表を見ていただきたい。昭和に入ってからの、いくつかの年度の初任士官数だが、造船は二番目で、事変半ばからは三番目に下がっている。

そして、近代海軍を動かすのになくてはならない「燃料」は、はじめ機関科士官と文官技師とで担当していた。が、昭和一一年から依託学生を採用するようになり、「これはエンジンに密接な関係がある」ということで、その士官は造機科へ属することになった。

まえに、民間の大学を養成コースとする海軍士官として、軍医官のことを書いたが、同じように技術科士官もシャバ大から、「造船中尉」「造機中尉」「造兵中尉」を直輸入していた。

ただ、採用、任官後の士官教育が「赤」と「トビ色・エビ茶」とでは少々ちがっていた。

永久服役の士官を依託学生から育て上げるのはどちらも同じだ。

平時では、「技術中尉ヲシテ海軍軍事、一般ニ関スル概念ヲ会得セシムル為海軍砲術学校ニ於テ」約三ヵ月半、講習を受けさせる基礎教育も当然のこととして似かよっていた。筋骨隆々たる赤銅色の水兵から敬礼されて、かえって中尉ドノがオロオロするようでは困るではないか。まずは海軍士官らしいシツケをすること、これが第一番だった。

しかし、この後からが変わってくる。

技術科士官には、初任軍医官にたいする「研軍」乗組のような、練習艦隊で外国へ行く遠洋航海なんていうのはなかった。さっそく、呉海軍工廠の現場で「実務練習」である。

「技術中尉ヲシテ造修技術ノ習得及工場管理ノ一般ヲ知得セシムル為海軍工作庁ニ於テ約六ヵ月間実習セシム」

なにせ、日華事変はじめの昭和一三年ごろまでは、造船、造機、造兵をあわせて毎年、二〇名に満たない少数採用なのだから、まとまりはよい。教育もたんねんにできた。最初の「基本実習」と後半の「応用実習」、いずれも三月ずつになっていたが、応用実習では各自の専門別に分かれ、呉工廠や航空廠、技術研究所、火薬廠などに派遣されて、それぞれ実習をしたらしい。

やがて任官してから一年がたち、いよいよ二年目中尉になる。

「連合艦隊司令部付被仰付」

やっと彼らに、海軍士官らしい辞令が出たわけだ。今まで、砲術学校、工廠……と陸の上ばかりだったが、はじめて海上で勤務するのである。ここで御注意。勤務先の発令が「補」ではない。「被仰付(おおせつけらる)」というのは、その艦やお役所なりの固有定員としてではなく、一時的な職務への任命であることを意味していた。

こうして旅ガラスがはじまり、約四ヵ月、第一艦隊や第二艦隊の各艦に乗ってまわるのだ。平時のちょうどその頃は、「艦隊」では第一期訓練の時期。年度の前半にあたり、基本的な訓練を兵員の配置教育からはじまって甲種戦技まで、艦長以下全員がいそしんでいる。それを片っ端から見学し、いろいろな作業に加わってみるのが、フリーな立場の、彼ら初級技術士官の役目だった。

ところで、さきほど書いたように、制度上「技術科」が設けられたのは昭和一七年末からだったが、それ以前から造船も造機も造兵もひっくるめて、必要があれば〃技術中尉〃というような呼び方をしていた。

「実習ノ目的ハ技術中尉ヲシテ海軍各庁ニ対スル理解ヲ得シムルト共ニ軍人精神ノ涵養……」といった条項が、昭和一二年一月制定の「海軍造船中尉、造機中尉、造兵中尉実務練習規則」のなかに見えている。そして、じっさいにはもっと前からも、その用語は使われていたらしい。

一二〇日間の〃艦隊勤務〃

さて、その海上実習では、造船、造機の科別によって、また造兵では専門の職種で、どんな艦にどのくらいの日数乗るか、少しずつ違っていた。造船科では、戦艦四〇日、大型巡洋艦三〇日、駆逐艦三〇日、潜水艦二〇日、計一二〇日が標準として定められていた。

また、たとえば二次電池いわゆる蓄電池の造修を専門とする造兵中尉には、やはり潜水艦での実習がいちばん長く、四〇日がわりあてられていた。バッテリーは潜水艦の〝生命の素〟なのだから、それも当然であったろう。あとは戦艦に二五日、空母一〇日、大巡二五日、駆逐艦二〇日というあんばいである。合計一二〇日の日数には、どの分野も変わりない。

「航空へ進む技術士官には、乗艦実習はなかったのか？」

というと、この部門にもあった。あたりまえだろうが、大小の航空母艦に全日数の半分を占める六〇日、水上機母艦に一五日、戦艦一五日、大巡一五日、駆逐艦と潜水艦で一五日、これが大よその標準日数になっていたようだ。

というわけで、

「技術中尉ヲシテ海上勤務ノ経験ヲ得シムルト共ニ船体、兵器、機関ノ諸装置及構造竝ニ其ノ使用状況ヲ知得セシメ以テ用兵上ノ要求ヲ諒解シ計画者又ハ製造者トシテ必要ナル見識ノ素養ヲ涵養セシムル」のが乗艦実習の目的と考えられていた。

乗る艦は、水上機母艦はまあ別として、どれも日本海軍が艦隊戦闘の本命と考えていた艦種ばかり。フネに乗り組んでいるときの彼らは、「艦長ノ命ヲ承ケテ服務」するのがたてまえで、固有乗員の若い中、少尉とガンルームで一緒に暮らすことになる。が、いま言ったように、艦から艦へ、転々と渡り歩くので、口の悪い次室連中は〝ヤドカリ〟と、彼らのことをひやかしていたらしい。

もともと数学やら物理、そんな学問と親しんできた青年には、純情だがどちらかというと

〝堅物〟が多い。ある駆逐艦で、乗艦していた一人の実習中尉が士官室のヘル談（ワイ談）にたまりかね、何とかならぬかと苦言を呈したそうだ。それに対して艦長サンは、「いろいろな角度から海軍を理解することも、乗艦実習の目的だ。まだ勉強が足りん」と諭されたという。（NATOの会『海軍技術科士官回想記』）

そして、海の上で寝起きし、はじめて海洋の偉大さ、波浪のもつ恐ろしい自然力を身をもって知らされる。また、本務とする専門の上でも、実際の艦上で、純粋技術を離れて用兵側の立場にたち、逆方向から専門を透視することも彼らの進歩発展に大事な手段とされていたのだ。

したがって、戦技が終わったあとの研究会にも進んで出席する。乗艦中は艦長から、その艦の性能改善に関するテーマが与えられ、退艦時に答申を提出させられるようなこともあったそうだ。

やがて艦隊の前期訓練が終わるころには、はや「第一回乗艦実習」も終末を迎える。ふたたび陸上に帰って、工廠や航空廠、燃料廠などの工作庁で勤務するのだ。だが、大学を出てからまだ一年少々、とても一本立ちできる力はない。先輩士官の下についてアシスタント的な仕事をさせられる。

ただし、航空関係の造兵中尉はこの艦隊実習が終わると、引き続いて「航空実習」に入ることになっていた。

霞ヶ浦航空隊で飛行機に乗った。それは「初度練習機ヲ単独操縦シ得ル程度」。整備術に

ついては「搭載兵器、機体及発動機ノ整備一般」と四ヵ月ほど勉強する実務練習だった。工作庁とはちがうザックバランな航空隊の空気のなかで、実地に飛行機に乗り、整備をする。これは彼らの航空造修技術を将来大きく開花させる、目に見えない推進力となったにちがいない。

こんな陸にもどっての一年半が過ぎると、もう青年中尉も任官してから三年がたつ。平時、それも昭和五年ころから後の技術士官たちは、中尉を〝三年半〟もつとめて大尉になるのがふつうだった。

そして、その四年目中尉のときもう一度、乗艦実習が行なわれるのが例になっていた。

こんどは連合艦隊の後期訓練に加わって、造船、造機、造兵の科別、専修別に細分されて実習するのだ。一年でもっとも忙しい時期を迎える艦隊では、訓練も進み、乙種戦技があり、年度末には大もしくは小の「演習」も実施される。

造船科士官は、今回は空母にも小型巡洋艦にも乗せられる。造機屋はもっぱら「主力艦ヲ本拠トシ機会アル毎ニ巡洋艦、駆逐艦、潜水艦等ニ於テ実習セシム」と、乗艦重点の配分が、第一回のときとは変わってくるのだった。

すでに二度目の艦隊勤務。フネの生活にもかなり馴れているし、二年ほどの工廠勤務が養ってくれた、技術専門家としての観察眼は初回のときよりさらに深まっていた。造船屋の堀元美技術中佐は『トビ色の襟章』のなかで、こうのべている。

「……またこのクラス（「三隈」級のこと）には造船家としての関心もあった。妙高級、高雄級に続いて一層近代的な巡洋艦として電気溶接の応用などによって、軽くて強い船体構造とか、蒼龍型航空母艦とまったく同じ機関を使っていることとか、軽量船体のため波に乗ったとき船体の撓み（たわ）はやや大きいこととか、興味の少なくない艦なのだ……」

こうして、陸上にだけいたのでは決してわからない、体得できない経験的知識が、潮風と波の間から生まれてくる。それが、彼らのこれからの、工作庁や艦本、空本での勤務に役立たないはずがない。

ただし、航空機関係造兵中尉には、この第二回目の乗艦実習はなかった。練習航空隊での航空実習が、より職務の将来に密接するものとして考えられ、扱われたためであろう。

だが日華事変が始まって二年目、昭和一三年春になると、すでに無条約時代に入っていた海軍では、膨張や増員で進級が早くなり出した。技術中尉たちも三年で大尉に昇進することになり、この年から、第二回乗艦実習はガンルームでなく、士官室士官として、今までとは一味ちがった体験をすることになったのだ。

この回の乗艦実習で、技術科オフィサーたちへの初級士官教育は終わる。任官後、三年半。かつて末次信正大将(?)だったか、「一人前の海軍大尉をつくるには十年かかる」と言ったことがあるが、こうしてみると、教育の入念さは造船大尉、造機大尉、造兵大尉の養成にもあてはまっていたようだ。

そして、永久現役士官だけでなく、この教育システムは昭和一三年にはじまった短現技術士官にも適用されていた。ただし二年という年限の関係から、第二回目の乗艦実習は行なわれていない。いわば一時的、臨時雇いのような士官にも、差別なく懇切な教育をしたことが、例の「海軍は良かった」の声の一因になっていたのだろうと思われる。

とはいえ、事変が長びき太平洋の波が荒れ出すと、そうそう丹念に磨きをかけていられなくなった。海上勤務をする機会はほとんどない技術士官に、潮風を浴びせるせっかくの乗艦実習は、昭和一五年の任官組が最後となり、それも第一回の実習だけで終わったようである。

本命舞台は工作庁

もうしばらく「エビ茶の士官」の話を続けよう。ならば、彼ら技術科士官の勤務上の行く手はどのようにひろがっていたのだろうか。

兵科将校はもとより海上勤務が本来の姿だ。軍医科士官や主計科士官も、中佐、大佐になってこそ海上暮らしはめっきり減ったが、若いうちは多く「船乗り」を生業としていた。ところが技術科士官はそうではなかった。もっぱら「陸上勤務」に終始する、特異な海軍士官だったのだ。

しかし、その職務内容は海上や海洋航空に使われる「道具」を造るのが主務。海軍の基盤、海の上を走りまわるグンカンの実態がわからないのでは、ちょっとまずい。だからこそ、若年時代に艦隊の実情を身をもって体験させたわけだ。

それに、造船科、造機科、造兵科には下士官兵の制度はなかったので、当然、艦船へ行っても「技術科」とか「技術長」なんていう配置はなかった。もっとも、日華事変以後、戦地での応急修理のため工作艦が活躍するようになってからは、そこの「工作部」員として海上勤務することはあった。だが、これとても、工作部長には機関科将校がなり、技術官はその部下の部員までだった。

というわけで、彼らのメインとする活躍場所は「海軍工作庁」だったのである。それには、あの巨大戦艦「大和」やマンモス空母「信濃」を建造した海軍工廠をはじめ、航空技術廠、警備府におかれた工作部、そして象牙の塔（？）海軍技術研究所などまでが含まれていた。

試みに日華事変勃発の前年、昭和一一年度の「現役海軍士官名簿」を開いてみると、全技術科士官の数はたった二九四名だけ。平和な時代の最後の年には、まだずいぶん少なかったのだ。それが、太平洋戦争一年目の終わり昭和一七年一一月には三六一一名、約一二倍になったのだからビックリするほど増えていた。しかもこの中には、予備役からの応召士官は含まれていないので、じっさいに海軍で働いていた彼らの数はもっと多くなるのだ。

ところで、いま言った二九四名の勤務先を大まかに分けてみると、32表のようになった。一八二名、およそ六二パーセントがいろいろな工作庁に勤務していた。

しかも、「その他」のうちには、工作部で働く士官も要港部員として発令されており、中尉の工廠勤務者には鎮守府付の辞令が出ていた者もあったらしい。したがって工作庁勤務者のパーセンテージはもっとはね上がるはずだ。「技術士官の本命とする舞台は、工作庁」といわれるのももっともなようだ。

となると、あたりまえみたいだが、工廠での造船官は造船部、造機科士官は造機部での勤務が多い。そして造兵屋の働き場所も、横須賀、佐世保、舞鶴などでは、各実験部勤務は別として造兵部が主だったが、呉工廠の造兵関係は砲熕部、火工部、水雷部に分かれ、さらに、ここだけにしかない製鋼部も設けられていた。

スーパー戦艦「大和」「武蔵」の四六センチ砲や装甲鈑もつくり、さすがは東洋一の造兵廠といわれただけあって、呉工廠に昭和一一年一月現在、在勤していた造兵科士官の数は、横須賀工廠、佐世保工廠勤務の造兵士官合計数の二倍になっていたのである。言うなれば、呉工廠は造兵官のホームグラウンドみたいなものだった。

さて、艦船、兵器や航空機造修の柱となる技術士官たち。少数精鋭主義をかかげる帝国海軍のなかでも、平時、その採用数はとりわけ少ない数だったことは、前の31表にご覧の通りだ。

だが、膨張期に入った昭和一四年からはがぜん増えている。造兵科のごときは約四五〇名、昭和初年のなんと九〇倍になっている。アメリカに対抗しての軍備大拡張。この年はいわゆる㊃計画、第四次補充計画の決定された年だからだろう。といっても、各科採用の内容は一四年度で七〇パーセント、一六年度で六二パーセントが二年現役士官なのだ。本チャンは少ない。念を押すようだが、31表は永久現役士官だけの人数なので、誤解しないようにしていただきたい。

ときはすでに事変のまっ最中、陸軍では青年たちの現役徴集や補充兵の召集を、大幅にドシドシ進めていた。しかし、あまり積極的にやられると困る。海軍だって人手は欲しいのだ。ことに優秀な若手技術者やその卵をみさかいなく連れて行かれては、重要な軍需工業にもさしつかえてしまう。

そこで、そういう青年たちを二年現役士官にして、海軍に関する技術教育を施したうえ民間に帰しておけば、陸軍から召集をかけられる心配は全然ない。それに、戦争でも始まり必要があれば、海軍で召集して技術陣に加勢させることもできる。一挙両得というわけだった。

昭和一三年、一四年に、こうして海軍へ入った臨時雇い技術士官は、永久現役にかわった少数の人は別として、ほとんどみな、いったん軍服を脱いだ。

32表　技術士官の勤務先別人数（昭和11年1月現在）

勤務庁	艦政本部			航空本部			工作庁			その他		
科別	造船	造機	造兵	造船	造機	造兵	造船	造機	造兵	造船	造機	造兵
中将	1	0	0	0	0	0	0	0	0	0	0	0
少将	2	0	2	0	0	0	4	2	3	0	0	0
大佐	3	0	4	0	0	0	4	2	15	1	1	1
中佐	7	3	3	0	0	1	6	7	34	0	0	3
少佐	9	4	11	0	0	6	10	8	24	3	1	2
大尉	4	0	4	0	0	2	10	6	20	3	3	5
中尉	0	0	0	0	0	0	7	3	17	7	5	11
計	26	7	24	0	0	9	41	28	113	14	10	22

大学出は各科の大尉に、専門学校出身者は中尉サンになって民間へもどったのである。だが、それも戦争前までの話で、開戦後に二年の現役を終わった組ではシャバへ帰れるのは珍しく、大部分は軍服を着つづけたのが実情だったらしい。そして予備に入っても、また召集で海軍に呼び出された短現士官もかなりいたようだ。

ところで、将校や軍医科士官、主計科士官には、中堅の大尉クラスになってから高等科学生という再教育制度があった。なのに、技術系統にはこれと同じシステムはなかった。

かつて、造船の福田啓二技術中将や江崎岩吉技術中将たちかなりの人々が、英国のグリニッジ海軍大学校その他に留学した。また火薬の千藤三千蔵技術少将が若いころ、海軍大学校選科学生として、二年間、東大大学院で修学したが、こんな例が技術科士官の高等教育だった、といえば言えるだろう。

しかし、末国正雄元大佐の調査研究によると、「技術士官学校」建設案が、昭和一五年に提出されたことがあったそうだ。兵学校で兵科将校を育てたように、技術武官を海軍自体の手で子飼いから養成し、さらに技術大尉・中尉になったら高等科学生を命じて、軍事学とアップ・ツー・デートな技術知識を学ばせようとする計画だったらしい。

だがこれは、大戦直前のことではありプランだけにおわってしまった。

工廠や火薬廠、燃料廠などが、作業服で働く海軍技術陣の生産・研究現場機関とすれば、「艦政本部」はいわずと知れた中央機関、総本山である。

ここの技術関係のセクションは、昭和一九年七月当時で、砲熕、水雷、電気、造船、造機、航海・光学の六つの部に分かれていた。

このうち、砲熕、水雷、造船、造機部だけは、技術中将か技術少将がそのボスになることになっていた。兵科の将官ではなれない。

ただし、艦政本部長という大ボスには、海軍大将か海軍中将がおさまることに定められていた。技術科士官は、定員令でこの椅子にすわることはできないようになっていたのだ。

そのほかでは、技術科の将官は海軍工廠長や航空廠長、火薬廠長などのポストにつくことができ、ことに技術研究所長には、例の平賀譲技術中将（そのころは造船中将）をはじめ、エビ茶マーク士官の補任が多かった。

異色〝海軍土木士官〟

こう見てくると、なんだが技術士官の仕事には、造船、造機、造兵の三種類しかなかったみたいだ。が、じつはもう一つ重要なのがあった。それは施設系の分野だ。

「ほう〜、海軍が土建屋をやる？……」

と奇妙に思われるかもしれない。が、海上部隊を存分に活躍させるためには根拠地が必要である。そういった地域の施設をつくるため、明治いらい「臨時海軍建設部」という部門が設けられ、機能していた。だが、それは恒久的な後方支援施設をこしらえる業務で、直接、戦闘に結びつくものではなく、文官技師を中心とする仕事だった。

しかし、昭和一二年に日華事変がはじまってみると、近代海軍には、かつては予想もしなかった作戦地に応急施設を急造する任務が、きわめて重要なことがようやくわかってきた。

その点アメリカでは、航空機のもの凄い発達で、いったん戦争になったら作戦地域は急速にひろがるぞ、と見こしていたようだ。海軍に戦闘兼建設部隊を編成しておき、進出できしだいどんどん前線に航空基地を造成したり、要地防衛に必要な施設をこしらえるのが賢明と考えたのだ。部隊指揮官には、もちろん日本にはない「建築科士官」というのを充て、海軍軍人である下士官兵を隊員にする。早くも、太平洋戦争がはじまる前の昭和一六年一〇月、そんな「設営隊」をもっていた。

戦争がおきてからは、さらに制度の改善や兵力の増強に努め、一九年末には二〇〇コ大隊、約二五万名に達していたそうだ。まったく彼らは、これがいい、これは必要と見きわめるとフルパワーで、ブルドーザーのように推し進んでくるのだからかなわない。部隊は〔Construction Battalions〕の頭文字をとって、C・Bと呼ばれたが、設営隊員たち自身は、もじって〔Sea Bees〕といっていたらしい。

かたや、わが海軍でも太平洋戦争開戦時、そんな作戦施設建設隊として、九コの特設「設営班」を保有していることはいた。だが、これらの部隊を構成する隊員は、徴用の土木作業員が主体で、軍人ではなかった。

近代海軍の戦闘は航空機が主力、とよくいわれる。その通りだが、太平洋戦争の経過をよく見ると、一面、基地とくに航空基地設営戦でもあり、そこからもわが方の足元は崩れていたのだ。

強力で、よく働き飛びまわるアメリカのシー・ビーズと立ちうちするためには、ぜひとも〝軍隊化〟された「設営隊」が欲しい。こんな切実な要望から生まれたのが、施設系技術科士官だった。むろん、部下になる隊員にも技術科下士官兵が必要であり、新たに「技術兵」という兵種もできた。

昭和一七年一一月、それまでの施設系文官技師をエビ茶マークの技術武官に転官することからはじめられた。そして、その少し前の一〇月に、海軍ではじめて、生粋の施設系第一期技術科見習尉官が採用された。土木工学や建築工学で腕をふるう、異色の海軍士官誕生である。

さて、こうなると、彼ら施設系技術士官はそれまでの造船、造機、造兵士官にはなかった、別の重荷を背負うことになった。なんだろうか？

それは部下下士官兵の指揮統率であった。四種類ある設営隊のうち、甲編制、乙編制の部隊は〝軍人設営隊〟であり、制度上、「特設部隊」といわれる「軍隊」だ。彼ら土木士官は優秀な施設技術者であると同時に、有能な部隊指揮官であることも要求されたのだ。

しかし、前にも書いたように技術科士官たち将校相当官には、軍令承行権すなわち軍隊を指揮する権限がなかった。そこで、ジャパニーズ・シー・ビーズではとくに、「特設艦船部隊令」のなかで、

「特設設営隊ニ隊長ヲ置ク」

「隊長欠員中又ハ事故アリテ其ノ職務ヲ執ルコト能ハサルトキハ部下ノ職員席次ニ従ヒ其

ノ職務ヲ代理ス」ときめ、制度的な指揮権問題は解決しておいた。

したがって、昭和一八年ごろから編成された設営隊の隊長には、兵科将校だけではなく技術少佐、技術大尉がどんどん任命されていったし、隊内指揮も兵科、技術科に関係なく、システム上やりやすくなっていた。あとは指揮官個人の力量しだいである。

だが、そんな部隊のボディーとなる隊員の、〝軍人化〟がなかなかはかどらなかった。陸軍の兵役とのからみもあったようだ。「陸軍工兵伍長」の肩書きをもつ優秀な工員を、「海軍二等技術兵曹」にすることは難しかったのだ。結局、全員が海軍軍人で構成された「設営隊」が誕生したのは昭和一九年に入ってからになってしまった。

そろそろエビ茶の士官のはなしも終わりに近い。造船、造機、造兵そして施設をたどってきたわけだが、技術士官にはまだもう一つ別の系統があった。明治のむかし、日清戦争の直後に武官列に加えられた「水路科」士官だ。

「そんな科もあったのか？」

といわれそうだが、無理もない。それほど、昭和に入ってからはまことに影のうすい存在になっていたが、技術科統合まで、官制上、厳として独立する一科だった。

東京は築地の魚河岸近くに、現在、「海上保安庁水路部」というのがある。水路の測量や海象観測などを行ない、海図とか水路誌、灯台表やらを刊行して、船舶の航海安全確保に努力する機関だ。

この官庁のそもそもが、海軍の「水路部」で、かつての日本海軍が遺し、いまだに活躍をつづけている唯一のお役所ではないだろうか。

そこ、水路部を根城にいまいったような業務にしたがっていたのが、水路科士官だった。

はじめのころ、少佐相当の「水路監」を最高位に、いちばん下を少尉クラスの「水路少技士」とする階級制度から出発した。そのうち、だんだん格が上がって明治三〇年、水路監は中佐相当となり、明治三六年に大佐とならぶ「水路大監」が設けられた。この階級はのちに「水路大佐」と改称されるのだが、結局は、水路科士官の最高はここまでで、将官はつくられなかった。

明治三三年に「水路少技士候補生実務練習規則」をつくって、新進の水路官養成に着手したのだが、水路測量技術の進歩、高度化は、逆に武官としての水路科士官の必要性を少なくしていったようだ。むしろ、航海科系の兵科将校を技術行政の重要ポストに据え、技術者には文官技師を充当したほうが、より実際的であるということになったらしい。とどのつまり、水路少技士候補生の採用は明治三八年の二名で打ちきられてしまった。

後年、この二人は水路大佐に昇進したが、一人が昭和六年度の「海軍士官名簿」に名をつらねたのを最後として、現役から去っている。その後の水路科は、実質のない制度だけの存在になってしまったわけで、明治いらいの水路武官数は、ぜんぶで僅か一五名というきわめて少数の珍しい科におわった。

「法務官」短剣を吊る

「軍法会議」——この言葉は御存知であろう。聞いただけでおぞけをふるうような、例の暗黒裁判視される、アレだ。もちろん今の日本にはないし、この軍法会議をもたないところが、わが陸・海・空、自衛隊の軍隊ではない所以でもある。

かつての日本海軍には、当然ながらあった。その軍法会議に、検察官、予審官、裁判官として席にすわるのが法務科士官だった。

「ふーん、そんな士官は聞いたことないなぁ」

と言われる方、ことに元海軍下士官兵のなかには案外多いかもしれない。昭和一七年四月に誕生した新しい武官だったし、真面目に勤務に精励する軍人には、本来、縁遠いはずの人たちだったからだ。

といっても、もう明治の昔から、文官の法務官としては存在していたのだ。海軍中将、少将のおエラ方が居ならぶなかに「主理〇〇〇」などと、あまり顔も名前も知らない人物がまじっている古い写真をご覧になったことがなかろうか。その、「主理」というのが彼らの大先輩。そして大正一一年四月に「法務官」と呼称を改めていた。

こうして半世紀以上、文官として働いてきた法務官を、ではなぜ、いまさらのように武官に転じなければならなかったのだろう。

軍法会議が〝特別裁判所〟として設けられていた理由は、軍紀の維持、振粛が最大目的であり、統帥が要求する意図を全面的に反映させるように司法権を運用させるためであった。

そういうわけで、従来から将官にかかわる事件を裁く高等軍法会議と東京軍法会議の長官には海軍大臣が、そのほかの軍法会議長官には鎮守府司令長官、要港部司令官、艦隊司令長官があたり、それぞれ公訴や捜査の指揮をとっていた。そして、審判機関である軍法会議の裁判官中、大多数を占める「判士」には、それを命ぜられた将校を充当していた。

33表　法務士官の人数
（各年「現役士官名簿」より）

階　級	昭和17年	昭和19年
法務中将	1	1
法務少将	3	4
法務大佐	8	7
法務中佐	5	5
法務少佐	5	6
法務大尉	16	60
法務中尉	12	35

それも、「海軍軍法会議法」の前身である「海軍治罪法」施行時代には、将校たる判士長、判士だけで裁判官ぜんぶを構成していたのだ。法律専門家の主理は、事実の審理とか法律の適用に関して助言者的地位を与えられているに過ぎなかった。裁くのは、彼らから司法上の知識を聞きながら将校「判士」がや

っていたのだ。

だが、軍法会議法の制定によって、審判形式がだいたい"普通裁判所"のそれとほぼ同様に改められたため、専門の司法官吏が必要となった。それで、以後、文官である法務官が裁判官のなかに加えられたわけだった。統率と司法とは密接であるべきだとするわが軍事裁判では、その公正を期するため、概ね五人で構成する裁判官中に、一人の専門法務官を入れたのだ。

しかしながら、軍事司法という観点からすると、この文官混入裁判官制にはいま一つ喰いたりないものがあった、のだそうだ。裁判を受ける側からすると、文官が入っているということにやや物足りない感じをいだいたのだという。ちょっと勝手な言い分にもきこえるが。

そこで、司法上の法律知識をもち、しかも若い頃から軍隊の教育訓練を受け、統帥の要求を十分に理解した士官を裁きに加わらせた方が軍の必要にいっそう適合する、こういった見地から、法務官の軍人化に踏みきったのだ、とされている。

私などには、どうもその更改理由が薄弱に聞こえるのだが、ともあれ、昭和一七年四月一日、海軍法務官武官制がしかれた。そして、それまでの文官法務官五〇名が軍服を着、短剣を吊って、33表のように「法務中将」以下「法務中尉」までの各階級士官に転官したのである。

ところで、もともと文官時代から、法務官には大学法学部卒業の法学士であることに加え、司法官試補の資格をもっていることを要求されていた。そのうえに「海軍法務官試補」として、軍法会議で一年半の実務修習をすませてからホンモノの法務官に任命されていたのだ。

武官制になってからの新規採用は、前々と同じ有資格者に「法務見習尉官」を命じ、軍人としての基礎教育が終わってから、「法務中尉」に任用する方法をとった。

そういうわけで「法務少尉」の階級は、制度上はあったが実員として任官した士官はなかったのではなかろうか。少なくとも昭和一九年なかごろまでは見当たらない。

そして、その一九年ごろには、法務科士官もインフレ状態。二年ちょっと前の二倍強にふくれあがっていた。といっても、そのうち五五パーセントは二年現役士官、いずこも同じなんとやらの有りさまであった。

将校相当官廃止!?

ここのところしばらく、というかあるいはザーッとというか、軍医、薬剤、主計、技術、歯科医そして法務科士官のあれこれを眺めてきた。士官であって将校でない士官、すなわち将校相当官の社会についてだ。

たしかに、彼らは武官であっても、直接、武器をとって戦ったり、軍艦や飛行機を動かすことはなかった。といっても、たいていの分野の相当官は部下の下士官兵を指揮して勤務したし、場合によっては戦闘の渦中で危険にさらされながら働かなければならないこともあった。だから、そんな彼らに言わせれば、

「将校相当官などと差別されるのは、きわめて不本意」

ということになろう。まことにもっともだった。

それに、制度の上とか何とか、難しい理屈を持ち出さなくても、用語上に区別があれば知らず知らずのうちに差別が生じてくるものだ。

とりわけ軍医官、主計官など、日常の勤務を艦船部隊で、いわゆる将校といわれる士官とともにする人は、とかく不愉快な思いをする場面もあったらしい。それは、将校相当官ばかりではなく、特務士官にも事情はあてはまった。兵員出身の彼らは、言うにいわれぬ屈辱感を味わうことも多かったようだ。

ならば、相当官とか特務とか、そのような〝差別用語〟は、まず廃止したほうがいい、ということになる。

これまでたびたびのべてきたように、昭和一七年一一月、各種の制度に大改正が行なわれた。当局の計画では、このときは第一次実施で、のちに第二次改正を予定していたらしい。実行は「大東亜戦争終結後又ハ情勢差支ナキニ到リタル時機」をねらっていたという。

その計画書の一部には、こんなふうに書かれていた。

「『海軍将校』ノ語義ヲ改正シテ『海軍将校』トハ将官、佐官及尉官ヲ謂フコトニ改メ『海軍士官』及『海軍将校相当官』ノ用語ヲ廃ス」

「軍医科ヲ軍医部ニ、薬剤科ヲ薬剤部ニ、主計科ヲ経理部ニ、技術科ヲ技術部ニ、歯科医科ヲ歯科医部ニ、法務科ヲ法務部ニ、軍楽科ヲ軍楽部ニ、看護科ヲ看護部ニ改ム」

これだけ見ると、海軍だけの発想のように思えるが、じつは陸軍のモノマネだった。アーミーにはどういう事情があったか知らないが、すでに昭和一二年に将校相当官の官制を廃止し、兵科以外の士官にも経理部将校、獣医部将校などと、一律に「将校」の用語を使うように改めていた。

一六年八月、軍務局が作成したある文書の

なかに「……尚軍医科、薬剤科、歯科医科ヲ衛生部トシテ総括スルハ国軍トシテノ制度上、陸軍ノ制度ヲモ考慮シ『将校』『将校相当官』等ノ用語ニ於テ海陸軍間ニ差異ナカラシムルヲ可トストノ見地ヨリ改正セントスルモノニシテ……」と記されていることからも、陸軍に〝右へならえ〟したのは明らかだ。

また、第二次案にはこうも書かれていた。少し長い引用になるが、

「特務士官ノ官階ヲ廃ス」

「兵科特務士官ヲ兵科将校ニ、軍楽科特務士官ヲ軍楽部将校ニ、看護科特務士官ヲ看護部将校ニ、主計科特務士官ヲ経理部将校ニ、技術科特務士官ヲ技術部将校ニ転官セシム」

「特務士官ヨリ将校ニ転官セラレタル者及准士官又ハ下士官ヨリ任用セラルル将校ハ、其ノ兵籍ヲ下士官タリシトキト同一鎮守府ニ置キ鎮守府在籍将校ト称シ、其ノ人事ハ各人事部ニ於テ取扱フ如クス」

「特務士官ヨリ将校ニ転官セラレタル者ニ対シ必要ナル講習ヲ実施スル……」

「特務士官ヨリ将校ニ転官セラレタル者及准士官又ハ下士官ヨリ任用セラルル将校ハ、海軍兵学校、練習航空隊、海軍機関学校又ハ海軍経理学校選修学生教程ヲ履修シタル者ヲ除キ各専修術科ニ従ヒテ配置シ、其ノ配置、服務、当直勤務及軍令承行等ニ関シテハ概ネ特務士官ト同様ナラシムルモノトス

海軍兵学校、練習航空隊、海軍機関学校又ハ海軍経理学校選修学生教程ヲ履修シタル将校ノ配置、服務、当直勤務及軍令承行等ニ関シテハ、海軍兵学校、海軍機関学校又ハ海軍経理

学校生徒出身将校ト大差ナカラシムルモノトス」

「学生制度ニ関シテハ各術科学校ニ専修学生（仮称）制度ヲ設ケ卓抜ナル術科専修者ヲ養成スルト共ニ、特務士官以下ノ学生、練習生、新兵教育制度全般ニ瓦リ改正シ将校トシテノ素養特ニ精神力ノ向上ヲ計ル如クス」

という工合だったのだ。が、結局は敗戦のため、第二次改正は実現しなかった。

だが、よくよくこの第二次案を見ると、二歩前進ていどの改正ではあったが、抜本的改革にはなっていなかった。まあ、それは一ぺんに改めよ、という方が無理ではあろうが。それに、たとえ同じ〝将校〟と呼ばれるようになっても、前々からの兵科将校とは違うところがあって当然だったのだ。いかになんでも、軍医部将校が軍艦の指揮をとるわけにはいかないではないか。たんに用語だけを替えてみても、そのへんは難しいところだった。

でも、この案が実行されれば、特務士官以下の准士官、下士官たちはだいぶ喜んだことと思う。下士官から選修学生を経て、すぐ将校にする道も考えていたようだし、その選修学生出身将校は、軍令承行上、生徒出身将校とほぼ同じにしようとしていたからだ。

海大は提督への登龍門か

「海軍大学校」といえば、いうまでもなく海軍の最高学府。誰もがやたらに入れる学校ではない。

あのころ、軍港の町横須賀のはずれ大津にも〝海軍大学〟があったが、これからお話するのは、もう一つの、東京はいまのJR山手線目黒駅の近くにあったそれ。じつはこちらがホンモノの〝海大〟だった。

「ン？　では大津の海大というのはなんだ。インチキか？」

まぁ、その答えはここではペンディングにしておこう。ただ、こちらはやたらに入れない大学でもあったが、入らないほうがよい学校ではあった。

さて、目黒の海大は昭和七年、ここに引っ越してくるまでは隅田川の河畔、築地に置かれていた。明治二一年の創設いらい、いろいろ移り変わりはあったが、ほぼズーッと「海軍士官ニ高等ノ学術ヲ教授シ兼テ其ノ研究ヲ行フ」ことを、学校業務の主要な柱にしていた。

太平洋戦争敗戦前の制度では、学生に四つの種類があり、「甲種学生」「特修学生」「機関学生」「選科学生」、いずれも最高学府の名にふさわしいものばかりだった。が、なんといってもメインは「甲種学生」だった。ふつう、たんに「海大卒業者」といえば、この甲種学生課程を修了した将校をさしている。これを出ていると、海軍のなくなった現在でさえ、「ほう！　海大出身か」ということで、人の見る目もかわってくるのだ。

そんなわけなので、まずは甲種学生に目を向けてみよう。

「海軍少佐又ハ大尉ニ枢要職員又ハ高級指揮官ノ素養ニ必要ナル高等ノ兵学其ノ他ノ学術ヲ修習セシムル」のが、この教程の目的だった。

だから、入れるのは兵科将校だけ、特務士官の大尉や予備士官の少佐、大尉には受験資格はなかったのだ。昭和一七年一一月以後、将校制度にいくつか改正はあったが、現実的には、兵学校出身の士官だけが最後までこの門をくぐっていた。

ところで軍人は、陸さんもネービーもよく「滅私奉公。地位も名誉も眼中にない」などと、いやにツッパった物の言い方をしたが、その実、勲章も欲しかったし将軍、提督にもなりたかったのが本音のようだ。海軍士官たちの間でも、「大学校を出ていると、将官進級にはきわめて有利」といわれていた。もちろん甲種学生のことだ。

はて、この点、実情はどんなだったのだろう。さっそく調べてみた。兵学校第三一期から第四〇期まで、ちょうど日露戦争直前より明治末年までの間に江田島を卒業し、尉官、佐官を平和な時代に過ごしたクラスについてである。

34表のような結果が出たが、一七一〇名の卒業者中、将官進級者は三七八名だった。この卒業者のなかからさらに海大で学んだ人数を調査したら、35表にあげたように二五〇名、そして七八パーセントの一九四名がアドミラルになってい

34表　将官進級者数

（兵学校31期より40期まで）

期	総　員	将官進級者	進級者／総員
31	188	32	17 %
32	192	31	16
33	171	32	19
34	175	27	15
35	173	30	17
36	191	38	20
37	179	49	27
38	149	39	26
39	148	49	33
40	144	51	35
計	1710	378	22

35表　海大卒業の将官進級者数

（兵学校31期より40期まで）

	名
総　員	250
大　将	21
中　将	114
少　将	59
佐官以下	56

た。この二つの表から計算してみると、甲種学生のキャリアを踏まなかった将校は一四六〇名、そのなかで将官に昇った人の数は一八四名だ。わずか一三パーセントである。やはり、〃海大卒業〃のマークはベタ金への昇進に断然有利に作用したといえよう。

だからであろう。ある優秀といわれる将校が海兵の教官時代、甲種学生に合格し、喜びのあまりつい、「これで少将は確実だ」と生徒の面前でしゃべってしまった。ヘソ曲がりの生徒からヒンシュクを買い、担当教科の試験に白紙提出で反発されたことがあったそうだ。

ただし、さっきのデータからもわかるように、甲種学生を卒えることが、〃提督への絶対条件ではなかった〃こともたしかだ。整理しなおしてみると、この一〇クラスのアドミラル全体では、四九パーセントが海大出身者ではない。

大戦中、レイテ沖海戦での第二艦隊司令長官だった栗田健男中将がそうだ。古いところでは大谷幸四郎という水雷戦術のオーソリティーの中将がいる。海上たたき上げ、こと艦船、艦隊の運用には一家言も二家言ももっていて、自身は甲種学生出身ではないのに、大学校の校長サンまでやった。そして、あのキスカ撤退で一躍有名になったヒゲの木村昌福司令官も、海大はおろか術科学校の高等科学生へも行っていないのに、中将に昇進している。

もういちど、34表を見てみると、掲示した一〇クラスの全卒業者中、提督になったのは二二パーセントだ。しかし、三六期以降は、グングンその数が増えはじめている。四〇期では三五パーセントに達しているが、これはちょうど、将官進級時期が日華事変以後になっており、その金スジは多分に蔣介石総統のおかげ、ルーズベルト大統領の恩恵だったといえるだろう。

失礼な推測だが、木村昌福サンにしても、もし戦争がなかったなら、提督にはなれなかったのではなかろうか。平時型ではなく戦時型の武将だった。

ゲンコ一発、入学がフイ

そんな有難いメリットのある天下の海軍大学校ではあったが、なかには、

「この俺サマに、いったい誰が、何を教えようと言うんかい」

そううそぶいて、入学試験を受けなかった人があったとか、なかったとか。本当とすればオソロシイ自信家ぶりだが、伝えられるところによると、それは駐米大使として太平洋戦争回避に努力した野村吉三郎大将だったといわれている。野村大将は海兵二六期、二番の卒業で恩賜の双眼鏡をいただいた秀才だった。このころの御物(ぎょぶつ)は、まだ短剣ではなかったらしい。

ま、こういう人物は例外で、ふつうの将校は、「入れるものなら、是非入りたい」と願い、そして懸命の努力をしたようだ。

太平洋戦争の後期、第一航空艦隊司令長官になりはじめて神風(しんぷう)特別攻撃隊を出撃させ、のちに軍令部次長になった大西瀧治郎中将も甲種学生を出ていない一人だ。その彼が、海大へ行かなかった理由がいささか変わっている。

筆記試験にパスし、口頭試問に召集された。その第一日の試問を終え、二日目の面接の控

36表　海大入校者の海兵卒業席次

（兵学校41期より55期まで）

期	上位より20%以内	上位より21～40%	上位より41～60%	上位より61～80%	上位より81～100%
41	8 名	7 名	0 名	1 名	0 名
42	10	7	2	0	0
43	8	4	2	0	0
44	9	4	7	3	0
45	11	4	4	3	0
46	10	2	4	2	0
47	5	7	1	1	0
48	12	4	2	1	0
49	10	3	3	1	0
50	22	8	0	0	1
51	28	14	3	0	0
52	21	12	2	2	2
53	7	3	1	2	0
54	10	3	3	1	0
55	12	8	2	1	0
合計	183	90	36	18	3

室で待っていた。するとそこへ大学校の副官が現われ、「大西君、ちょっと」といって連れ出すと、彼はそのまま帰ってこなかった。

受験仲間たちは不審に思ったが、そのわけはこうだった。

口頭試問の前日、大西大尉は横須賀の料亭で一杯やり、何かのことで芸者をブンなぐってしまった。たいしたことではなかったらしいのだが、騒ぎが大きくなり、地元新聞にデカデカと掲載された。そこでついに、「爾後ノ受験ニ及バズ」ということに発展したのだそうだ（伝刊行会『大西瀧治郎』）。大西中将の場合、〝行かなかった〟というよりも、せっかく筆答に通りながら、ひょんなことから〝行けなかった〟というのが適当のようだ。

時代によってちがうが、最終的な制度では、甲種学生への選抜条件は、

「一、海軍大尉任官後一箇年以上ノ海上勤務ヲ有スル者但シ海上勤務ニ非ル航空勤務ハ之ヲ

海上勤務ト見做ス

二、海軍大尉ニ任官後六箇年以内ノ者但シ受験回数ハ三回限トス

駐在若ハ外国出張ノ為全ク受験ノ機会無カリシ者又ハ特ニ受験年限ヲ延長セラレタル者ハ前項ノ年限ヲ七年ト為スコトヲ得」

となっていた。

こういうわけで、入学するたいていの士官は古参大尉。二年間の課程をおえて卒業するときには、およそ半数以上は少佐に進級している例が多かった。だから〝大学生〟といったって、年齢的には三十歳すこし過ぎぐらい。ヒゲをはやしたり、一筋なわではいかない、ヒネたオジサンばかりだ。教わるほうもホネだが、こんな連中を教える先生だって楽ではない。

昭和のはじめ、ある教官が熱弁をふるって基本戦術の講義をしていた。が、どうも新鮮味にかけている。Tという大尉氏、あまりの退屈さにあくびをかみ殺し、わき見を連発した。

怒った教官は、

「君は教室の外へ出たまえ。もう今後、わたしの講義を聞くな」

と申し渡した。くだんの学生、あやまるどころかスッと席を立つと、その後いっさい顔を出さない。これには先生のほうが困ってしまい、同僚の小沢治三郎教官に調停を頼み、ようやくT大尉は教室へ出てくるようになった。この教官とは、のちに山本五十六GF司令長官の参謀長をつとめた宇垣纏大佐である（伝刊行会『提督小沢治三郎伝』）。

では、そんな海大甲種学生に、毎年どのくらい採用されたのだろうか。

およそ一七、八名から三〇名ぐらいの間だった。さきほどの海兵三一期から四〇期までは、各クラスの九パーセントから一九パーセント、平均すると約一五パーセントにあたる。難攻の学校であることはこの数字からも察しがつくが、ならば海兵を卒業するとき、どの程度の席次だった士官が入校したのだろう。

これも調べてみた。こんどは兵学校四一期から五五期まで、新しいところ一五年分についてあたったのだが、それが36表だ。

全合格者数のおよそ半分以上、五六パーセントは首席より二割以内の上位陣によって占められている。そして八四パーセントが同じく四割以内の人間だ。「やっぱりなぁ」という感じがする。「海大」へは選りすぐりのなかの選りすぐりがはいれた、というわけだった。が、しかし、そんな江田島卒業のときのハンモックナンバーなんぞ何のその、その後の努力によっては海大へ入学できることも、残り一六パーセントの数字が示していた。

〝テンポー銭〟廃止

海大甲種学生卒業者には、その〝しるし〟として徽章をつけさせた時代があった。大学校創立当初は〝甲号学生〟とよんでおり、のちの各術科学校高等科学生みたいなものだったが、「甲号学生ノ卒業者ハ特別ノ職務ニ補セラルヘキ資格ヲ有スルヲ以テ……砲術長水雷長航海長機関長適任証書ヲ授与スルモ他ニ之ヲ表彰スルノ途ナキヲ以テ特ニ記章ヲ付与シ之ヲ佩用セシメナハ大ニ学事ノ奨励トナルヘシ」
として、まるい、約四センチ径ノ銀製メダルを胸にぶら下げることにしたのが発端だった。

当時、この甲号学生には機関科も入っていたが、明治三〇年に「機関学生」として分離した。それで、兵科関係だけの「甲種学生」と改まってから改正された徽章が、いわゆる「テンポー銭」だった。

4図のような図柄で、天保六年以降、江戸幕府が鋳造し、明治になってからも通用した楕円形の銅銭「天保通宝」に似ていたところから、こんな俗称が生まれたものらしい。したがって、ほかの機関学生とか選科学生などを卒業した士官は、このテンポー銭はぶら下げなかった。

甲種学生卒業者はいつもこれを軍服の右胸にくっつけて歩いていたが、どうしてもそれは、

「俺は天下の『海大』出の、兵科将校だ」

と、年中ひけらかしているみたいで、とかくぐあいの悪いことが多かったようだ。

で、大正一一年一〇月、

「……其ノ制定当時、表彰並ニ奨励等ノ意味合ニテ効果モ亦顕著ナリシモ、爾来諸制度ノ整正ト一般士官ノ知識及思想等ニ鑑ミ、其ノ効果薄弱ニシテ其ノ存置ノ理由モ亦乏シクナリ、且ツ却テ弊害ヲ伴フ虞(おそれ)アリテ不適当」

という理由で、テンポー銭は廃止されてしまった。

4図　甲種学生卒業徽章

地と旭光は銀、錨と桜は金からなっている。

こうして、海大出もそうでない将校も外見は変わらなくなった。

だが、現役の士官ぜんぶを科別、ハンモックナンバー順にならべた「現役海軍士官名簿」には、依然、名前の右肩に「甲種」の二文字が光り輝いていた。そして首席と次席の優等卒業者には、「恩賜の長剣」が授与されるしきたりになっていた。

古い甲号学生時代は勘定に入れないとして、栄えある甲種学生の歴史は第三九期までつづいた。

明治の終わりから大正初めにかけた数年間、教育機関を一年六ヵ月にした時期があったが、あとはズーッと二年間の研鑽だった。たてまえはそうだったのだが、それも昭和一一年一一月卒業の第三四期までで、日華事変がはじまると骨組が少しガタつき出した。昭和一二年と一四年には学生を採用せず、一三年一二月に入校した第三七期生は一年四ヵ月の短期で卒業することになった。

昭和一五年暮れに入校のはずだった第三九期などは、日独伊三国同盟のトバッチリや太平洋戦争開戦のため予定がすっかり延び延びになってしまい、ようやく入ったのは三年後の一八年七月だった。

ガダルカナル島失陥、アッツ島玉砕、もうオチオチ大学教育をしていられる時期ではなかった。二五名の学生はわずか八ヵ月の超短縮教程を慌しくおえると、昭和一九年三月、前線へ「枢要職員」として飛び出して行かざるを得なかった。そしてこれが、海軍大学校甲種学生最後の卒業になってしまった。

一品コース「選科学生」

ところで、これまでもカマタキ士官のところなどで触れたが、海軍大学には別に「選科学生」という教程もあった。

「海軍士官ニシテ専門ノ学科ヲ研究スルコトヲ志願シ……適当ナル才学識量ヲ有スト認ムル者ニ就キ其ノ学術ヲ修習セシムル……」

こんなふうに謳われた課程だった。さらに、その教育綱領と大学校令は語る。

「選科学生ノ教育ハ指定又ハ志望ニ従ヒ海軍ニ必要ナル学科ヲ研究自修セシムルヲ主旨トス……」

「……選科学生ヲ海軍部外ノ学校ニ委託シ修業セシムルコトヲ得」

したがって、この課程の学生は海軍大学の校内で勉強するとは限らず、むしろ部外の官立大学などへ出向いて修学する場合の

37表(イ)　海大選科学生の研修科目

（S．6．10．1現在）

研修場所	研修科目	学生科別
海軍大学校マタハ指定場所	水路測量	兵科
	海洋学・気象学	
	航海兵器	
	労働問題	兵・機
	舶用機関	機関科
	電力機関	
	航空学（機体・発動機）	
東京外国語学校へ依託	英語	兵科
	ロシア語	
	スペイン語	
	フランス語	兵・機・主
	ドイツ語	
	中国語	兵・主

ほうが多かったのだ。

料理にたとえると、甲種学生を正則のフルコースとすれば、こちらは、自分の好みによって選ぶ一品料理といえただろう。もっとも、好きでもない料理を食べさせられた例もたくさんあるのだが、それは後ほど書く。そして飛び切り高級なのから、どちらかというと、それほどではないものまでいろいろ種類はあった。といっても、そこは海軍大学、決して下等というわけではなかった。

では、具体的にどんな料理がそろっていたのか？　メニューは37表のようになる。海軍技術や兵術と密接に関係する学問から、教育学とか労働問題など、「ええっ、そんなことを海軍で？」と耳を疑いたくなるような学科まで、取りそろっていたのだ。科目によっては、学生たった一人、という教程もあったし、修業年限も一年から四年と大きく幅が開いていた。

甲種学生が戦略、戦術といった、海軍兵科士官が大上段にふりかざすべき学術を修めたのに対し、選科学生はその基礎、基盤になる学問を研究したのだといえよう。

だから、兵科将校のなかには、選科学生だけでは飽き足らず、さらに甲種学生へ行く人もいた。というのは、選科学生のコースはどうみても、彼らの目ざす本道とは、ちと隔たりがあったからだ。

ただし、無線兵器だとか火薬だとか、あるいは弾道、化学兵器など技術系の純粋学問を修めてしまうと、もう甲種学生へ進むことはめったになかった。そして、チャンバラ方面への直接タッチから離れ、技術行政にたずさわる兵科将校としての道を歩む例が多かったようだ。

そんなわけで、この経路へは体をこわしたとか、目を痛めた、あるいはそのほかの理由で海上勤務に不向き、というような士官が行くことが多かったのだ。しかし、やはり本道を歩きたいのが誰しもの人情だ。なかには、ハンモックナンバーがよいのに選科学生へまわされ、悲憤やるかたなく泣きの涙で帝国大学へ行った人もあるという話だ。

選科学生の受験資格は、甲種学生ほどの厳格な規定はなかった。が、帝国大学へ依託される学生については、兵科、機関科の大尉もしくは中尉、そして数学と英文和訳、科によっては英文和訳だけが採用試験として課されることになっていた。この英語の試験、〝辞書の使用可〟だったのだが、じつにスバラシク難解な英文が出題されることもあったらしい。

だが、東京外語（現・東京外語大）へ勉強しに行く学生のほうは無試験、兵科、機関科の中尉と主計中尉が募集対象だった。語学生ぐみは採用年齢が多少若かったのである。

では、なぜ、語学コースに入学試験はなかったのか？

彼らの場合、もちろん、自ら希望する士官もいたが、たいていはお上から一方的に、「お前、外語へ行って、二年ばかりスペイン語を勉強して来い」という調子で、派遣される例が多かったからだろう。もともと、このコースに選ばれる士官は、生徒時代語学の得意な人が多かったというが、この教程だって兵科将校にとっては傍流、もし採用試験をやったら、わざと出来ないふりをするご仁がいたのではなかったろうか。

さっきの、泣く泣く帝大へ行った選科学生もそうだったが、志願ではなく強制である。

そんなことのため、当局では、「海軍大臣必要ト認ムルトキハ海軍士官ニ其ノ専修スヘキ

37表（ロ）　海大選科学生の研修科目

（S．6．10．1現在）

研修場所	研　修　科　目	学生科別
帝国大学へ依託	砲熕兵器	兵科
	魚雷兵器	
	機雷掃海及ビ対潜兵器	
	航海及ビ航空兵器	
	無線兵器	
	光学兵器	
	火　薬　学	
	弾　道　学	
	航空学（機体・射爆）	
	砲熕電気	
	化学兵器	
	水中聴音器	
	海洋学・気象学	
	星　学	
	法律経済	
	教　育　学	兵・機
	労働問題	兵・機・主
	機械工学	機関科
	電気工学	
	冶　金　学	
	採　鉱　学	
	地　質　学	
	純正・応用化学	
	航空学（機体・発動機）	

学科ヲ指定シテ選科学生ヲ命スルコトヲ得」と、抜け目なく規定してあった。

だが、さて選科学生が帝大へ入るのには、その下準備が大ごとだった。なにせ、兵学校を卒業してから数年間はたち、アカデミックな雰囲気とはトンと縁遠い暮らしをしてきている。いきなり、高等学校（旧制）から来た語学や数学、物理、化学に強いヤングたちと立ちうちするのはソートーに困難だ。それで、まず、数ヵ月から長い場合は一年数ヵ月も、そんな学科の基礎勉強に費やしたという。それから、東京はじめ京都、九州など各地の帝国大学で、三年間のシャバの学生生活を送ったのだ。しかし東大では、昔から聴講生としては彼らを受け入れるが、学部の正規学生としては入学させなかったのだそうだ。ならばチャンと学士号をくれるよそへ行こう。ということで、地方の帝大へ行った人もいるらしい。

といっても、いやいや選科へ行った人ばかりとは限らず、自らの意志で帝大行きを希望した兵科将校もいた。太平洋戦争初期、第一次ソロモン海戦の際ガダルカナル島沖に水上艦艇のなぐり込みをかけ、快勝した第八艦隊参謀長の大西新蔵中将がそういう一人だ。

すでに砲術学校高等科学生を出て、テッポー・マークがついているのに、〝考えるところあって〟東大文学部へ教育学科聴講生として入学した。教育学だけでなく、哲学、社会学も勉強したかったのだと本人は言っている。

そして、彼の場合、三年間の東大生活を卒えたあと、また、海大甲種学生へも入学した。このおかげで、大西中将は海上武人の本道からはずれなかったのだ。

それにしても、中将は三四年間の海軍生活中、兵学校生徒・普通科学生・砲校高等科学生・東大・海大甲種学生と一〇年間、およそ三分の一を学生で暮らしたのだから、ずいぶん変わった、面白い経歴である。海軍だから許してくれたのかもしれない。

いっぽう、機関科将校からの帝大行き選科学生は、本道からはずれるというような変則課程ではなかった。

こちらは「大学校機関学生」と肩をならべ、エンジニアが専門マークをつけ、将来、栄進の道がひらける正統コースだった。

なかには、「大機」「選」と両方の肩書をつけて欲張った士官もいた。ただし、この場合の選科学生は、〝大機〟出身が入学条件とされ、大学校校内学生として期間は一年、自学自修の研鑽が主だった。エラくなった機関科士官のなかには、こういうダブル・コースを通った人がたくさんいる。

さて、ここでもう一度、語学の選科学生のことに触れておこう。

兵科の場合、語学マークだけでは、仏語を出たから将来、フランスの駐在武官、英語を出たからイギリス大使館付武官に、ということはあまりなかった。あわせて術科学校の高等科マークを持っていないと、どうしても歩く道が傍(わき)へ寄りがちになるのだ。しぜん、艦船から勤務が遠ざかり気味になる。

海上へ出るにしても、たとえば、ロシア語ならカムチャッカ方面の警備艦、中国語なら支那方面艦隊などと語学の使い道が考慮されたようだ。

ときとして、練習艦隊へは行き先に応じ、渉外連絡の幕僚として乗り組んでいったりもした。だが、概して彼らには、陸上勤務、情報系統の勤務が多かったようである。

しかし、機関科将校で語学コースへ進んだ人には、さらにその上の〝帝大選科学生〟や〝大機〟へ入る下準備の意味があったのではなかろうか。経歴をみるとどうもそんなふうに思える。

あこがれの「艦長」

ミドシップマンからガンルーム士官、士官室士官……とはるばる八十数セクションの話題をたどってきた『帝国海軍士官入門』も、そろそろ大詰に近い。となると、高等武官のうち

奏任官のトップ、「大佐」の階級に話をすすめなければなるまい。

むかし、海軍では兵学校や経理学校、あるいは一般大学や専門学校の依託学生・生徒などの課程を経て現役士官になると、ふつうに勤務していれば大佐まではなれる、といわれていた。

兵科の「海軍大佐」から「海軍軍医大佐」、「海軍主計大佐」、いろいろあったが、年齢的にいうと四一、二歳から四八、九歳、油ののりきった四十代だ。どんな社会でもそうだろうが、知識、経験ともに豊富となり、まだまだ肉体的にもかなりのていどは酷使に堪える（？）ので、海軍でも責任のある激職につかされる。

「艦長」の職がそうだった。

兵学校を出てから約二〇年、砲術学校や水雷学校の高等科学生を卒え、なかには海大を卒業した俊秀もいる。そんな彼らにおりる辞令が「任海軍大佐」だった。そして勤務先は、「補五十鈴艦長」、「補大井艦長」などなど。

ところで、この〝物語〟をお読みの方は先刻ご承知だろうが、海軍で「艦長」というのは、正式には戦艦や空母、巡洋艦など、艦首に菊のご紋章をいただく「軍艦」の〝長〟をさしていた。駆逐艦や潜水艦、水雷艇などの長は「駆逐艦長」、「潜水艦長」そして「水雷艇長」とよぶのが正しかった。

重油や石炭を運んだり、あるいは測量に従事したりの特務艦の長も、「特務艦長」が正規の呼称だ。補職の辞令は、「補島風駆逐艦長」、「補友鶴水雷艇長」、「補早鞆(はやとも)特務艦長」というように出る。もちろん、それぞれの艦内やその他ことあらたまらない時、所では、こういうフネの長にも、〝艦長〟の呼び名をつかっていた。

海軍には俗に、「三顕職」という言葉があり、一番が連合艦隊司令長官、次が軍艦の艦長、そしてもう一つが兵学校の最上級生徒だったそうだ。みな、それだけ権威があり、ハバがきいたということだろう。だから、その艦長サンになった兵科将校の得意やまさに思うべし。

「艦長ッていうのは、肘かけ椅子によりかかって、判子を押してりゃいいんだ」

と、奥サンに話した戦艦艦長がそのむかしいたそうだ。言うまでもなく戦争前の平和なころのはなしである。おそらく、予備艦のケップが冗談半分に口に出したのだろう。いくらその時分だって、艦隊のフネがそんな気楽なスタイルばかりですむわけがない。

艦船の乗組員、それも上から下まで全員が日常の勤務をするのに則るべき基準を示した法令に、「艦船職員服務規程」というのがあった。四六判、一ページにわたる綱領から始まって、六八七ヵ条におよぶ長い長い規定集だ。その中の艦長に関する定めだけで、一三四カ条。任務がいかに重大で多岐にわたっていたか、およそ察しがつこうというものだ。次席指揮官でもある副長についてさえ、わずか三七ヵ条しかない。

「艦長ハ一艦ノ首脳ナリ……副長以下乗員ヲ指揮統率シテ百般ノ艦務ヲ総理シ……」

「艦長ハ艦ノ構造、操縦上ノ性能及兵器機関等ノ能力ヲ知悉シ……」

「艦長ハ艦ノ諸作業ヲ督シ総員ノ配置ヲ要スルモノニアリテハ自ラ其ノ号令ヲ掌ルヘシ……」

規程の初っパナのほうにこう書かれていた。だからその権限は絶対、といってよかったし、責任は比類なく重かった。そして、

「艦長ハ其ノ艦遭難ニ際シ……乗員ノ生命ヲ救助シ且重要ナル書類物件等ヲ保護シテ最後ニ退艦スヘシ……」

と規定されていた。しかし実際には、沈

没のとき体を艦にしばりつけて運命をともにした艦長の少なくなかったことは、多くの記録や報道によって知られているとおりだ。だからこそ、艦内における艦長はオールマイティーであり、三顕職の一つに数えられたし、周囲もまたそれを許容したのであった。

一城のあるじ、操艦の快

だが、ときとして、そのオールマイティーぶりが高じ、タイラントになったケップも、だいぶ昔にはあるようだ。

そんな一人に、〝高木大王〟とよばれる恐ろしくコワイ艦長がいた。大正の初めごろ、戦艦「比叡」のオヤダマだった高木七太郎という大佐だ。

双眼鏡でなく、単眼の望遠鏡を小脇にかかえて後部甲板を右舷、左舷と得意げに闊歩(かっぽ)する。こいつでマストの上の真鍮(しんちゅう)金物を望遠し、少しでも曇りがあると当直将校を呼びつけてどなりつける。あるときなど、この望遠鏡で、艦長のつぎにエラい副長をぶんなぐったことがあったそうだ。

だから少尉候補生なんかモノの数ではない。名前を呼ばず、みんな「コレコレ、候補生」と赤ん坊みたいに片づけられたというはなしだ。そのくせ、入港、出港の手ぎわはお上手ではなかったらしい。しだいに士官室士官は艦長からはなれ、ガンルームは士官室と折り合いが悪くなり、その年度の「比叡」の戦技やいろいろの成績は芳しくなかったそうだ。暴君の圧政による統率の破綻だった。（大西新蔵『海軍生活放談』）

ある日、大王が汽艇で陸上から帰艦するさい、港内のそここに碇置してある係留浮標（ブイ）の一つに衝突してしまった。激動で彼は前方に投げ出され、艇内に吊るされていたランプへ顔をしたたかにぶつけ、鼻柱にキズがつくほどの負傷をおってしまった。だが、その理由がいかにも大王らしい。

この日、七太郎艦長は何かの都合で、予定した時刻よりはやく帰艦した。そのため、専用艇でなくふつうの定期に乗ったので、汽艇はあいにく赤い縁（ふち）どりをした艦長用敷物を持っていなかった。一般士官用の青色敷物を敷いたので、大王、いたくご機嫌ななめ。

「こんな汚ないヤツに座れるか！」

といってイカリ、ケビンに立ったままでいたのだそうだ。それで衝突したはずみに、顔面の高さにぶら下っていたランプへハナッ柱を叩きつける仕儀になったのだという。

ところが、こういう伝説的な人物になると評価もまちまちで、福留繁・元中将の回想によれば、彼は非常に有為有能の士で、判断もよく仕事もはやい人だったという。

艦が航海に出るときは航海長が計画をたて、海図上に予定航路をひいて提出する。たいていの艦長はそれに承認をあたえるが、大王は遠慮会釈もなく赤鉛筆で、定規も使わずフリーハンドで自分の考え通りに大修正を加えるのだそうだ。しかも、一見、無造作なそれが、航海長がたてたもの以上に立派な航海計画になっていたという。

彼は海大二番の優等卒業生。少将で現役を退いたが、福留中将にいわせると、ふつうなら

中将になってよいはずだが、タイラントぶりがたたったのだろうということである。この点では、みな認識が共通していたらしい。

だいぶ脱線してしまった。太平洋戦争敗戦のさい総理大臣だった鈴木貫太郎大将が、中将で兵学校の校長サンだったとき、

「海軍将校の目標は艦長になることだ」

と、生徒たちに訓示をしたそうだ。

「艦長」――数百人から千人をこす大勢の士官、下士官、兵が乗り組む〝動く鋼鉄の城〟の長として君臨できるとなったら、だれしも快哉を叫ばずにはいられまい。海上軍隊の基本単位である「所轄」をあずかる、まさに一国一城のあるじだ。

そして貫太郎サンに言われるまでもなく、兵科士官たるもの一生に一度は艦長になって

みたい、とみな思ったようだが、その最大のよろこびは何かといえば、艦長経験者が異口同音に語るのは〝操艦の快、優越感〟だ。

たいていの人は、乗物を動かすのを好む。小さな自動車やヨットを乗りまわしてさえ楽しいのだから、何千トン、何万トンの軍艦を思う存分、意のままに操縦したら面白くないはずがなかろう。

「大砲を撃つには砲術長がおり、フネを動かすには航海長がいるではないか」

といわれるかもしれない。

しかし、数百、数千の乗員が乗り、大砲や魚雷を発射するプラットフォームを単艦で、また戦隊のなかで艦隊のなかで自由自在に振りまわし、もっている武力の最大効果を発揮できるように運用するのは一艦の長(おさ)、艦長たる者の義務であったろう。

そして、そういう戦術上の理由からだけでなく、統率上の理由からも、操艦に巧みなことが艦長には要求されていた。

航海から帰れば、兵員たちは狭っくるしい鉄箱の艦内から解放されて、一刻も早く上陸したい。

そんなとき、艦長の操縦がきわめて上手、まるで浮標(ブイ)のほうからすり寄ってくるように素早く係留ができ、他艦に先がけて「機械よろし」「舵よろし」。そして「上陸員上陸用意」の号令が出せれば、艦長のカーブは一ペンに上がり、全艦の士気も高まろうというものではないか。こんなところにも、ケップの人知れぬ苦労があった。

出入港は艦長操艦

さきほどふれた「艦船職員服務規程」がつくられるその前身に「軍艦職員勤務令」と称する規定があった。そのなかで、航海中の艦長の役目として、

「艦長ハ其ノ出入港、狭小ナル水路ノ通過及艦隊陣形変換等ノトキハ必ス自ラ其ノ艦ノ運用ヲ掌ルヘシ……」

ときめられていた。

だから大正なかごろまでは、港に入ったときの浮標(ブイ)とりや、大小の船が錯綜する狭水道なんかでは、ケップ自ら操舵号令をかけ、機械室への号令もかけなければならないことが、法令で定められていたのだ。

しかし、日露戦争に勝ち、第一次世界大戦の様相を見ると、海軍の兵器も兵術もいちじるしく進歩をはじめていた。空には飛行機が飛び、水中には潜水艦が泳ぎ、そして目に見えない電波が海戦の帰趨(きすう)を大きく左右する。艦長の職務はますます広く、深く、重くなっていった。大所高所から大勢に目をくばる必要がある。減らせるところでは、少しでも彼の負担を軽くしてやらなければならなかった。

そんなことへの考慮がなされてか、大正八年制定の「艦船職員服務規定」では、こんなふうになっていた。

「艦長ハ航海中適宜航海長又ハ当直将校ヲシテ艦ノ操縦ニ任セシムルコトヲ得　但シ航海操縦上特ニ慎重ナル注意ヲ要スルトキ其ノ他必要ト認ムル場合ニハ随時自ラ直接之ニ当ルヘシ……」

「艦長ハ……出入港其ノ他航行操縦上特ニ注意ヲ要スルトキ竝ニ変針ヲ要スル海面ヲ航行スル場合ニ於ケル艦ノ操縦ハ自ラ之ニ任スルトキヲ除クノ外航海長ヲシテ之ニ当ラシムヘシ但シ駆逐艦、潜水艦、水雷艇及掃海艇ニ在リテハ艦艇長自ラ之ニ任スルヲ例トス」

配慮がなされたといっても、ここが肝心、という場面では航海長に操艦を〝まかせてもよろしい〟ということであって、〝まかせろ〟ということではなかった。

駆逐艦や潜水艦など小艦艇の艦長には、相変わらずこういう場面での操艦を規則で要求していたし、軍艦でもたいていは、そしてできるだけ、そんなとき艦長が操艦することにしていた。

時代が下がり、あの忙しい太平洋戦争中でも、多くの艦長は出入港の操艦には自らあたっていた。スーパー戦艦「武蔵」の艦長だった朝倉豊次少将も、自分で号令をかけて七万トンの巨体をブイにつないだと回想している。彼はテッポー屋だった。

こういうときの艦長の操艦、それは規則でどうのこうのではなく、伝統であり統率手段だったのである。

しかし、複雑な戦術運動をするようなときには、艦長と航海長とはピッタリ一枚になっていなければならなかった。昭和八年のある夜間魚雷発射戦技のとき、こんなことがあったそ

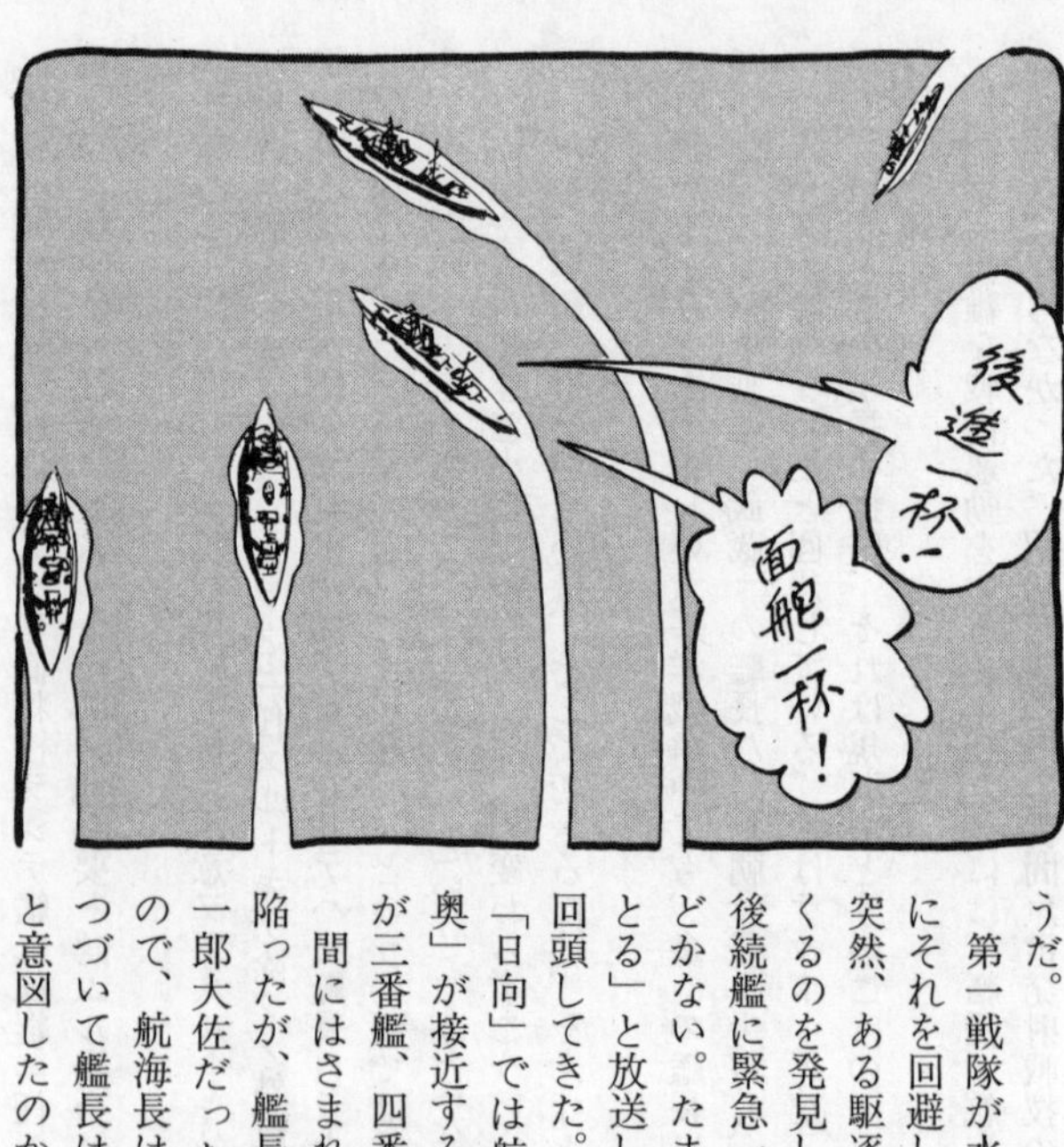

うだ。

第一戦隊が水雷戦隊の襲撃を受けてさかんにそれを回避し、ちょうど横陣になったとき、突然、ある駆逐隊がすぐ近くまで突っこんでくるのを発見した。ただちに旗艦「陸奥」は、後続艦に緊急一斉回頭の連絡をしたのだがとどかない。たまりかねた「陸奥」は「面舵にとる」と放送しながら二番艦「日向」の方へ回頭してきた。

「日向」では航海長が操艦していたが、「陸奥」が接近するのでやはり面舵にとった。だが三番艦、四番艦はそのまま直進している。間にはさまれた「日向」は、非常な危険に陥ったが、艦長は水雷出身のベテラン町田進一郎大佐だった。「後進一杯」を命ぜられたので、航海長はすぐそれを機械室に伝えた。つづいて艦長は、三番艦の艦尾側をかわろうと意図したのか、みずから「面舵一杯」と下令した。

ところが、そのときまだ操舵のほうは航海長が号令をかけており、その寸前、一番艦の角度がやや開いたとみたので、すでに「取舵一杯」を令し、いくぶん艦首が左へ回り出していた。

それで彼は、「いま取舵一杯をとっております」「左に回りつつあります」「このまま左へかわります」とたて続けに報告した。

町田艦長は「よし、それでやれ」と言われたので、あわやという混乱を無事に切り抜け、そのまま左転でかわったことがあったという。

艦長と航海長が一体となった見事な操艦だった。

もし『日向』演習中、衝突により沈没」なんていう惨事が起きたとしたら、大艦巨砲主義の当時、どんなことになっていただろう。

だからであろうか。せっかくみんなが憧れる「艦長」になれたのに、ビビッてしまい、決して自分では操艦の号令をかけない人が、きわめてわずかだがあったという。「艦船職員服務規定」の誤った解釈だった。

新前大佐は〝おフネの稽古〟

海軍少尉に任官してから営々二〇年、ようやくキャプテンの階級に到達し、制服の袖に四本の金スジが巻きつく。

といっても、日本海軍の場合、前にも記したようにそれは正衣とか礼衣といった礼装服だけで、ふだんの紺軍服には、スジは四本だが、地味で目立たない黒糸の蛇腹ですませていた。

その大佐の一年目、戦争の前までは、さっそく「軍艦」の艦長になれるのはたいていが航海術か水雷術の出身者。軽巡のケップに行く例が多かった。

航海マークの士官はすで中型艦、大型艦の航海長をすまし、商売柄、操艦は十分手にはいっている。

水雷屋も若いうちから何バイも駆逐艦長をやって、フネを操るのはうまい。いきなり「艦長」になっても不安はなかった。

が、新任大佐のなかには、いろいろなまわり合わせで陸上勤務が多かったりして、それまで操艦の機会にあまり恵まれなかった士官もいる。そういう人には、「横須賀鎮守府付・航海学校長承命服務」の辞令がおり、一、二ヵ月間、おウマの稽古ならぬ「おフネの稽古」にはげむことが多かった。

付属練習艦で浮標のとり方、抜錨、投錨などの実地練習をするのだ。鉄砲屋とか通信屋出身の士官に多かったようだが、あの山本五十六GF司令長官もそんな操艦講習を受けた一人だ。

山本長官の航空畑は中年からの年期で、ほんらいは砲術士官。少佐、中佐の時代には、ほんの少ししかフネに乗っていなかった。だが、艦長になってからの大将は、几帳面な性格からか、なかなか切れ味のよい、航海長出身者みたいな操縦ぶりだったそうである。

一般に大佐になったはじめのころは、「特務艦長」をやることも多かった。

遠くアメリカやタラカン、オハへと油を買いに行く運送艦は、機関の馬力は小さいのに、重油を満載すると一万五〇〇〇トンくらいの重さになる。いわば足の弱い肥満体だ。逆に空船(から)になると、吃水が浅くなって風圧面積が大きくなり、これまた操縦困難におちいりやすい。

給油艦

腕におぼえのない初心者には、はなはだやっかいなシロモノだが、単艦で歩くことが多いので、軍艦の艦長へ進むための勉強には、カッコーのフネだったようだ。
しかし、アクセルを踏めば、たちどころにスピードのあがる自動車とはちがう。艦にはブレーキもなく、風が吹けば押され、潮には流される。
昭和一二年、日華事変がはじまって間もな

くのころ、戦艦部隊も陸軍兵を乗せて大陸への輸送任務に服したことがあった。呉淞（ウースン）沖まで運び、そこから軽巡や駆逐艦に転乗させて上海へ送ったのだ。

この呉淞沖は、潮の流れがなかなか強いそうだ。それでも風のないときは問題ないが、一二、三メートルの強風が横斜めから吹くと、横付け作業が非常に難しくなるという。

ある軽巡が戦艦「長門」の風上側へ横付けすることになったが、潮と風が逆向きで艦が振れまわる。それに「長門」の横っ腹にはバルジが出っ張っていてやりにくく、軽巡艦長は二回も作業に失敗してしまった。

見かねた旗艦「陸奥」からは、「錨ヲ入レバ潮ニ立ツ」とアドバイスの信号もとんでくる。

いささか気ハズカシい。

こんどは「長門」から少し離れたところに錨をいれ、じょじょに近づき、ようやく接舷に成功したそうだ（伝刊行会『提督小沢治三郎伝』）。

だが、こういう操艦作業を、艦長の表芸とすることに否定的なむきもないではない。速力が増大し、兵器も発達、戦術も進歩してくると、艦橋に集中する情報量はきわめて多く、かつ複雑になっていった。艦長は、インプットされてくるこれらすべてを、冷静に処理しなければならなかった。

「艦船職員服務規程」で許されていたように、通常の航海でも、出入港のときでも、操艦は当直将校や航海長にまかせ、艦長は余裕ある気持で全般に目を行き渡らせることが肝要、という意見も出はじめたのだ。

山県正郷中将(戦死後大将)も、そのような意見をいただいていたようだ。

「いやしくも駆逐艦長たるものは、敵艦隊と相まみえたとき、どこに虚点があるか、いかなる攻撃を決行すべきかということが即時に判断できなければならぬ。これの出来る人は、たとい入港したとき浮標(ブイ)がとれないで、毎回、港務部のお世話になっても立派な駆逐艦長である。

その上係留ブイのとり方が上手であったら、これは鬼に金棒である。なのに駆逐艦屋は鬼になることを考えないで、金棒のことばかり云々している」(遺著『ある提督の回想録』)

と苦言を呈していた。

これは大正八年ごろの発言で、「艦船職員服務規程」ができたばかりの時期の言葉だった。が、やはり統率上の理由もあったであろう、その後もあいかわらず、金棒はしごく大事にされた。

桃栗三年、大佐は六年

ところで、兵科のオフィサーはふつう「海軍大佐」という階級に、どのくらいの年月を暮らしたとお思いだろうか？

途中で予備役に編入され、現役を退く場合は別として、少将へ進級するには、規則上、「二年」の実役停年が必要とされていた。

だが、それはあくまでも規定の上でのこと。昭和へ入ってからの実際は、太平洋戦争が始まるまでの平和時代、なんと「六年」間もこの肩章で居すわらなければ、ベタ金には進めなかったのだ。大戦中でも「五年」か「四年半」だった。

海軍では、大尉ですごす期間も長かった。戦争中のスピード時代でこそ「三年」ほどで少佐に進級できたが、昭和一ケタのころは「七年」か「八年」、日華事変中でも「五年」ないし「六年」かかっていた。

というのは、少尉、中尉の見習い期間が終わると、彼らは分隊長という責任ある地位につかなければならなかった。

そしてこの時期には、術科学校の高等科学生へ入って、軍艦の砲術長や航海長などの要職につく知識も仕入れなければならない。

それに、大尉末期には海軍大学校の受験もあったので、佐官への大切な飛躍期として、長い同一階級でのすえおきがあったのだ。

大佐も佐官の最上位として、同じような意味をもっていた。本省などの陸庁にあがれば枢機にあずかる「課長」サマ。海上へ出れば軍艦という基本単位の「所轄長」、だからここでの彼は、教育訓練上の立場からは「基本長」ともよばれていた。

「大佐」—それは長年蓄積した知識、経験を十分に生かせる時期であり、将官という最高段階へ昇る準備期間ともいえた。こんな理由から、この階級時代を長くしたのであろう。

38表　海兵卒業者の進級状況例

クラス		35期	36期	37期
総員		172名	190名	179名
中佐までの進級人数		95	77	78
大佐以上への進級人数		77	113	101
現役大佐への進級時期	昭和2.12.1	3		
	3.12.10	26	3	
	4.11.30	15	20	5
	5.12.1	13	21	18
	6.12.1		15	17
	7.12.1		4	14
	8.11.15			9
	9.11.15			2
現役大佐への進級人数		57	63	65

むかし、陸軍士官学校や海軍兵学校を志望した者は、たいていが大将、元帥を夢みただろうが、それはあくまでも夢。少将に進級するのでさえ、各クラスの二〇パーセント前後と、容易にのぼれる階段ではなかった。

そして、前に「現役士官はふつうに勤務していれば、大佐までは進級できる」と書いたことがある。なんだか凡々としていても、かんたんにキャプテンにあがれそうな印象をあたえたかもしれないが、じつはそうではない。

38表を見ていただきたい。兵学校三五期から三七期までの士官の、進級状況を調べた表だ。三五期は近藤信竹大将のクラス、三六期からは沢本頼雄大将、塚原二四三大将が出、三七期は井上成美サンが大将になったクラス。どの期も日露戦争後の海兵卒業で、昭和一〇年ごろまでに少将になる人はなっており、平和時代に尉官、佐官をおくったオフィサーたちだった。

おわかりのように、大佐へあがれた士官は、比率でいうと六〇パーセントに満たないのだ。その間に大戦争はなかったので、それによる消耗はない。

したがって、人事政策上、大佐までは昇進できるシステムにしてあったとはいえ、そこへ到達するには、まず健康であることが第一条件だったにちがいない。

つぎに、平凡でも真面目に勤務することが重要だったと考えられる。

こういう前提の上に、優遇人事を成り立たせていたのであろう。ただ、このクラスの士官たちには、軍縮という大波による淘汰はあった。

そして、もちろんのこと、彼らが大佐になるとき、全員いっせいに進級できたわけではない。考課表の積みかさねによる人事局の査定(?)にしたがって、四回から六回にわけられて進級したのだ。

ところで、皆さん、38表で気づかれたことがなかったろうか。

この表は予備役編入者も載せてある「海軍義済会員名簿」と、各年の「現役海軍士官名簿」から調べ上げたものだ。よく見ると、大佐以上への進級者総数と、数回にわけられて現役大佐に進級した人数の合計とが一致していない。

ピラミッド型人事を構成するためには、現役大佐として必要な人数はかぎられてくる。となると、永年ご苦労ねがった中佐の諸官のなかから、一部の人士に退官していただかなければならなかった。

そこで、そういう人たちには慰労の意味もこめ、中佐の年限イッパイをつとめた時点で大佐に進級させ、予備役に編入していた。いわば「名誉大佐」だった。

が、海軍大佐であることに変わりはなく、恩給その他の面で有利に取り扱われていた。

ということで、この人たちの名前は「現役士官名簿」にはのらず、38表中の差は、海軍当局の思いやりによって生じたもの、というわけなのである。

〝アドミラル〟間近し

「定員令」という規定によると、菊のご紋章をいただく「軍艦」でも、「勝力(かつりき)」とか「白鷹(しらたか)」のような小型の敷設艦には、艦長として中佐が指定されていた。

だが、戦艦や航空母艦、巡洋艦では、すべて大佐が艦長に補任されるきまりになっていた。

それは「龍田」とか「夕張」とか、駆逐艦に毛の生えたていどの大きさの巡洋艦でも、そうだった。

そして「艦長」になると、公式の待遇、生活すべてがガラッと変わった。祭りあげられる

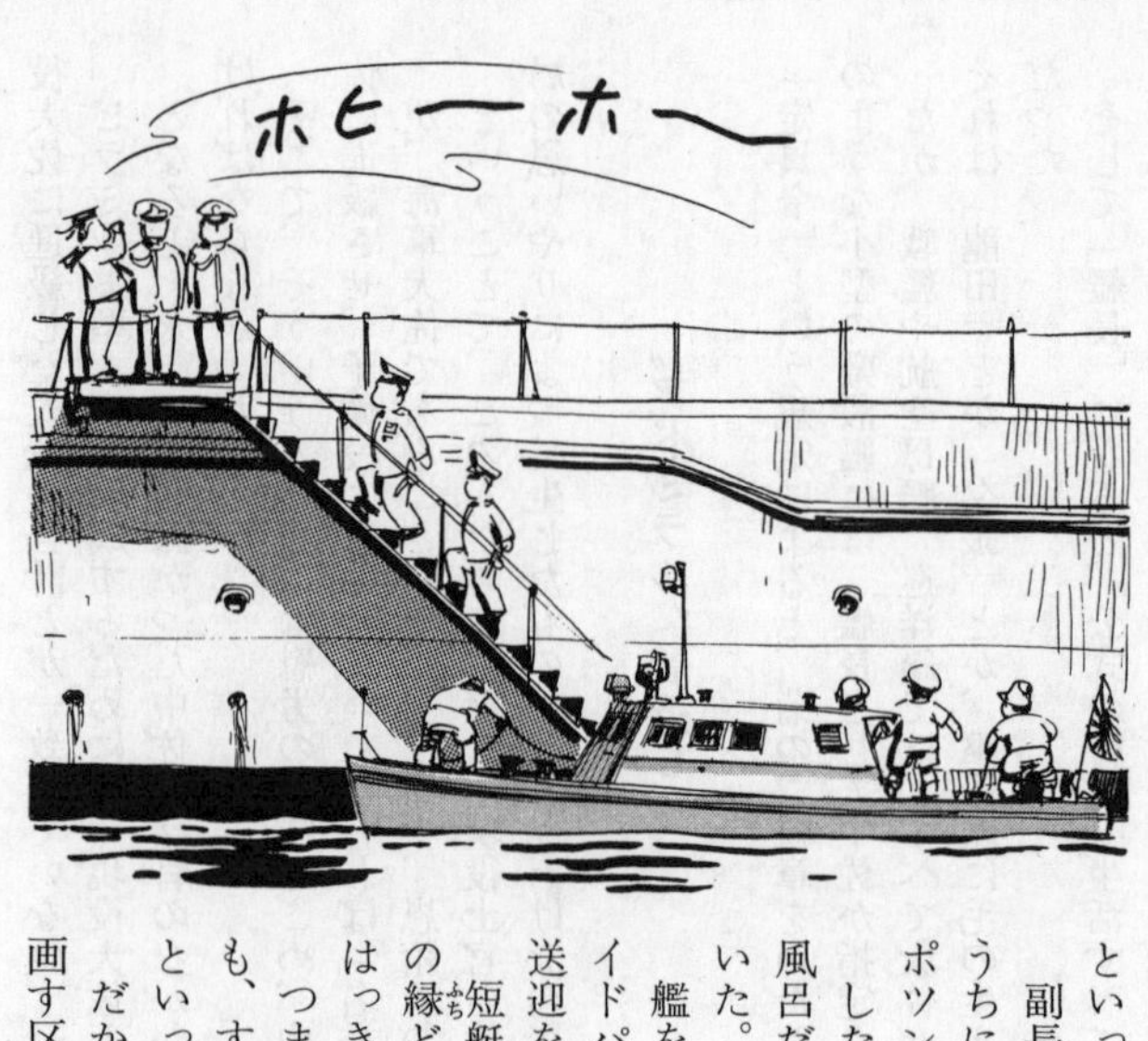

といってもよかった。

副長以下のオフィサーは、士官室で談笑のうちに食事をする。が、艦長は艦長室で一人ポツンと食べる。

したがって、艦長食器室も別にあったし、風呂だって、独立の艦長浴室がもうけられていた。

艦を出入りするときは、舷門のところでサイドパイプの礼式により、副長、当直将校の送迎をうけてモッタイをつける。

短艇に乗っても、腰をおろす敷物には赤色の縁どりがあり、ほかの士官の青い縁とは、はっきり区別していたのだ。

つまらないことのようだが、それらの形式も、すべて艦長の〝絶対性〟を具象する種々といってよかった。

だから、こういう、他の一般士官と一線を画す区別は「艦長」にだけ許され、つけられるもので、「駆逐艦長」や「潜水艦長」などにはあてはめられなかった。

彼らの場合、数隻がまとまった「駆逐隊」「潜水隊」が一つの所轄であり、「駆逐隊司令」「潜水隊司令」になって初めて、「艦長」と同格の待遇を受けたのだ。

部下に対する人事権も、個々の駆逐艦長、潜水艦長にはなく、隊司令がもっていた。

だが、そんな小ブネでも、艦隊付属などになり、駆逐隊や潜水隊に属さず独立行動をする場合には、そうではなかった。そんなときの駆逐艦長、潜水艦長たちは、立派に艦長なみの待遇をされ、舷門のところでは、「ホヒーホー」と号笛(パイプ)の礼式をうけたのだ。

「海軍将校になったからには、一生に一度は艦長になりたい」と願った艦長職ではあった。

だがしかし、こういう艦長室の椅子にふんぞり返れるのは「海軍大佐」になった士官のぜんぶというわけにはいかなかった。

38表の中では、三五期現役大佐のうちおよそ六五パーセント、三六期では約七〇パーセント、三七期では約八〇パーセントだけが、軍艦の艦長や特務艦長を経験していた。

それには、健康上の理由で海上勤務に適さない人もあったし、とくに技術方面へ進んだ兵科将校は、若いうちから陸上勤務が多く、艦長になることはなかった。

その例は多いのだ。三五期では火薬の選科学生へ進んで呉工廠砲熕実験部長をつとめた川瀬義重中将、三六期では同じく火薬へ進んで技術研究所科学研究部長になった甘利恒雄少将、砲熕電気の選科学生を出て呉工廠砲熕部長をつとめた茗荷秀雄中将などなど、数えていけばきりがない。

さて、大艦のなかでも、戦艦や数万トンを誇る「赤城」「加賀」などの大型空母の艦長には、それにふさわしく六年目大佐、五年目大佐という古参者が任命された。

「だけど、『武蔵』や『大和』みたいな、ドデカイ戦艦の艦長は、少将ではないのか」

という人がときどきいる。が、そんなことはない。これもみ〜んな大佐職だった。

ただし、大戦中は進級が多少早められたため、最古参の大佐でケップをつとめているうち少将に進級し、異例の「少将艦長」になった例はあった。フィリピン沖海戦で戦死した「武蔵」艦長猪口敏平少将（戦死後中将）がそうだったし、前任の古村啓蔵少将もそうだった。

とすると、あの規則にやかましい海軍が、やむを得ずとはいいながら規則違反をおかしていたのか、ということになりそうだ。

が、その点はそう言われないよう、臨時に別規定をつくってあった。

「大東亜戦争中各科ノ少将、大佐、中佐、少佐又ハ大尉ヲ配スベキ定員ハ各一階上級ノ官等ヲ其ノ定員ト為スコトヲ得」

こうして、一国一城のあるじの座を無事めでたくつとめあげ、海軍少将、ベタ金社会へと足を踏みいれていくわけだった。

しかし、兵科将校はかならず艦長コースを通らなければ、ベタ金にはなれない、ということもなかった。

明治時代には、そんな内規もあったということだが、すくなくとも昭和の御代に入ってからは、そういう制約はなかった。

さきほどの、技術系統へ進んだ兵科将校がそうだったし、終戦時の軍令部次長大西瀧治郎中将とか、戦争終結工作に力をつくした高木惣吉少将、海軍報道部の名スポークスマンとして知られた平出英夫少将などにも艦長歴はない。

ともあれ、大佐の最終年を現役で迎えることのできた士官たちには、提督、アドミラルの社会が、キラビヤカな装いで目の前に待っていたのだ。

単行本　平成九年七月「海軍オフィサー軍制物語」改題　光人社刊

ＮＦ文庫

帝国海軍士官入門　新装版

二〇二一年五月十九日　第一刷発行

著　者　雨倉孝之

発行者　皆川豪志

発行所　株式会社　潮書房光人新社

〒100-8077　東京都千代田区大手町一-七-二

電話／〇三-六二八一-九八九一代

印刷・製本　凸版印刷株式会社

定価はカバーに表示してあります

乱丁・落丁のものはお取りかえ致します。本文は中性紙を使用

ISBN978-4-7698-3216-4　C0195

http://www.kojinsha.co.jp

NF文庫

刊行のことば

第二次世界大戦の戦火が熄んで五〇年――その間、小社は夥しい数の戦争の記録を渉猟し、発掘し、常に公正なる立場を貫いて書誌とし、大方の絶讃を博して今日に及ぶが、その源は、散華された世代への熱き思い入れであり、同時に、その記録を誌して平和の礎とし、後世に伝えんとするにある。

小社の出版物は、戦記、伝記、文学、エッセイ、写真集、その他、すでに一、〇〇〇点を越え、加えて戦後五〇年になんなんとするを契機として、「光人社NF（ノンフィクション）文庫」を創刊して、読者諸賢の熱烈要望におこたえする次第である。人生のバイブルとして、心弱きときの活性の糧として、散華の世代からの感動の肉声に、あなたもぜひ、耳を傾けて下さい。